U0363884

全国高职高专规划教材

仪 器 分 析

（第二版）

主　编　苏少林

副主编　姚进一

主　审　王永华

中国环境出版社·北京

图书在版编目（CIP）数据

仪器分析 / 苏少林主编. —2 版. —北京：中国环境
出版社，2014.8（2017.7重印）
全国高职高专规划教材
ISBN 978-7-5111-2049-6

Ⅰ . ①仪… Ⅱ . ①苏… Ⅲ . ①仪器分析－高等职业
教育－教材 Ⅳ . ①O657

中国版本图书馆 CIP 数据核字（2014）第 176508 号

出版人　王新程
责任编辑　黄晓燕　李卫民　李兰兰
责任校对　扣志红
封面设计　宋 瑞

 更多信息，请关注
中国环境出版社
第一分社

出版发行　中国环境出版社
　　　　　（100062　北京市东城区广渠门内大街 16 号）
　　　　　网　　址：http://www.cesp.com.cn
　　　　　电子邮箱：bjgl@cesp.com.cn
　　　　　联系电话：010-67112765（编辑管理部）
　　　　　　　　　　010-67112735（第一分社）
　　　　　发行热线：010-67125803，010-67113405（传真）

印　　刷　北京市联华印刷厂
经　　销　各地新华书店
版　　次　2007 年 8 月第 1 版　2014 年 8 月第 2 版
印　　次　2017 年 7 月第 3 次印刷
开　　本　787×960　1/16
印　　张　21.75
字　　数　390 千字
定　　价　29.00 元

前言

　　本教材是为了适应高职高专教学改革，组织资深教师在总结多年的教改和教学经验以及当今仪器分析发展情况的基础之上编写而成的。

　　本教材共分 10 章，重点介绍了当今仪器分析中最常用的紫外-可见分光光度法、原子吸收光谱法、气相色谱分析法、高效液相色谱分析法、离子色谱分析法、电位及电导分析法以及电解及库仑分析法，并扩展介绍了 X 射线光谱分析法、核磁共振波谱分析法、质谱分析法以及仪器联用方法等。内容全面，可供使用者根据需要进行相应的选择。

　　本教材紧密结合高等职业教育环境监测与治理技术等相关专业的培养目标以及仪器分析的应用现状及发展趋势，立足实用，强化实践，注重能力，体现了培养技能型人才的高职教育特色。书中所介绍的仪器分析方法均按照"基本理论——仪器组成及结构——仪器的使用及维护——实验分析技术"这一思路进行编写，配有大量的插图，内容精简实用，通俗易懂。为提高学生的实际动手能力，本教材所介绍的各类仪器分析方法均编写有多个以掌握基本操作、提高学生动手能力为目的的典型实用实验。为了便于引导学生自学，每章前面均列有知识目标和能力目标，并配有专门的思考题以方便学生自我测试学习效果。

　　本教材可供高等职业技术学院环保类专业教学使用；对从事分析检测工作的技术人员也可作为参考书使用。

　　本教材由杨凌职业技术学院苏少林编写了第一、第三章；黄河水利职业技术学院的魏家红编写了第二章；郑州经济管理干部学院赵军锋编写了第四、第九章；南通农业职业技术学院姚进一编写了第五章；广东省环境保护职业技术学校鞠荣编写了第六、第七章；扬州环境资源职业技术学院张珩编写了第八章；洛阳理工学院宋霞编写了第十章。全书由苏少林担任主编并统稿，北京大学环境学院王永华老师担任主审，并提出了许多宝贵的建设性意见，编者在此深表谢意。本教材所引用的文献和图表的原著均已一一列入参考文献，在此向原著作者致谢。

限于编者的水平及教学经验，书中欠妥之处在所难免，恳请读者批评指正，不胜感谢。

编　者

2014 年 5 月

目录

仪器分析的基本知识

【知识目标】

掌握仪器分析的概念、分类，明确仪器分析在各个领域中应用的重要作用，了解仪器分析的发展趋势。

第一节　仪器分析及其与其他学科的关系

一、什么是仪器分析

近代化学分析起源于 17 世纪，而仪器分析则在 19 世纪后期才出现。通常人们把分析化学中的各种方法不严格地分为化学分析和仪器分析两大类。

仪器分析通常是指借助精密的分析仪器，根据物质的物理或物理化学性质来确定物质的组成及含量的分析方法，对于低含量组分的测定，具有灵敏、快速、准确等特点。主要包括两大部分内容，一是基于测定被分析物质的某些物理或物理化学参数及其变化对无机、有机和生物物质进行定性和定量分析的各种方法；二是对复杂的混合物质进行定性和定量分析前采用的高效分离技术。

二、仪器分析与化学分析的关系

仪器分析法自出现以来，发展迅速，已成为化学领域内的研究工作不可缺少的重要手段，但需要指出的是，它并不是一门独立的学科，现代仪器分析仍是分析化学的主要组成部分。这主要表现在以下方面：① 仪器分析是在化学分析的基础上逐步发展起来的，不少仪器分析方法的原理，涉及有关化学分析的基本理论；② 不少仪器分析方法，还必须与试样处理、分离富集及掩蔽等化学分析手段相结合，才能完成分析的全过程；③ 仪器分析有时还需要采用化学富集的方法来提高灵敏度；④ 有些仪器分析方法，如分光光度法，涉及大量有机试剂和络合物化学等许多理论。

三、仪器分析与其他学科的关系

仪器分析的出现，使分析化学与其他各门学科的联系更加密切了。现代仪器分析是涉及物理学、数学、生物科学以及电子学和计算机技术等诸多领域的一门交叉学科，是多种仪器方法的组合。由于这些仪器方法在化学学科中非常重要，它们不仅适用于分析测试的目的，而且也广泛地应用于解决各种化学理论和实际问题。

第二节　仪器分析方法的分类

根据测定的方法原理不同，可以将仪器分析分为以下几大类：

一、光学分析法

基于物质对光的吸收或物质能被激发产生特征光谱的原理进行定性和定量分析的方法称为光学分析法。

光学分析法又可分为光谱法和非光谱法两类。非光谱法是通过测量电磁辐射光的某些基本性质（反射、折射、衍射和偏振等）的变化进行分析的方法，例如：折射法、干涉法、浊度法、X射线衍射法和旋光法等。

光谱法则是以电磁辐射光的吸收、发射和拉曼散射及衍射等作用为基础而建立的光学分析方法，通过检测辐射光的波长和强度进行分析。属于这类方法的有：原子发射光谱法、原子吸收光谱法、原子荧光光谱法、X射线荧光光谱法、紫外-可见分光光度法、分子荧光光度法、化学发光法和激光拉曼光谱法等。

二、电分析化学法

电分析化学法是根据物质在溶液中的电化学性质及其与物质在溶液中的含量的关系来进行分析的方法，根据所测量的电信号的不同可以分为电导分析法、电位分析法、电解和库仑分析法、极谱分析法以及电泳分析法等。

三、色谱法

色谱法是根据物质在两相中分配系数不同而将混合物分离，然后用检测器测定各组分含量的一种分离分析方法。色谱法主要有气相色谱法、液相色谱法、纸色谱法等，将色谱法与各种现代仪器方法联用，是解决复杂物质的分离分析问题的最有效的手段。

四、其他仪器分析法

（1）质谱法。质谱法是根据质量与电荷比（质荷比）的关系来进行分析的方法。它可用于定性和定量分析、同位素分析以及有机物的结构测定。

（2）核磁共振波谱法。核磁共振波谱法是利用原子核的物理性质，采用电子学和计算机技术研究各种物质（尤其是有机化合物）的分子结构和反应过程的分析方法。

（3）X 射线光谱分析法。X 射线光谱分析法是利用核衰变过程中所产生的放射性辐射来进行分析的方法。如借助核反应产生放射性同位素的分析方法称为放射化学分析法；在试样中加入放射性同位素进行测定的方法称为同位素稀释法。放射性同位素常作为示踪原子应用于生物和化学研究，如放射标记法、放射免疫分析法。

第三节 仪器分析方法的特点

（1）灵敏度比较高，检出限低。适用于测定痕量和微量组分，检出限低至 10%～6%，甚至达 0.1%～1.0%。因为其相对误差较大，故对常量组分分析不适合。

（2）分析速度快，自动化程度比较高。由于利用的是物质的物理或物理化学性质，所以在很短的时间内可以完成测试工作。同时由于电子计算机的引入，可以进行自动记录数据，自行处理数据，及时报告分析结果。

（3）试样用量少，适合于微量和超微量分析。

（4）选择性高，应用范围广泛。由于仪器本身有较高的分辨能力，容易方便地选择最佳条件进行测试，还可以利用其他辅助技术如掩蔽和分离等，大大提高其选择性。

（5）设备昂贵，保养费事，对分析工作者要求高。

第四节 仪器分析的发展趋势

一、仪器分析的发展

从 19 世纪 30 年代开始的几十年间，由于原子能工业、半导体工业及其他新兴工业的发展需要，仪器分析得到了迅速的发展，并逐步成为分析化学的主要组成部分。另外，在这一时期中，科学技术的进步，特别是一些重大的科学发现，为许多新的仪器分析方法的建立和发展奠定了良好的基础，并提供了技术支持。在建立这些新的仪器分析方法的过程中，不少科学家因此而获得了诺贝尔物理奖、化学奖或生物医学奖。

现代仪器分析的发展为分析化学的内容带来了革命性的变化。在过去，分析化学长期以化学分析为主，而今天毫无疑问是以仪器分析方法为主；在过去，分析以单纯的分析方法研究为主，而今天则进一步要求对各种新技术及其相关理论进行研究；在过去，以无机分析为主，而今天更注重有机及生物物质的分析；在过去，是以成分分析为主，而今天则更要兼顾物质的结构分析、状态和价态分析、表面分析及微区分析等；过去是数据的提供者，而今是问题的解决者。

二、仪器分析的发展趋势

纵观仪器分析发展的历史和现状，可以预计，随着许多相关学科和新技术的迅速发展，仪器分析必将得到更迅速的发展和应用，并在许多领域发挥愈来愈重要的作用。仪器分析的发展趋势主要有以下几个方面：

1. 智能化和小型化

随着计算机技术及微电子技术在仪器分析的应用更加广泛和深入，智能化和小型化的仪器分析方法将逐渐成为常规分析的重要手段。

2. 高灵敏度和高选择性

随着科学技术与经济的发展，许多高灵敏度、高选择性的分析方法将逐步建立。

3. 应用范围将日益扩大

仪器分析除了应用于成分分析外，将在更大程度上应用于物质的结构分析、状态和价态分析、表面分析及微区分析等，而且在许多学科诸如材料、能源科学等研究工作中将得到愈来愈广泛的应用。

4. 仪器分析中各种方法的联用技术

仪器分析中各种方法有其自身的一些特点，将仪器分析中各种方法联用，将进一步发挥各种方法的效能以解决复杂的分析问题。

5. 与生命科学相结合

生命科学是 21 世纪最为热门的研究领域之一。科学家将仪器分析中的各种新方法应用于生命过程的研究；而生物医学中的酶催化反应、免疫反应等技术和成果也将进一步应用于仪器分析，开拓出新的研究领域和方法。

6. 自动检测或遥控分析

仪器分析将在各种工业流程及特殊环境中的自动在线监控或遥控监测中发挥重大的作用。在这一领域中各种新型的化学及生物传感器及流动注射分析技术将发挥十分重要的作用。

参考文献

[1] 何金兰，杨克让，李小戈. 仪器分析. 北京：科学出版社，2002.

[2] 方惠群，于俊生，史坚. 仪器分析. 北京：科学出版社，2002.

[3] 朱明华. 仪器分析. 3 版. 北京：高等教育出版社，2002.

第二章 紫外-可见分光光度法

【知识目标】

通过本章的学习，掌握紫外-可见分光光度法分析的基本原理（朗伯—比尔定律）、紫外可见分光光度分析仪器的工作原理、调试操作规程以及影响分光光度法分析的因素，了解紫外-可见分光光度计的类型及发展现状。

【能力目标】

独立操作常见紫外-可见分光光度计、应用紫外-可见分光光度法分析物质成分的含量。

第一节 紫外-可见分光光度法的原理

根据仪器分析方法进行的分类，紫外-可见分光光度法（UV-Vis）属于光学分析法中的光谱法。光谱法是基于物质与辐射能作用时，测量由物质内部发生量子化能级之间的跃迁产生的发射、吸收或散射辐射的波长和强度进行分析的方法。与物质相互作用的电磁波包括从γ射线到无线电波的所有电磁波谱范围，作用方式有发射、吸收、反射、折射、散射、干涉、衍射、偏振等。下面介绍紫外-可见吸收光谱法。

一、分光光度法的定义及特点

1. 分光光度法

紫外-可见分光光度法也称紫外-可见吸收光谱法。它是利用物质对 $200\sim760$ nm 波长的光的选择性吸收而进行物质含量分析的方法。又因 $200\sim760$ nm 光辐射提供的能量刚好与物质中原子的价电子能级跃迁所需的能量相当，所以紫外-可见分光光度法又称电子光谱法。

我们周围的许多物质都有颜色，如 $K_2Cr_2O_7$、$KMnO_4$、$CuSO_4$ 的水溶液分别为橙红色、紫红色和蓝色。当然也有一些物质没有颜色或其颜色不易被人们所觉察。但是在一定的条件下，可以通过和另外一种物质发生化学反应，生成颜色较明显的有色化合物。例如，硫酸亚铁溶液虽然没有颜色，但 pH 在 $3\sim9$ 时，Fe^{2+}与邻二氮菲反应能生成橙红色的络合物；Fe^{3+} 与 SCN^-反应能生成血红色的物质等。并且溶液颜色深浅与其浓度有关，颜色越深，浓度越大，反之亦然。

通过比较同种物质溶液颜色深浅来测定物质含量的方法称为比色分析法。比色分析时直接用眼睛观察并比较溶液颜色深浅以确定物质含量的方法称为目视比色法。用仪表代替人眼，采用被测溶液吸收的单色光作为入射光源，测量溶液吸光度的分析方法称为分光光度法，也称吸光光度法。用可见光源测定有色物质的方法称为可见分光光度法，所用仪器称为可见分光光度计。用紫外光源测定无色物质的方法称为紫外分光光度法，所用仪器称为紫外分光光度计。两种仪器结构原理相同，所以可以合并成一个仪器称为紫外-可见分光光度计。

2. 紫外-可见分光光度法的特点

（1）灵敏度高。一般适用于微量组分的分析，可测至 $10^{-5}\sim10^{-6}\,mol/L$ 的痕量组分。

（2）准确度高。相对误差为 2%～5%，能够满足微量组分测定对准确度的要求。如采用精密分光光度计测量，相对误差还可减少至 1%～2%，准确度会更高。

（3）分析速度快。操作简便快速，仪器设备也不复杂，只要将样品处理成适于测定的溶液、上机测定即可得到结果。

（4）应用范围广。几乎所有的无机离子和许多有机化合物都可直接或间接地用此法测定。

（5）发展前景好。随着计算机的普及应用和科学技术的不断发展，分析仪器智能化程度更高，为人类提供的信息也将更加全面和准确。

二、光的基本性质

实验证明，不仅无线电波是电磁波，光、X 射线、γ 射线也都是电磁波。那么，光既然是电磁波，就具有波和粒子的二象性。光的最小单位是光子，光子具有一定的能量（E），它与光波频率（ν）或波长（λ）的关系为：

$$E = h\nu = h\frac{c}{\lambda} \qquad (2\text{-}1)$$

式中：E——能量，eV；

h——普朗克常数，6.626×10^{-34}，J·s；

ν——频率，Hz；

λ——波长，nm；

c——光速，m/s（真空中约为 3.0×10^8 m/s）。

从式（2-1）可知，光子的能量 E 与频率 ν 或波长 λ 相对应，波长越长能量越小，波长越短能量越大。

电磁辐射的覆盖范围很大，为了对各种电磁波有个全面的了解，人们按照波长或频率的顺序把这些电磁波排列起来，这就是电磁波谱（表 2-1）。

表 2-1　电磁波谱

电磁辐射名称	波长范围	频率/MHz	光子能量/eV
γ 射线	$5\times10^{-3}\sim0.1$ nm	$6\times10^{13}\sim3\times10^{12}$	$2.5\times10^{6}\sim8.3\times10^{3}$
X 射线	$0.1\sim10$ nm	$3\times10^{12}\sim3\times10^{10}$	$1.2\times10^{6}\sim1.2\times10^{2}$
远紫外光	$10\sim200$ nm	$3\times10^{10}\sim1.5\times10^{9}$	$125\sim6$
紫外	$200\sim400$ nm	$1.5\times10^{9}\sim7.6\times10^{8}$	$6\sim3.1$
可见光	$400\sim760$ nm	$7.5\times10^{8}\sim4\times10^{8}$	$3.1\sim1.7$
红外光	$0.76\sim50$ μm	$4\times10^{8}\sim6\times10^{6}$	$1.7\sim0.02$
远红外光	$50\sim1\,000$ μm	$6\times10^{6}\sim3\times10^{5}$	$2\times10^{-2}\sim4\times10^{-4}$
微波	$0.1\sim100$ cm	$3\times10^{5}\sim3\times10^{2}$	$4\times10^{-4}\sim4\times10^{-7}$
无线电波	$1\sim1\,000$ m	$3\times10^{2}\sim0.3$	$4\times10^{-7}\sim4\times10^{-10}$

可见光就是可以直接用肉眼观察到的光，其波长范围为 400～760 nm。在该范围内，不同波长的可见光对人眼产生不同的刺激，人眼感觉到的效果就呈现不同的颜色，波长与颜色的关系如图 2-1 所示。我们将具同一个波长的光称为单色光。我们所看到的溶液的颜色不能称为单色光，因单色光只有一个波长。肉眼观察到的颜色最多只能称为近似的单色（相对于人眼的分辨率来说）。各种单色光之间并无严格的界限，如绿色光就包括 500～560 nm 的各种单色光。含有多种波长的光称为复合光。如人们日常所见的白光，就是单色光按一定比例混合而产生的一种综合效果。如果把图 2-2 中位置相对应的两种色光按一定强度比例混合，就可以得到白光，这两种色光通常称为互补色。如青光与红光互补，绿光与紫光互补等。

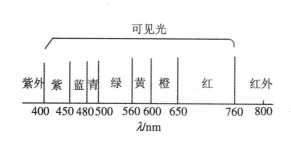

图 2-1　可见光的颜色与波长

图 2-2　互补光示意图

三、物质对光的选择性吸收

1. 溶液的颜色及光吸收曲线

物质之所以会有颜色，是由于溶液对不同波长的光选择性吸收的结果。例如 $KMnO_4$ 溶液呈紫色，原因是当白光通过 $KMnO_4$ 溶液时，它选择性地吸收了白光中的绿色光（500～560 nm），其他色光则不被吸收而透过溶液。从互补规律可知，透过的光线中，除紫色光外，其他颜色的光互补成白光，所以 $KMnO_4$ 溶液呈透过紫光的颜色。因而溶液的吸光质点选择性地吸收白光中的某种色光，而呈现透射光（吸收光的互补色光）的颜色。在白光的照射下，如果可见光几乎全部被吸收，则溶液呈黑色；如果全部不吸收或吸收极少，则溶液呈无色；如果只吸收或最大限度地吸收某种波长的色光，则溶液呈现被吸收光的互补色。表 2-2 列出了物质颜色与吸收光颜色和波长的关系。

表 2-2　物质颜色与对应的吸收光颜色和波长

物质颜色	吸收光	
	颜色	波长/nm
黄绿	紫	400～450
黄	蓝	450～480
橙	绿蓝	480～490
红	蓝绿	490～500
紫红	绿	500～560
紫	黄绿	560～580
蓝	黄	580～600
绿蓝	橙	600～650
蓝绿	红	650～760

不同的物质之所以吸收不同波长的光线，是由物质的组成和结构决定的，所以物质对光的吸收具有专属的选择性。利用物质对光的选择性吸收，可做物质定性分析。

为了更详细地了解溶液对光的选择性吸收性质，可以使用不同波长的单色光分别通过某一固定浓度和厚度的有色溶液，测量该溶液对各种单色光的吸收程度（吸光度用 A 表示），以波长λ为横坐标、吸光度 A 为纵坐标作图，所得曲线叫光吸收曲线，该曲线能够很清楚地描述溶液对不同波长单色光的吸收能力。

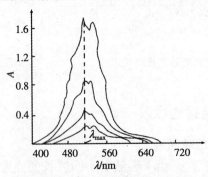

图 2-3　$KMnO_4$ 溶液的光吸收曲线

图 2-3 是四种不同浓度 $KMnO_4$ 溶液的光吸收曲线。从图中可以看出，不管浓度大小，在可见光范围内，$KMnO_4$ 溶液对波长 525 nm 附近的绿色光吸收最多，而对紫色光和红色光吸收很少。吸光度最大处的波长叫最大吸收波长，常用 λ_{max} 表示。$KMnO_4$ 溶液的 $\lambda_{max}=525$ nm。浓度不同时，溶液对光的吸收程度不同，由于最大吸收波长不变，故四条光吸收曲线的形状相似。

2．吸收光谱产生的机理

溶液为什么会对光线有选择性吸收？这是因为物质总是在不停地运动着，而构成物质的分子及原子具有一定的运动方式，各种运动方式具有不同的能量，属于一定的能级，分子内部有三种运动的方式，即：分子内电子相对原子核的运动，称为电子运动；分子内原子在其平衡位置上的振动，称为分子振动；分子本身绕其重心的转动，称为分子转动。并且分子以不同的方式运动时所具有的能量也不相同，这样分子内就对应三种不同的能级，即电子能级、振动能级和转动能级。能级具有量子化的特征，不连续。其中，电子能级的能量差最大，一般为 1～20 eV；其次为振动能级，一般在 0.05～1 eV；转动能级的能量差最小，一般小于 0.05 eV。

当一束光照射到物质或溶液时，组成该物质的分子、原子或离子与光子发生"碰撞"，光子的能量就转移到分子、原子上，使这些粒子由低能态（基态）跃迁到较高能态（激发态）：

$$M + h\nu \rightarrow M*$$

（基态） （激发态）

这个作用叫做物质对光的吸收。被激发的粒子约在 10^{-8} s 后，又回到基态，并以热或荧光等形式释放出能量。

由于分子、原子或离子具有不连续的量子化能级，仅当照射光光子的能量（$h\nu$）与被照射物质粒子的基态和激发态能量之差相当时才能发生吸收。不同物质微粒由于结构不同而具有不同的量子化能级，其能量差也不相同。所以物质对光的吸收具有选择性。

不过，溶液中分子内部三种能级都有，且电子能级间隔比振动能级和转动能级间隔大 1～2 个数量级，在发生电子能级跃迁时，常伴有振动能级和转动能级的跃迁，这样大小能级叠加后能级差相对较小，所以在分子吸收的吸收曲线上相邻波长的光也被吸收，一般呈带状吸收。

综上所述，不同物质结构不同，则分子能级的能量（各种能级能量总和）或能量间隔不同，因此，不同物质将选择性地吸收不同能量的外来辐射，这就是 UV-Vis 定性分析的基础。

四、朗伯—比尔定律

1. 光吸收定律

实践证明，当一束平行的单色光通过均匀、非散射的稀溶液时，溶液对光的吸收程度与溶液的浓度及液层厚度的乘积成正比。此定量关系称为朗伯—比尔（Lambert-Beer）定律，也叫光的吸收定律。它的数学表达式是：

$$\lg \frac{I_0}{I_t} = Kbc \tag{2-2}$$

式中：I_0——入射光的强度；

I_t——透射光的强度；

K——比例常数，L/（mol·cm）或 L/（mol·g）；

b——液层的厚度，即光程长度，cm；

c——溶液的浓度，mol/L 或 g/L。

当 $I_t=I_0$ 时，$\lg \frac{I_0}{I_t} =0$，说明溶液对光完全不吸收；I_t 值越小，则 $\lg \frac{I_0}{I_t}$ 值越大，溶液对光的吸收程度越大。因此，式（2-2）中的 $\lg \frac{I_0}{I_t}$ 表示溶液对光的吸收程度，称为吸光度，常用 A 表示。所以式（2-2）可写成：

$$A=Kbc \tag{2-3}$$

式中：比例常数 K 与入射光的波长、溶液的性质及温度有关，也与仪器的质量有关，但与溶液的浓度、液层的厚度无关。在一定条件下是一个常数。它反映了溶液对某一波长光的吸收能力。

（1）当溶液的物质的量浓度以 c（mol/L）表示，b 的单位是 cm 时，则 K 就用 ε 表示，其单位为 L/（mol·cm），称为摩尔吸光系数。它表示当溶液浓度为 1 mol/L、液层厚度为 1cm 时，溶液对某波长单色光的吸光度。那么式（2-3）可写成：

$$A=\varepsilon bc \tag{2-4}$$

式中：ε 是各种有色物质在一定波长入射光照射下的特征常数，ε 值越大，表示有色物质对该波长光的吸收能力越大，则测定的灵敏度也就越高，反之亦然。一般认为：$\varepsilon < 1 \times 10^4$ L/（mol·cm）灵敏度较低；ε 在 $1 \times 10^4 \sim 6 \times 10^4$ L/（mol·cm）属于中等；$\varepsilon > 6 \times 10^4$ L/（mol·cm）属高灵敏度。我们平时所讲的有色物质的摩尔吸光系数是指在最大波长处的摩尔吸光系数，以 ε_{max} 表示。

（2）当溶液以质量浓度 ρ（g/L）表示时，液层厚度 b 的单位是 cm 时，相应的比例常数称为质量吸光系数（适用于摩尔质量未知的化合物）。以 a 表示，其单位为 L/（g·cm）。那么式（2-3）可写成：

$$A=ab\rho \tag{2-5}$$

注：ε 与 a 的计算关系为 $\varepsilon=Ma$。

吸光光度法经常用到透光度（T）和百分透光度（$T\%$）。透光度是透射光强度 I_t 与入射光强度 I_0 之比，即 $T=\dfrac{I_t}{I_0}$，称为透光度或透光率，用 T 表示。它反映了透过溶液的光强度在原入射光中所占比例，T 越大，说明透过溶液的光越多，而被溶液吸收的光越少，所以透光度 T 也能间接地表示溶液对光的吸收程度。T 与吸光度 A 的关系如下：

$$A = \lg\frac{I_0}{I_t} = -\lg\frac{I_t}{I_0} = -\lg T \tag{2-6}$$

百分透光度（$T\%$）被定义为 $100\,T$，即 $T\%=\dfrac{I_t}{I_0}\times100$ 或 $\dfrac{I_t}{I_0}=\dfrac{100}{T\%}$，其值在 $0\sim$ 100。它与吸光度 A 的关系是：

$$A = 2 - \lg T\% \tag{2-7}$$

光吸收定律是分光光度法的理论基础。实际测定时，一般采用相对标准方法，即在一定条件下，测定已知浓度标准溶液的吸光度 A，确定 A 与 c 的具体函数，然后在同样条件下测出样品的吸光度，从而求出样品浓度，而不是将吸光度 A 测定值和 K 理论值直接代入 $A=Kbc$ 计算。

朗伯—比尔定律适用于紫外、可见和红外光区。待测试样可以是均匀的、非散射的液体、固体或气体。在实际测试时应注意，如果单色光不纯或者溶液浓度过大，都会导致溶液的吸光度与浓度不呈直线关系，而偏离光吸收定律。这将导致结果误差较大。

2. 吸光度具有加和性

在多组分的体系测定中，在某一波长下，如果各种对光有吸收的物质之间没有相互作用，这时体系在该波长的总吸光度等于各组分吸光度之和，即光具有加和性，称为吸光度加和性原理。吸光度加和性对多组分的定量、校正干扰等都极为有用。

$$A_{总} = A_1 + A_2 + A_3 + \cdots + A_n \tag{2-8}$$

3. 偏离光吸收定律的影响因素

在实际测定时，标准曲线往往不是一条直线，它偏离直线而发生向上或向下弯曲，如图 2-4 所示。这种现象称为偏离光吸收定律。

用光度法测量样品时，如果待测试样的吸光度值落在标准曲线的弯曲部分，用标准曲线法计算试样的浓度，那么得到的测量结果将会产生较大的误差。因此，有必要对影响偏离的原因有所了解，以便在实际测定中正确地控制和选择测量条件。

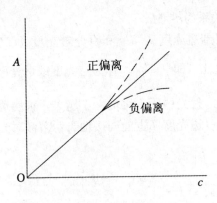

图 2-4　偏离光吸收定律的工作曲线

偏离的原因很多，但基本上可以归结为物理因素和化学因素两个方面。

（1）物理因素引起的偏离。入射光非单色性引起的偏离。严格地说：朗伯—比尔定律只适用于单色光，但到目前为止，分光光度计上还不能完全得到单一波长的单色光，通常提供的是一个很小波长范围内的光，如果波长范围很小的话，可以粗略地认为是单色光。

由于物质对不同波长光的吸收程度不同，因而造成朗伯—比尔定律的偏离。

为了讨论方便，假设入射光仅由两种波长的 λ_1 光和 λ_2 光组成，溶液吸光质点对两种波长的光的吸收均服从朗伯—比尔定律。

当 $\lambda_1 : A_1 = \lg \dfrac{I_{0_1}}{I_{t_1}} = \varepsilon_{\lambda_1} bc$, $\quad I_{t_1} = I_{0_1} \times 10^{-\varepsilon_{\lambda_1} bc}$

当 $\lambda_2 : A_2 = \lg \dfrac{I_{0_2}}{I_{t_2}} = \varepsilon_{\lambda_2} bc$, $\quad I_{t_2} = I_{0_2} \times 10^{-\varepsilon_{\lambda_2} bc}$

则：$A = \lg \dfrac{I_{0_1} + I_{0_2}}{I_{t_1} + I_{t_2}} = \lg \dfrac{I_{0_1} + I_{0_2}}{I_{0_1} \times 10^{-\varepsilon_{\lambda_1} bc} + I_{0_2} \times 10^{-\varepsilon_{\lambda_2} bc}}$

当 $\varepsilon_{\lambda_2} = \varepsilon_{\lambda_1}$ 时，$A = \varepsilon_{\lambda_1} bc$ 或 $A = \varepsilon_{\lambda_2} bc$，则 A—c 呈线性关系。而当 $\varepsilon_{\lambda_1} \neq \varepsilon_{\lambda_2}$ 时，$A \neq \varepsilon_{\lambda_1} bc$ 或 $A \neq \varepsilon_{\lambda_2} bc$，则不呈线性关系，从而偏离吸收定律，并且 ε_{λ_1} 和 ε_{λ_2} 差值越大，偏离线性关系越严重。所以测定时应选择吸收曲线较平坦处的波长（如图 2-5 所示谱带 A）。因在此范围内其 ε_{λ_1} 和 ε_{λ_2} 值较接近，A—c 线性关系较好。

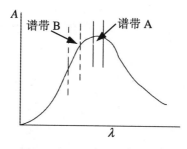

图 2-5 非单色光引起的偏离

总之，在光度分析中，选择适当的入射波长十分关键。一般情况下，总是选择吸光物质的最大吸收波长的光为入射光，这样不仅可以获得最大的灵敏度，而且吸光物质的吸收曲线在最大吸收波长附近曲线较平坦，吸光度值基本相等，因此，能够得到较好的线性关系。

（2）化学因素引起的偏离。溶液本身的一些化学因素引起偏离朗伯—比尔定律。产生这种偏离主要是由于被测物质在溶液中发生缔合、解离或溶剂化、互变异构、配合物的逐级形成等化学因素，造成偏离朗伯—比尔定律。这类原因所造成的误差称为化学误差。

例如，在铬酸盐水溶液中存在着如下平衡：

$$Cr_2O_7^{2-} + H_2O \rightleftharpoons 2HCrO_4^- \rightleftharpoons 2CrO_4^{2-} + 2H^+$$

（橙色）　　　　　　　　　（黄色）

若改变溶液的 pH 或将溶液稀释，平衡都将发生移动。吸光质点也将随之发生显著的变化，造成 A 与 c 之间线性关系的明显偏离。因此，需要严格控制反应条件，防止造成偏离，以获得较好的结果。

另外，有些配合物的稳定性较差，溶液稀释导致配合物离解度增大，使溶液颜色变浅，因此有色配合物的浓度就不等于金属离子的总浓度，从而导致 A 与 c 不呈线性关系。

严格地说，朗伯—比尔定律是一个有限定律。它只适用于浓度小于 0.01 mol/L 的稀溶液。因为浓度高时，吸光粒子间平均距离减少，以致每个粒子都会影响其邻近粒子的电荷分布。这种相互作用使它们的摩尔吸光系数 ε 发生改变，从而导致偏离此定律。所以，在实际工作中，待测溶液的浓度应控制在 0.01 mol/L 以下。

第二节　紫外–可见分光光度计

分光光度计的工作原理是采用一个可以产生多个波长的光源，通过系列分光装置，得到一束平行的、波长范围很窄的单色光，透过一定厚度的试样溶液后，部分光被吸收，剩余的光照射到光电元件上，产生光电流（该电流的大小与照射到光电元件上的光强度成正比），那么在仪器上即可读取相应的吸光度或透光度。样品的吸光值与样品的浓度成正比。根据光的吸收定律，在一定条件下，用校准曲线测定待测试样的含量。

一、分光光度计主要组成部件

尽管紫外-可见分光光度计种类、型号很多，但基本都由下列部件组成。

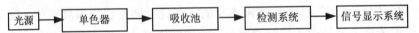

二、紫外-可见分光光度计的结构

1．光源

在吸光度的测量中，对光源的基本要求是：在仪器操作所需的光谱区域内能够发射连续辐射，有足够的辐射强度和良好的稳定性，而且辐射能量随波长的变化应尽可能小。为满足光源性能要求，其电源应具有稳压装置且能按需要连续调节输出电压。

可见分光光度计常用钨丝灯和卤钨灯作光源，钨丝灯和卤钨灯可产生波长范围在 350～2 500 nm 的连续光谱。为了保证钨丝灯发光强度稳定，需要采用稳压电源供电。

紫外分光光度计常用氢灯或氘灯作光源，它们可提供波长范围 185～375 nm 的连续光源。氘灯的灯管内充有氢的同位素氘，它是紫外光区应用最广泛的一种光源，其光谱分布与氢灯类似，但光强度比相同功率的氢灯要大 3～5 倍。

2．单色器

单色器是将光源发出的连续光谱分解为单色光的装置。单色器由色散元件（棱镜或光栅）、狭缝及透光系统等几部分组成。其核心部分是色散元件，它分解出测定波长范围内的任意单色光，故其单色光的纯度取决于色散元件的色散率和狭缝的宽度。单色器的性能直接影响入射光的单色性，从而也影响到测定的灵敏度、选择性及校准曲线的线性关系等。

常用的色散元件有棱镜和光栅。棱镜有玻璃和石英两种材料。它的色散原理是：

依据不同波长的光通过棱镜时有不同的折射率而将不同波长的光分开。光学玻璃棱镜透明范围在 350～3 200 nm，可用于可见光区。但玻璃对紫外光有吸收，不适于紫外光区。石英棱镜的波长范围较宽：185～4 000 nm，适用于紫外、可见整个光区。

光栅是利用光的衍射与干涉作用制成的，可用于紫外、可见及红外光区，而且在整个波长区具有良好的、几乎均匀一致的分辨能力。它具有色散波长范围宽、分辨率高、成本低、便于保存和易于制备等优点。缺点是各级光谱会重叠而产生干扰。光栅有透射光栅和反射光栅（包括凸面反射光栅和凹面反射光栅），实际应用的都是凹面反射光栅，它可以起色散元件和准直镜两个作用，使色散后的光束聚焦于出射狭缝，得到单色光。纯粹的单色光只是一种理想情况，分光光度计所能得到的"单色光"，实际上只是具有一定波长范围的谱带。目前达到的最小宽度为 0.1 nm。光栅的制作方法有机刻光栅和全息光栅。用机械方法刻制的光栅称为机刻光栅。直接刻制的光栅称为原刻光栅；由原刻光栅复制的光栅称为复制光栅。机刻光栅的缺点是线槽稍有缺陷时就会出现位于光谱强线两侧的模糊不清的假线。用激光全息照相制造的光栅称为全息光栅。全息光栅有透射式和反射式两种，这种光栅几乎没有线槽间的周期误差和光谱强线两侧的模糊不清的假线，杂散光很少。最常用的全息光栅是 1 200～1 600 线/mm。

3. 吸收池

又称比色皿。是用于盛放被测溶液，让单色光从中穿过，且决定透光液层厚度的无色透明器皿。一般有石英和玻璃材料两种。石英吸收池适用于可见及紫外光区，玻璃吸收池只能用于可见光区。

洗涤时一般用自来水、蒸馏水洗涤干净。如果脏物洗不净，可用（1+2）盐酸—酒精浸泡（时间不宜过长），然后再用水洗。使用时将洗净的比色皿用待装试液润洗，装试液以不超过其体积的 2/3 为宜，外壁应保持干燥、洁净。为减少光的损失，吸收池的光学面必须完全垂直于光束方向。注意使用同一套比色皿，手拿磨砂面，防碰撞，保持洁净。

4. 检测系统

检测器的作用是将透过吸收池的光转变成光电流。目前用得较多的检测器是光电管和光电倍增管。光电倍增管是检测微弱光时最常用的光电元件，它的灵敏度比一般的光电管要高 200 倍，因此可使用较窄的单色器狭缝，从而对光谱的精细结构有较好的分辨能力。

5. 信号显示系统

它的作用是放大信号并以适当方式指示或记录下来。常用的信号指示装置有直读检流计、电位调节指零装置以及数字显示或自动记录装置等。很多型号的分光光度计装配有微处理机，一方面可对分光光度计进行操作控制；另一方面可进行数据处理。

三、紫外-可见分光光度计的分类、型号及性能

（一）紫外-可见分光光度计分类

可归纳为三种类型，即单光束分光光度计、双光束分光光度计和双波长分光光度计。

1. 单光束分光光度计

经单色器分光后得到一束平行光，轮流通过参比溶液和样品溶液，以进行吸光度的测定。这种简易型分光光度计结构简单，操作方便，维修容易，适用于常规分析。

2. 双光束分光光度计

经单色器分光后再经反射镜分解为强度相等的两束光，一束通过参比池，一束通过样品池。光度计能自动比较两束光的强度，此比值即为试样的透射比，经对数变换将它转换成吸光度并作为波长的函数记录下来。双光束分光光度计一般都能自动记录吸收光谱曲线。由于两束光同时分别通过参比池和样品池，还能自动消除光源强度变化所引起的误差。

3. 双波长分光光度计

由同一光源发出的光被分成两束，分别经过两个单色器，得到两束不同波长（λ_1 和 λ_2）的单色光；利用切光器使两束光以一定的频率交替照射同一吸收池，然后经过光电倍增管和电子控制系统，最后由显示器显示出两个波长处的吸光度差值 ΔA（$\Delta A = A_{\lambda_1} - A_{\lambda_2}$）。对于多组分混合物、浑浊试样（如生物组织液）分析，以及在存在背景干扰或共存组分吸收干扰的情况下，利用双波长分光光度计，往往能提高方法的灵敏度和选择性。而且利用双波长分光光度计，还能获得导数光谱。

通过光学系统转换，双波长分光光度计能很方便地转化为单波长工作方式。如果能在 λ_1 和 λ_2 处分别记录吸光度随时间变化的曲线，还能进行化学反应动力学研究。

（二）常见的分光光度计型号及性能

常见的单光束可见分光光度计有：721 型、722 型、723 型、724 型等；单光束紫外-可见分光光度计有：751 型、752 型、754 型、756MC 型等。下面分别介绍 722 型和 754 型分光光度计的结构性能及特点。

722 型可见分光光度计是实验室用得最广泛的可见分光光度计，其结构原理如图 2-6 所示。由光源灯 1 发出连续辐射光线，经滤光片 2 和球面反射镜 3 至单色器的入射狭缝 4 聚焦成像，光束通过入射狭缝 4 经平面反射镜 6 到准直镜 7 产生平行光，射至光栅 8 上色散后又以准直镜 7 聚焦在出射狭缝 10 上形成一个连续单色光

谱，由出射狭缝选择射出一定波长的单色光，经聚光镜 11 聚光后，通过样品室 12 中的测试溶液部分吸收后，光经光门 13 再照射到光电管 14 上。调整仪器，使透光度为 100%，再移动样品架拉手，使同一单色光通过测试溶液后照射到光电管上。如果被测样品有光吸收现象，光量减弱，由光电转换元件将变化的光信号转变为电信号，经线性运算放大器和对数运算放大器处理，将光能的变化程度通过数字显示器显示出来。可根据需要直接在数字显示器上读取透光度（T）、吸光度（A）或浓度（c）。其特点是：

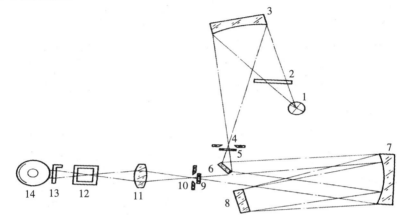

1—光源灯；2—滤光片；3—球面反射镜；4—入射狭缝；5—保护玻璃；6—平面反射镜；7—准直镜；
8—光栅；9—保护玻璃；10—出射狭缝；11—聚光镜；12—样品室；13—光门；14—光电管

图 2-6　722 型分光光度计光学系统示意图

（1）具有低杂色光，较高的分辨率的单光束光路结构的单色器；

（2）具有良好的稳定性、重现性和精确的测量读数；

（3）明亮清晰的数字显示器可显示透光度、吸光度、浓度和所设置的波长，提高了仪器的读数准确性；

（4）仪器配有标准的 RS-232 输出口；

（5）在已知标准溶液浓度的前提下，能测定未知样品浓度；在已知标准曲线斜率前提下，则可直接测定未知样品浓度。

UV-754 紫外-可见分光光度计是现代化分析实验室进行各种定量分析所必备的高性能、低价格的分析仪器。广泛应用于医药卫生、环境保护、仪器工业、石油化工、生物化学、大专院校及质量控制等部门。其工作原理与 722 型可见分光光度计相似，而波长范围较宽（200～1 000 nm），精密度也较高。为了适应其工作波长，754 型配有两种光源，当波长在 360～1 000 nm 时用钨丝灯；当波长在 200～290 nm 时用氘灯；当波长在 290～360 nm 时用氘灯和钨丝灯。其光电管也有两种，200～625 nm 时用紫敏光电管，625～1 000 nm 时用红敏光电管。为了防止玻璃对紫外光的吸收，754 型的透镜等都由石英制成。它的光学系统如图 2-7 所示。由光源氘灯

1 或钨灯 2 发出连续辐射光线经滤光镜 3 和聚光镜 4 至单色器入射狭缝 5 处聚焦成像，再经平面反射镜 6 反射至准直镜 7 产生平行光射至光栅 8，在光栅上色散后又经准直镜 7 聚焦在出射狭缝 9 上成一连续光谱，经出射狭缝射出的光在聚光镜 10 聚光后，分别通过试样室 11 中的空白溶液、标准溶液或样品溶液，被部分吸收后，光经光门 12 再照射到光电管 13 上。被光电管接收的光信号再被转换成电信号，后者通过输入、输出口进入微处理机进行调零、变换对数、浓度计算以及打印数据等处理，将检测结果通过显示器和打印系统显示出来。

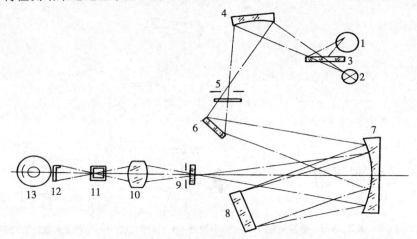

1—氘灯；2—钨灯；3—滤光镜；4—聚光镜；5—入射狭缝；6—平面；7—准直镜；8—光栅；9—出射狭缝；10—聚光镜；11—试样室；12—光门；13—光电管

图 2-7　UV-754 型紫外-可见分光光度计光学系统示意图

　　紫外分光光度法也完全符合朗伯—比尔定律的基本原理，在其他条件保持一致的情况下，被测溶液的吸光度与被测溶液的浓度成正比。

四、紫外-可见分光光度计的使用与维护

（一）分光光度计的使用

　　虽然各种不同型号的仪器其操作方法略有不同（可参照仪器的使用说明书），但仪器上的主要旋钮和按键功能基本相似。

　　1. 722 型分光光度计的使用方法

　　（1）样品测试前的准备。

　　① 接通电源，打开仪器电源开关，预热 20 min；

　　② 波长选择：用波长调节旋钮设置所需的单色光波长；

　　③ 打开样品室盖，将挡光体插入比色皿架，并将其推入光路；

　　④ 按（方式选择）键使透光度指示灯亮。盖好样品室盖，按"0%T"键，调

透光度为零；

⑤ 打开样品室盖，取出挡光体。再盖好样品室盖，按"100%T"键，调100%，待显示器显示"100.0"时即可进行测定。

（2）测定样品的透光度（T）参数（透光度方式）。

① 将参比液和被测样品溶液分别倒入比色皿中（波长为所需的单色光波长）；

② 打开样品室盖，在样品室1～4号位，依次放入参比液、被测样品液1、样品液2和样品液3；

③ 将参比溶液推入光路（样品室的盖打开时），调节0%T为"0"。然后再盖好样品室盖，调100%T为100%。按上述方法反复调节%T为"0"和"100%"。

④ 将被测样品液依次推（或拉）入光路，此时，即可从显示器上读取被测样品的透光度参数。若有多个样品，操作依此类推。

⑤ 测量完毕，取出吸收池，洗净后倒置于滤纸上晾干，各旋钮调节至起始位置。关掉电源，拔下电源插头，盖上仪器罩。

（3）测定样品的吸光度（A）参数（吸光度方式）。

吸光度（A）测量与透射比参数测量基本相同，只有三点要注意：

① 按（方式选择）键使吸光度指示灯亮（波长为所需的单色光波长）；

② 调零时在透光度功能下调，调零后再返回吸光度；

③ 将参比溶液推入光路（盖好样品室的盖时），按100%T-ABS0调节为"0.000"。将被测样品液依次推（或拉）入光路，此时，即可从显示器上读取被测样品的吸光度（A）参数。

（4）722型分光光度计不仅可以测定未知样品的透光度（T）和吸光度（A）这两项基本操作，还可进行未知样品浓度测定。

① 在已知标准溶液浓度前提下，测定未知样品浓度；

② 在已知标准曲线斜率前提下，测定未知样品浓度。

注：以上两种浓度测定的方法请大家参照仪器说明书课后自学。

（5）注意事项。

① 初用仪器前，先认真阅读仪器说明书，了解各旋钮的功能；

② 预热是保证仪器准确稳定的重要步骤；

③ 比色皿与分光光度计应配套使用，盛装的溶液不宜超过其容量的2/3，一定要先将比色皿外壁所沾的样品擦干净，才能放进比色皿架进行测定；

④ 如大幅度改变测试波长，待仪器稳定后，应重新调节"0"和"100%"；

⑤ 每次在测定样品溶液的透光度、吸光度或浓度时，仪器的样品室的盖是盖着的；

⑥ 若待测液浓度过大，应选用光程较短的比色皿，一般应使吸光度读数处于0.2～0.7为宜，反之亦然。

2．UV-754 型分光光度计使用方法

（1）样品测试前的准备。

① 将盛有参比溶液的比色皿处于试样室光路位置；

② 选择波长：用波长调节旋钮设置所需波长；

③ 确定光源：波长在 200～290 nm 时，选用氘灯为光源；波长在 290～360 nm 时，同时用氘灯和钨灯为光源；波长在 360～850 nm 时，选择钨灯为光源，若使用氘灯，需要按氘灯触发按钮启动；

④ 仪器自检：显示器显示"754"后，数字显示出现"100.0"，表明仪器通过自检程序，此时仪器进入"0%～100%"、"连续"和"自动"状态（打印系统处于自动打印状态）；

⑤ 仪器预热 30 min 后方可进行测试。

（2）测试过程。

① 数字显示透光度"100.0"（或吸光度"0.000"）2～3 s 后，将盛有标准溶液的比色皿移至光路，打印系统将自动打印出所测得的数据；

② 将盛有样品溶液的比色皿置于光路，打印系统即自动打印出该样品的数据，待第一个样品数据打印完毕后，将第二个样品置于光路，若有多个样品，操作依此类推；

③ 测定完毕，先关主机电源开关，再关稳压电源开关。拔下电源插头，取出比色皿清洗干净（最好用乙醇清洗），洗净后倒置于滤纸上晾干，放回盒子，盖上仪器罩，方可离开。

（3）打印方式。

采用"自动"方式打印，依所选定的表达方式可打印出以下数据：No.（编号）、$T\%$（透光度）或 ABS（吸光度）或 CONC（浓度）。

（4）注意事项。

① 仪器使用前需开机预热 30 min，这是保证实验结果准确可靠的必要步骤，不可忽略。

② 开关样品室盖时，动作要轻缓。不要在仪器上方倾倒测试样品，以免样品污染仪器表面，损坏仪器。

③ 选择 320 nm 以下的波长测定时，要选用石英比色皿，绝不可以玻璃比色皿替代。

④ 比色皿需保持清洁，拿放时要符合要求。

⑤ 对不同型号和类型的仪器要严格按照使用说明操作。

（二）分光光度计的维护

（1）仪器应放在坚固平稳的工作台上，室内干燥、照明不宜过强。

（2）外接 220 V 电源要预先稳压。电压波动较大的，必须外加电子稳压器。并要保证仪器接地良好。

（3）保持仪器清洁、干燥，应定期擦拭仪器，对仪器内的硅胶应定期烘干。

（4）预热仪器应打开比色槽门，以防光电管长时间被光照射，缩短使用寿命。

（5）仪器停止工作时，必须切断电源，罩上防尘罩，以防仪器积灰和沾污。

（6）仪器工作几个月或搬动后，应进行波长精度、重复性和吸光度精度等方面的检查，以保证仪器的测量精度。

（三）分光光度计的校正

通常在实验室工作中，验收新仪器或仪器使用过一段时间或测定具有尖锐吸收峰的化合物时都要进行波长、吸光度校正，有时还需要对比色皿进行校正。其校正方法如下：

1. 波长校正

可见光区波长校正，常用校准仪器测定绘制镨钕玻璃滤光片的吸收曲线，与其标准吸收曲线（图 2-8）比较。若与标准曲线有误差，可根据仪器说明书细微地调节波长刻度校正螺丝。若误差较大，可重新调整钨丝灯泡位置或请专业技术人员检修单色器光学系统（单色器不允许用户随意打开）。

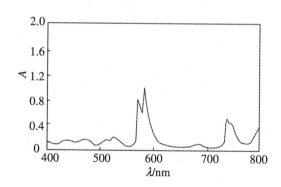

图 2-8　镨钕玻璃滤光片的吸收曲线

紫外光区波长校正可用苯蒸气的吸收曲线（图 2-9）来检验。测定方法是：在 1 cm 比色皿中滴加一滴液体苯，盖好比色皿盖，等比色皿被挥发的苯蒸气充满后，测量绘制其吸收曲线。若与标准曲线相同，仪器可正常使用；若有误差，则按仪器说明书或光学仪器手册进行调整。

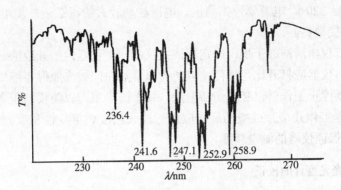

图 2-9 苯蒸气的吸收曲线

2. 吸光度校正

用 $K_2Cr_2O_4$ 标准溶液来校正吸光度标度。在 25℃，将 0.040 0 g $K_2Cr_2O_4$ 溶解在 1 000 mL 的 KOH 溶液（0.05 mol/L）中，用 1 cm 比色皿在表 2-3 列出的各波长处，分别测定 A 值并与表中的比较，其相应的差值应在 0.8%～2.5%。

表 2-3　25℃重铬酸钾溶液的吸光度

λ/nm	A	λ/nm	A	λ/nm	A
220	0.456	320	0.062	420	0.126
230	0.168	330	0.146	430	0.084
240	0.293	340	0.314	440	0.054
250	0.496	350	0.553	450	0.033
260	0.635	360	0.830	460	0.017
270	0.745	370	0.991	470	0.008
280	0.724	380	0.928	480	0.004
290	0.430	390	0.684	490	0.001
300	0.152	400	0.387	500	0.000
310	0.046	410	0.197		

3. 比色皿校正

较为简便的校正方法是：用铅笔在需要校准的比色皿毛面上编号、标出光路方向、装入蒸馏水、以一个为参比，测定其他比色皿吸光度。如果吸光度相等，则可配对使用；如果吸光度不相等，选吸光度最小的那个比色皿作参比，再测定其他比色皿吸光度，求出它们的修正值。以后测定的吸光度分别减去其修正值。

第三节　紫外－可见分光光度法分析技术

　　用紫外光、可见光测定物质的吸收光谱，对物质进行定性、定量和物质结构的分析方法，称为分光光度法或分光光度技术。

　　紫外-可见分光光度法可应用于定性和定量分析。由于许多物质在可见光区无特征吸收，而在近紫外光区（200～400 nm）有特征吸收，能提供一些有机化合物的官能团信息，所以紫外吸收光谱对推断有机化合物的结构起了非常重要的作用。紫外分光光度法除了定量测定外，尚能做定性鉴别、纯度检查，并可为结构分析提供信息；而可见分光光度法主要在微量成分的定量分析方面应用较为广泛。

一、定性分析

　　由于每种化合物的结构互不相同，它们在紫外、可见光谱范围内的吸收光谱也就不同，据此作为定性分析的依据。

1. 未知样品的鉴定

　　无机化合物吸收弱，很少用于定性分析，但对有机化合物的定性分析是常用手段之一。以紫外吸收光谱鉴定有机化合物时，将样品的紫外吸收光谱图与标准物质比较，若两者的光谱图相同，就可初步证明是同一化合物。当然只依据紫外吸收光谱曲线对未知物做定性分析是不够的，还应配合红外光谱等其他方法及一些经验规则来确定未知物的存在于否。

2. 推测有机化合物的分子结构

　　根据紫外吸收光谱提供的信息不仅可判断有机化合物分子中所含的官能团，还能对某些同分异构体进行判别。这对有机化合物结构的推断和鉴别十分重要，也是紫外吸收光谱最重要的应用。例如，肉桂酸的顺、反式的吸收如下：

顺式 $\lambda_{max}=280$ nm　　　　　　　　反式 $\lambda_{max}=295$ nm

$\varepsilon_{max}=1.4\times10^4$　　　　　　　　　$\varepsilon_{max}=2.7\times10^4$

　　根据吸收光谱曲线测定可知，反式的吸收波长和强度都比顺式的大。由此可将二者区分开来。

3. 纯度检验

　　如果某一化合物在紫外光区没有明显的吸收，而它的杂质有较强的吸收，则可用紫外吸收光谱检测杂质的存在。如乙醇样品中杂质苯检验：在 256 nm 波长处苯吸收最大，而乙醇在此波长处无吸收。

如果化合物在紫外区有吸收，可用吸收系数检测其纯度。如菲的氯仿溶液在 296 nm 处有强吸收（lgε=4.10）。用某方法精制的菲，用紫外法测得的 lgε 比标准低 10%，这说明实际含量只有 90%，其余的就很有可能是杂质了。

二、定量分析

在进行定量分析时，由于不同样品的组成及分析要求不同，因此，需要选择不同的分析方法。目前常用的定量分析方法有目视比色法、光电比色法、分光光度法等。在近紫外区，光的吸收仍符合朗伯—比尔定律，其定量测定方法与可见分光光度法相同。

（一）单组分的定量分析

如果在一个试样中只测定一种组分，且在选定的测量波长下，试样中其他组分对该组分不干扰，这种单组分的定量分析较简单。常用的分析方法有以下几种。

目视比色法就是直接用眼睛观察比较溶液颜色深浅，确定物质含量的分析方法。目视比色法常用标准系列法，即配制标准色阶。向一组直径、长度、玻璃厚度、玻璃成分等都相同的平底比色管中，分别加入不同含量的待测组分的标准溶液和一定量显色及其他辅助试剂，并用蒸馏水或其他溶剂稀释到同样体积，配成一套颜色逐渐加深的标准色阶。将一定量待测试液在同样条件下显色。然后从管口垂直向下观察（如果颜色较明显也可从侧面观察），并与标准色阶比较。如果试液颜色与标准色阶中某一标准溶液的颜色相同，则其浓度也相同。如果试液颜色介于相邻两标准溶液的颜色之间，则其浓度为两标准溶液浓度的平均值。

其理论根据是白光照射有色溶液时，溶液吸收某种色光，透过其互补光，溶液呈透过光的颜色。根据光吸收定律（$A=\varepsilon bc$），溶液浓度越大，对该色光的吸光度越大，则透过的互补光就越突出，观察到的溶液颜色也就越深。由于待测液与标准液是在完全相同的条件下显色，比较颜色时液层厚度也相同，所以两者颜色深浅一样时，浓度则相等。因为采用标准系列法，并直接用色阶中的标准溶液浓度来表示测定结果。所以，尽管目视比色时的条件并不一定严格满足光吸收定律（如：不是单色光，有时浓度偏高，有的显色反应本身就不符合光吸收定律等），但仍能用此法进行测定。

目视比色法所用设备简单、操作方便，并且不用单色光、对浑浊溶液也可进行分析，适应于大批样品的分析。对某些不符合光吸收定律的显色反应也能测定；但是标准色阶溶液稳定性差，不能长期保存，常需临时配制标准色阶，比较费时费事。另外，人眼睛的辨色力有限，观察有主观误差，准确度不高。随着分析仪器在实验室的普及，目视比色法正逐渐往分光光度法过渡。

光电比色法是以光吸收定律为理论基础进行定量测定的。它与目视比色法在原理上并不一样。目视比色法是比较透过光的强度，而光电比色法则是利用光电比色计测量有色溶液的吸光度，求出被测物质含量的方法，即由光源发出的复合光，经过滤光片后，用出光狭缝截取光谱中波长很窄的一束近似的单色光，让其通过有色溶液，将吸收后透过的光转变成电流，产生的光电流与透过光强度成正比，测量光电流强度，即可知道相应有色溶液的吸光度或透光度，然后根据朗伯—比尔定律就可确定其含量。

分光光度法是指采用待测溶液吸收的单色光作入射光源，用仪表代替人眼来测量溶液吸光度的一种分析方法。测定时用到的电子仪器叫分光光度计。分光光度法进行定量分析常用的方法有标准曲线法、比较法和示差吸光光度法。

（1）标准曲线法是最常用的方法。在朗伯—比尔定律的浓度范围内，配制一系列不同浓度的标准溶液，显色后，在相同条件下分别测定各溶液的吸光度值，然后以标准溶液浓度 c 为横坐标，对应的吸光度 A 为纵坐标作图，理论上得到一条过原点的直线，该直线称为标准曲线或工作曲线，如图 2-10 所示。然后取被测试液在相同条件下显色、测出吸光度 A_x 值。根据 A_x 值，从标准曲线上直接查出试样的浓度 c_x，或利用直线方程计算出样品的浓度 c_x。这种方法准确度较好，主要适用于大批试样的分析，可以简化手续，加快分析速度。

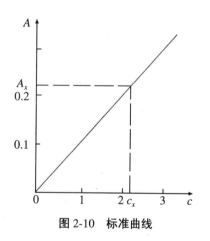

图 2-10　标准曲线

（2）比较法也称标准对照法。在相同条件下，分别测定标准溶液（c_s）和待测样品溶液（c_x）的吸光度，由朗伯—比尔定律（$A=Kbc$）可知，二者的浓度比等于吸光度之比，从而可计算出被测样品的浓度。

由 $\begin{cases} A_s = Kbc_s \\ A_x = Kbc_x \end{cases}$ 则：

$$c_x = \frac{A_x}{A_s}c_s \qquad (2\text{-}9)$$

单个样品或少量样品的测试可以采用比较法，以加快分析速度。新型的分光光度计已经把比较法做到了仪器之中，称为浓度直读功能，在该功能下，用空白液及标准溶液调整好仪器，再测样品溶液时直接显示浓度，使用非常方便。不过应该注意，由于随机误差的原因，该方法的准确度一般没有标准曲线法好，另外标准溶液与被测溶液浓度相差较大时该方法有较大的误差。

（3）示差分光光度法。一般来说，吸光光度法只适用于微量组分的测定，当被测组分浓度过高或过低，即吸光度读数超出了准确测量的范围，这时即使不偏离朗伯—比尔定律，也会引起很大的测量误差，导致准确度降低。用示差吸光光度法，可以弥补这一不足。目前，主要有高浓度示差和低浓度示差吸光光度法。它们的基本原理相同，这里只讨论高浓度示差吸光光度法。高浓度示差吸光光度法是采用比待测溶液浓度稍低的标准溶液做参比溶液（$c_x > c_s$），调整仪器的吸光度为"0"然后测量待测溶液的吸光度。根据朗伯—比尔定律得：

$$A_s = \varepsilon b c_s \qquad\qquad A_x = \varepsilon b c_x$$
$$则：\Delta A_x = A_x - A_s = \varepsilon b (c_x - c_s) = \varepsilon b \Delta c_x \qquad (2\text{-}10)$$

用ΔA对相应的浓度差Δc_x作标准曲线，根据测得的待测液的ΔA_x，在图中查出Δc_x值，则$c_x = c_s + \Delta c_x$。

（二）多组分的定量分析

根据吸光度具有加和性的特点，在同一试样中可以同时测定两个或两个以上组分。假设要测定试样中的两个组分为 A、B，如果分别绘制 A、B 两纯物质的吸收光谱，一般有三种情况，如图 2-11 所示。

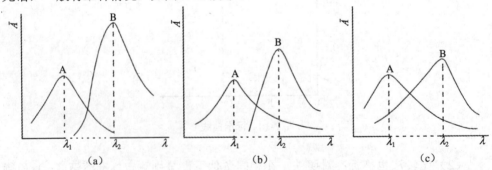

图 2-11　双组分吸收光谱曲线

（1）图 2-11（a）表明两组分互不干扰，可以用上述测定单组分的方法分别在λ_1、λ_2处测定 A、B 两组分。

（2）图 2-11（b）表明 A 组分对 B 组分的测定有干扰，而 B 组分对 A 组分的测定无干扰，则可以在 λ_1 处单独测量 A 组分，求得 A 组分的浓度 c_A。然后在 λ_2 处测量溶液的吸光度 $A_{\lambda_2}^{A+B}$，再分别测量 A、B 纯物质的 $\varepsilon_{\lambda_2}^A$ 和 $\varepsilon_{\lambda_2}^B$ 值，根据吸光度的加和性，即得 $A_{\lambda_2}^{A+B} = A_{\lambda_2}^A + A_{\lambda_2}^B = \varepsilon_{\lambda_2}^A b c_A + \varepsilon_{\lambda_2}^B b c_B$，则可以求出 c_B。

（3）图 2-11（c）表明两组分彼此互相干扰，此时，在 λ_1、λ_2 处分别测定溶液的吸光度 $A_{\lambda_1}^{A+B}$ 及 $A_{\lambda_2}^{A+B}$，而且同时测定 A、B 纯物质的 $\varepsilon_{\lambda_1}^A$、$\varepsilon_{\lambda_2}^A$、$\varepsilon_{\lambda_1}^B$ 及 $\varepsilon_{\lambda_2}^B$ 值。然后列出联立方程 $\begin{cases} A_{\lambda_1}^{A+B} = \varepsilon_{\lambda_1}^A b c_A + \varepsilon_{\lambda_1}^B b c_B \\ A_{\lambda_2}^{A+B} = \varepsilon_{\lambda_2}^A b c_A + \varepsilon_{\lambda_2}^B b c_B \end{cases}$ 解得 c_A、c_B。

显然，如果有 n 个组分的光谱互相干扰，就必须在 n 个波长处分别测定吸光度的加和值，然后解 n 元一次方程以求出各组分的浓度。这将是繁琐的数学处理，运用计算机处理测定结果将使运算大为方便。应该指出，n 越多，结果的准确性越差。

三、影响分光光度法分析的因素

影响因素很多，但主要有以下几方面：

（一）显色反应和显色剂

1. 显色反应

由上述可知，比色分析或分光光度法是根据溶液中待测组分对某波长光选择性吸收，且吸收程度与待测组分的浓度有定量关系，据此进行待测组分的含量测定。这就要求待测组分必须选择性地吸收某波长的光。对此可见分光光度法要求待测组分有一定的颜色，而实际溶液大部分是无色的或颜色很淡，不能直接进行测定。这就需要将待测组分转变为有色物质，然后再进行比色或光度测定。将被测组分转变为有色化合物的反应叫显色反应。显色反应主要是配合反应，其次是氧化还原反应。在显色反应中，所加入的与被测组分形成有色物质的试剂叫显色剂。同一组分常常可以与多种显色剂反应，生成多种不同的有色物质。那么就应从中选择最有利于获得较好测定结果的显色反应。对选取的显色反应有以下要求：

（1）选择性好。在一定条件下，显色剂仅与待测组分发生显色反应，干扰物质较少，或干扰物质容易去除。

（2）灵敏度高。对于微量组分的测定，要求生成的有色物质的摩尔吸光系数 ε 较大。一般认为 $\varepsilon \geqslant 6 \times 10^4 \text{L}/(\text{mol·cm})$ 时，该显色反应具有较高的灵敏度。故选择灵敏的显色反应是应考虑的主要方面。

（3）有色化合物的组成恒定、性质稳定。显色反应生成的有色化合物应对空气中的氧、二氧化碳、灰尘等不敏感，不容易受溶液中其他化学因素的影响，以保证吸光度测定的重现性。

（4）显色剂与生成的有色化合物之间的颜色要有较大差别。一般要求二者的最大吸收波长相差 60 nm 以上。两种有色物质最大吸收波长之差称"对比度"。这样显色时颜色变化明显，试剂空白值小，可提高测定的准确度。当然现在由于超高灵敏度显色剂的问世，对比度较小的显色反应也能用于测定。

（5）显色反应的条件应易于控制。如果条件太苛刻，不容易控制，就会造成重现性差、误差大。

在实际工作中，显色反应不一定能够完全满足上述五个条件，应根据具体情况综合考虑。如对于高含量组分的测定，可以牺牲一些灵敏度。

2. 显色剂

能与待测组分形成有色化合物的试剂称为显色剂。它分为无机显色剂和有机显色剂。一般来说，在分析中有机显色剂用得较普遍，而无机显色剂由于其灵敏度和选择性都不太高，用得比较少。表 2-4 列出了一些常用的显色剂。

表 2-4 常用显色剂

分类	显色剂	测定离子
无机显色剂	硫氰酸盐	Fe^{2+}, M（V），W（V）
	钼酸盐	Si（IV），P（V）
有机显色剂	邻二氮菲	Fe^{2+}
	双硫腙	Pb^{2+}, Hg^{2+}, Zn^{2+}, Bi^{+}等
	丁二酮肟	Ni^{2+}, Pd^{2+}
	铬天青 S（CAS）	Be^{2+}, Al^{3+}, Y^{3+}, Ti^{4+}, Zr^{4+}, Hf^{4+}
	茜素红 S	Al^{3+}, Ga^{3+}, Zr（IV），Ti（IV），Th（IV），F^{-}
	偶氮砷III*	UO_2^{2+}, Th^{4+}, Re^{3+}, Y^{3+}, Cr^{3+}, Ca^{2+}等
	4-（2-吡啶氮）-间苯二酚（PAR）	Co^{2+}, Pb^{2+}, Ga^{3+}, Nb（V），Ni^{2+}
	1-（2-吡啶氮）-萘（PAN）	Co^{2+}, Ni^{2+}, Zn^{2+}, Pb^{2+}
	4-（2-噻唑偶氮）-间苯二酚（TAR）	Co^{2+}, Ni^{2+}, Cu^{2+}, Pb^{2+}

（二）显色条件

要满足分光光度法的要求，显色反应除了选择合适的显色剂外，还应严格控制它的显色反应条件。一般应注意的显色条件主要有以下几方面：

1. 显色剂用量

显色反应可表示为： M ＋ R ⟶ MR

待测组分　显色剂　有色化合物

根据平衡移动原理，增加显色剂的浓度，可使待测组分转变成有色化合物的反应更完全，但显色剂过多，则会发生其他副反应，对测定不利。因此，在实际工作中应根据实验要求严格控制显色剂的用量。

显色剂用量的确定：常在显色反应中，固定其他条件，只改变显色剂的用量，测定相应的 A 值，以显色剂 c（mol/L）为横坐标、A 为纵坐标绘制曲线，确定显色剂的用量。一般可得到如图 2-12 所示的三种情况。

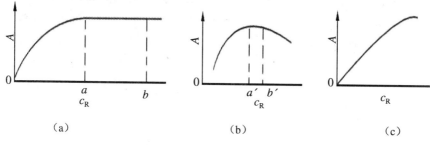

（a）　　　　　　　　　　（b）　　　　　　　　　　（c）

图 2-12　吸光度与显色剂浓度的关系曲线

（1）图 2-12（a）表明显色剂用量选在 $a \sim b$ 较为合适。因这类反应生成的有色配合物稳定，对显色剂浓度控制不太严格。

（2）图 2-12（b）表明显色剂用量在 $a' \sim b'$ 这一较窄的范围内，A 值才较稳定。故这类反应中显色剂的用量必须严格控制。

（3）图 2-12（c）表明这类反应必须十分严格地控制显色剂用量。如 $Fe(SCN)_n^{3-n}$，$n=1, 2, \cdots, 6$，随 SCN^- 浓度的增大，生成的高配体络合物颜色愈深。

2. 溶液的酸度

有机显色剂大部分是有机弱酸，溶液的酸度影响显色剂的浓度以及本身的颜色；大部分的金属离子很容易水解，溶液的酸度也会影响金属离子的存在状态，进一步还会影响到有色化合物的组成、稳定性。因此，通过实验确定出合适的酸度范围，并在测试过程中严格控制。具体方法是：固定待测组分及显色剂浓度，只改变溶液的 pH，测定其吸光度，作吸光度—pH 关系曲线，选择曲线较平坦部分对应的 pH 作为测定条件。

3. 显色时间

不同的显色反应，其反应速度不同，颜色达到最大深度且趋于稳定的时间也不同。有些显色反应在瞬间即完成，而且颜色在较长时间内保持稳定，但多数显色反应需一定时间才能完成。有些显色反应产物，由于受空气氧化等因素的影响而分解褪色，所以要根据具体情况，掌握适当的显色时间，在颜色稳定的时间内进行测定。合适的显色时间也要通过实验，绘制吸光度—时间曲线，从中找出适宜的时间范围。

4. 显色温度

一般情况下，显色反应大多在室温下进行，不需要严格控制显色温度。但是，有的显色反应需要加热到一定温度才能完成，有的有色化合物的吸光系数会随温度的改变而改变，对于这种情况，应注意控制温度，确定温度的方法同上。

5. 溶剂

溶剂的不同可能会影响到显色时间、有色化合物的离解度及颜色等。许多有色化合物在水中解离度比较大，而在有机相中解离度小，加入适量的有机溶剂或用有机溶剂萃取，可使颜色加深，提高显色反应的灵敏度。在测定时为了减小溶剂引入的干扰，标准溶液和被测溶液应采用同一种溶剂。

6. 干扰离子的影响及消除方法

（1）试样中存在干扰物质会影响被测组分的测定，影响情况有以下几种：

① 干扰物质本身有颜色，干扰测定。例如在水溶液中的 Fe^{3+}（黄色）、Ni^{2+}（翠绿色）、Cu^{2+}（蓝色）等。

② 与显色剂生成有色化合物，造成吸光度值增大，从而引起正误差。例如用磷钼蓝法测定磷时，若有硅存在，它也会与硅钼酸铵生成蓝色配合物。

③ 与显色剂生成无色配合物，消耗大量显色剂，使被测离子配位不完全，从而引起负误差。例如磺基水杨酸测 Fe^{3+} 时，若存在 Al^{3+} 也会与磺基水杨酸生成无色配合物。

④ 与被测组分生成配合物或沉淀，使被测离子不能充分显色而引起负误差。例如用磺基水杨酸测定 Fe^{3+} 时，若溶液中存在 F^-，则 F^- 与 Fe^{3+} 生成稳定的无色配合物。

（2）消除共存离子干扰的方法。

① 加掩蔽剂。加入的试剂只与干扰离子形成很稳定的无色配合物，从而消除干扰离子的影响。例如用硫氰酸盐测定 Co^{2+} 时，Fe^{3+} 干扰，加入 NaF 生成无色 FeF_6^{3-}，消除了 Fe^{3+} 的干扰。

② 控制溶液的酸度是消除干扰常用的、简便有效的方法。 如用二苯硫脲法测定 Hg^{2+} 时，Cu^{2+}、Zn^{2+}、Pb^{2+}、Co^{2+} 等可能与之显色，但在稀 H_2SO_4 介质中萃取分离，则能消除干扰。

③ 利用氧化还原反应改变干扰离子价态。如用铬天青 S 测定 Al^{3+} 时，Fe^{3+} 有干扰，加入抗坏血酸将 Fe^{3+} 还原为 Fe^{2+} 后，可消除干扰。

④ 选择适当的测定波长。在光度分析中，当在最大吸收波长处存在干扰时，可适当降低灵敏度，选择干扰较小的波长为测定波长。

⑤ 选用适当的参比溶液。在光度分析中，选择适当的参比溶液调节仪器的吸光度零点，在一定程度上可达到消除干扰的目的。

⑥ 若上述方法均不能满足要求，应采用分离、沉淀、离子交换或溶剂萃取等

分离方法消除干扰，其中以萃取分离应用较多。

（三）测量条件

为了使测量结果有较高的准确度和灵敏度，在具体测量时还应注意以下几个方面：

1. 入射光波长的选择

入射光的波长应根据被测液光谱吸收曲线选择。以"最大吸收，最小干扰"为原则。即无干扰，选 λ_{max} 作为入射光波长；有干扰，选灵敏度较低但能避免干扰的入射光波长。也就是说，一般选最大吸收波长，因为此时的灵敏度最高。如果干扰物质在此波长也有较大的吸收，则可选择稍低灵敏度的以避免共存组分的干扰。

例如，显色剂和钴配合物在 420 nm 处都有最大吸收峰，如图 2-13 所示。如果在此波长下测定钴，则未反应的显色剂就会干扰测定结果。因此，必须选择显色剂没有吸收的 500 nm 波长作入射光来测定，这样灵敏度虽有所下降，却消除了干扰，提高了测定的准确度和选择性。

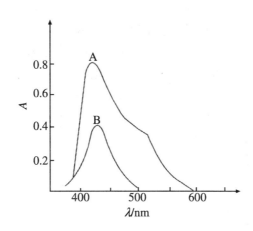

A—钴配合物；B—显色剂

图 2-13　吸收曲线

2. 控制吸光度读数范围

根据理论推导及测试经验，将配制的标准溶液和待测溶液吸光度读数控制在 0.2～0.7，能够使测量的相对误差最小。对此，可根据朗伯—比尔定律，利用改变试液浓度或选用不同厚度的比色皿，使吸光度读数处在该范围内。

（四）参比溶液的选择

在分光光度法测定中，选用适当的参比溶液，可以消除由于吸收池壁及溶剂、试剂对入射光的反射和吸收带来的误差，并可扣除干扰的影响，提高分析的准确度。

1. 选择参比溶液的原则

（1）使测得的被测溶液的吸光度能准确地反映被测组分的浓度。

（2）参比溶液的性质要稳定，在整个测试过程中，其本身的吸光度要不变。

2. 参比溶液及选择方法

（1）溶剂参比。当加入的试剂及显色剂均无色，只有待测物显色时，用纯溶剂作参比溶液。如一般常用的溶剂蒸馏水等。

（2）试剂参比。当试剂和显色剂在测定波长处有吸收时，选用试剂参比。即用蒸馏水代替样品，其他所加试剂及操作与样品完全相同，此溶液就是试剂参比，常称"试剂空白"。多数情况下都是采用此种溶液做参比。

（3）样品参比。当样品溶液有颜色，而试剂、显色剂无色时，应采用不加显色剂的样品溶液做参比，称为"样品空白"。

（4）褪色参比。显色剂及样品基体均有颜色，但显色剂又不与基体显色，测定时应选样品的褪色溶液做参比。其配制方法是：先将样品显色，再选加一种试剂，只络合或改变被测离子价态，使试样中已显色的待测组分再褪色。此外，有时也可改变加入试剂的顺序，使待测组分不发生显色反应。

如以铬天青 S 为显色剂测定 Al^{3+} 时，Ni^{2+} 和 Cr^{3+} 等也显色，可加 F^-，使 Al^{3+} 显色产物再褪色，用此褪色溶液做参比调节仪器的零点。

【实验实训】

实验一 可见分光光度计的校准与吸收曲线的测定

一、实验目的

（1）了解分光光度计的基本构造及校正方法。

（2）熟悉分光光度计的使用方法。

（3）学习吸收光谱曲线的绘制、查找最大吸收波长 λ_{max} 的方法及 ε_{max} 的计算。

二、实验原理

物质对不同波长光的吸收程度不同，通过测定不同波长光对应的吸光度，绘制 A—λ 吸收曲线，找出最大吸收波长 λ_{max}，并计算 ε_{max}。了解物质对光的选择性吸收的特性。

三、仪器与试剂

1. 仪器

容量瓶（100 mL）；移液管（1 mL）；722 分光光度计；镨钕滤光片。

2. 试剂

$KMnO_4$ 贮备液（0.04 mol·L^{-1}）。

四、实验步骤

（一）可见分光光度计的校准

1. 波长校正

（1）打开仪器比色槽门，接通电源预热 20 min。

（2）将仪器波长调至 420 nm，以空气为参比调节 $T\%=0$，将白硬纸片插入比色槽中，用波长旋钮将波长从 420 nm 依次调到 700 nm，观察白硬纸片上光斑的颜色（如在 560～600 nm 为黄色光）。如果光的颜色与对应的波长不相符，可通过调节灯的位置，来校准仪器分光系统。

（3）取出硬纸片，再把镨钕滤光片垂直插入比色槽中，波长调至 460 nm，以空气为参比调节 $T\%=0$，盖上比色槽门调节 $T\%=100.0$，然后将镨钕滤光片推入光路，测其吸光度，以后每隔 20 nm 测一次吸光度，当在 500～540 nm 时，每隔 2 nm 测一次吸光度，并做记录。

（4）由各波长对应吸光度，绘制 A—λ 曲线，查出 A_{max} 对应的最大波长 $\lambda_{max}^{测}$。

（5）若 $\lambda_{max}^{测}-529<3$ nm，仪器可正常使用；若 $\lambda_{max}^{测}-529>3$ nm，需要调节波长螺丝，反复测定（529±5）nm 处吸光度值，一直调整到在仪器 529 nm 处测定的吸光度值最大为止。

2. 仪器稳定性检查

打开仪器比色槽门，以空气为参比调节 $T\%=0$，然后观察 3 min 并记录仪器读数的最大变动值。对于单色器是光栅的仪器，1～3 级百分透光度波动值分别是±0.1、±0.2、±0.5；对于单色器是棱镜的仪器，百分透光度波动值是±0.5；若仪器是数显的，百分透光度波动值是±0.1。

3. 比色皿配对校正

（1）用铅笔在比色皿毛面上编号、标出光路方向，装入蒸馏水，打开仪器比色槽门把比色皿放入比色槽中。

（2）把仪器波长调节至 580 nm，以一个为参比，调节 $T\%=0$，盖上比色槽门调节 $T\%=100.0$，然后把工作选择挡调到 A，测定各比色皿的吸光度。如果各比色皿吸光度偏差<0.5%，可配对使用；如果吸光度偏差≥0.5%，选吸光度最小的那个比色皿做参比，再测定其他比色皿吸光度，求出它们的修正值。以后测定的吸光度分别减去其修正值。

（二）高锰酸钾溶液吸收光谱曲线的测定

（1）配制 $KMnO_4$ 溶液（0.000 4 mol/L）。用移液管准确移取 $KMnO_4$ 贮备液 1 mL，转入 100 mL 容量瓶中，用水稀释至 100 mL。

（2）在下表所列波长下，以蒸馏水为参比，用 1 cm 比色皿分别测定 0.000 4 mol/L $KMnO_4$ 溶液的吸光度。

分光光度计型号：　　　　　比色皿厚度：　　　　　　　　年　　　月　　　日

λ/nm	420	440	460	480	500	504	508	512
A								
λ/nm	514	516	518	520	522	524	526	528
A								
λ/nm	532	536	540	544	550	560	580	600
A								

五、结果计算

（1）绘制 A—λ 曲线；

（2）根据绘制 A—λ 曲线，查出 λ_{max}；

（3）计算 ε_{max}。

六、注意事项

（1）拿比色皿毛面，外壁要保持洁净、干燥。溶液不宜超过比色皿体积的 2/3。

（2）每改变一次波长，都应重新调仪器零点。吸光度值保留到小数点后三位。

（3）测定完毕，应立即将高锰酸钾溶液从比色皿中倒出，洗净、晾干。

实验二　邻菲罗啉分光光度法测定水样中微量铁

一、实验目的

（1）掌握邻菲罗啉分光光度法测定微量铁的原理和方法；

（2）学会标准曲线绘制的方法及正确选择测定波长；

（3）进一步了解可见分光光度计的构造，并熟练掌握光度计的使用方法。

二、实验原理

亚铁离子在 pH=3～9 时与显色剂邻菲罗啉（也称邻二氮杂菲，即 1,10—二氮杂菲）反应，生成稳定的橙红色配合物$[(C_{12}H_8N_2)_3Fe]^{2+}$，在 510 nm 下[$\varepsilon$为 1.1×10^4 L/（mol·cm）]测定吸光度，用标准曲线法确定待测水样中铁的含量。若用还原剂（如盐酸羟胺）把高铁离子还原成亚铁离子，则用此法还可测定水样中高铁离子及总铁含量。

三、仪器与试剂

1．仪器

721 型或 722 型分光光度计，1 cm 比色皿；具塞比色管（50 mL）；移液管（1 mL、2 mL、5 mL、10 mL 和 25 mL）；容量瓶（1 000 mL、100 mL）。

2．试剂

（1）铁贮备液（100 µg/mL）：称 0.702 0 g$(NH_4)_2Fe(SO_4)_2\cdot6H_2O$，于 50 mL（1+1）硫酸溶液中溶解后，转移至 1 000 mL 容量瓶中，用水稀释至刻度，摇匀。此溶液中 Fe^{2+}质量浓度为 100 µg/mL。

（2）铁的标准使用溶液 25 µg/mL：准确移取铁贮备液 25 mL 于 100 mL 容量瓶中，用水稀释至刻度，摇匀。此溶液中 Fe^{2+}质量浓度为 25 µg/mL（临用时配制）。

（3）10%盐酸羟胺溶液（临用时配制）。

（4）0.5%邻菲罗啉溶液：配制时加数滴盐酸能助溶液或先用少许酒精溶解，再用水稀释至所需的体积（临用时配制）。

（5）盐酸溶液（1+3）。

（6）缓冲溶液：40 g 醋酸铵加到 50 mL 冰醋酸中，再用水稀释到 100 mL。

四、实验步骤

1. 校准曲线的绘制

取 6 个 50 mL 干净比色管，编号后依次加入铁的标准使用液 0.00 mL、2.00 mL、4.00 mL、6.00 mL、8.00 mL、10.0 mL，加入 10%盐酸羟胺溶液 1 mL 混匀，加 5 mL 缓冲溶液、0.5%邻菲罗啉溶液 2 mL，最后加蒸馏水稀释至 50 mL，摇匀。15 min 后，在 510 nm 波长下，用 1 cm 比色皿，以空白试剂为参比溶液，测定各溶液的吸光度。以 50 mL 比色管中溶液的含铁量（μg）为横坐标，相应的吸光度为纵坐标，绘制校准曲线。

2. 试样铁质量浓度的测定

向 2 个 50 mL 比色管中分别加入 5.00 mL 未知水样溶液（所取未知水样中铁质量浓度以在标准曲线范围内为宜），在与上述相同的条件下，测定水样的吸光度。根据校准曲线找出水样吸光度值对应的浓度，计算未知水样中铁的质量浓度（以 mg/L 表示）。

如果水样需要进行预处理，则标准系列的溶液同样也要进行预处理，然后再显色测定。

预处理方法是：准确移取铁的标准使用液和水样分别置于 8 个 150 mL 的锥形瓶中，加蒸馏水至 50 mL，再加（1+3）盐酸 1 mL、玻璃珠数粒，加热煮沸至溶液剩余溶液约 15 mL，冷却至室温移入 50 mL 比色管，加饱和的醋酸钠溶液使刚果红试纸刚刚变红，然后依次加入 5 mL 缓冲溶液、0.5%邻菲罗啉溶液 2 mL，加水稀释至刻度，摇匀。15 min 后，在 510 nm 波长下，用 1 cm 比色皿，以空白试剂为参比溶液，测定各溶液的吸光度。

3. 数据记录

分光光度计型号：　　　　　比色皿厚度：　　　　　　年　　月　　日

编号	1	2	3	4	5	6	水样 1	水样 2
标准使用液体积/mL	0.00	2.00	4.00	6.00	8.00	10.00	5.00	5.00
铁含量/μg	0.0	50.0	100.0	150.0	200.0	250.0	m_1	m_2
吸光度 A								

五、结果计算

$$\rho_{Fe}/\ (\text{mg/L}) = \frac{m}{V}$$

式中：V——所取水样的体积，mL；

m——由校准曲线查得的水样含铁量的均值，μg。

六、注意事项

（1）本法适用于测定水和废水中的铁的质量浓度，最低检出限为 0.03 mg/L，测定上限为 5.00 mg/L。

（2）根据水样情况，需要进行预处理时，应先将水样和标准都进行同样的预处理，然后再显色测定。

（3）配制溶液时，移液管切勿交叉使用，以免污染试剂。且加入试剂的先后顺序不能颠倒。

（4）为了避免误差，本实验中待测样品溶液使用同一只比色皿测量。

（5）盛装参比溶液的比色皿，测定过程中不要取出，供每次测定校零点使用。

七、思考题

（1）该方法测定铁含量的理论依据是什么？如何求得试样中铁的质量浓度？

（2）由工作曲线查出的待测铁离子的质量浓度是否是原始待测液中铁离子的质量浓度？

实验三　混合液中 Co^{2+} 和 Cr^{3+} 双组分的分光光度法测定

一、实验目的

学会用解联立方程组测定吸收曲线相互重叠的二元混合物含量的方法。

二、实验原理

钴和铬的吸收曲线虽然重叠，但相互不应影响其吸光物质的吸光性，所以可利用朗伯—比尔定律和光的加和性，在它们的最大吸收波长 λ_1、λ_2 处测量混合液的总吸光度 $A_{\lambda_1}^{Co+Cr}$、$A_{\lambda_2}^{Co+Cr}$，同时测定钴、铬纯物质的 $\varepsilon_{\lambda_1}^{Co}$、$\varepsilon_{\lambda_2}^{Co}$、$\varepsilon_{\lambda_1}^{Cr}$ 及 $\varepsilon_{\lambda_2}^{Cr}$ 值。用联立

方程 $\begin{cases} A_{\lambda_1}^{Co+Cr} = \varepsilon_{\lambda_1}^{Co} b c_{Co} + \varepsilon_{\lambda_1}^{Cr} b c_{Cr} \\ A_{\lambda_2}^{Co+Cr} = \varepsilon_{\lambda_2}^{Co} b c_{Co} + \varepsilon_{\lambda_2}^{Cr} b c_{Cr} \end{cases}$，求出钴和铬的浓度 c_{Co}、c_{Cr}。

三、仪器与试剂

1．仪器

可见分光光度计；容量瓶（50 mL）；移液管（5 mL、10 mL）。

2．试剂

$Co(NO_3)_2$ 标准溶液（0.700 mol/L）；$Cr(NO_3)_3$ 标准溶液（0.200 mol/L）；蒸馏水。

四、实验步骤

(1)取 5 只 50 mL 洁净的容量瓶,分别加入 0.00 mL、2.50 mL、5.00 mL、7.50 mL、10.00 mL 的 $Co(NO_3)_2$ 标准溶液,用蒸馏水稀释至刻度,摇匀待用。

(2)再取 5 只 50 mL 洁净的容量瓶,分别加入 0.00 mL、2.50 mL、5.00 mL、7.50 mL、10.00 mL 的 $Cr(NO_3)_3$ 标准溶液,用蒸馏水稀释至刻度,摇匀待用。

(3)用零管做参比,另外取上述配制的标准系列中的溶液各一份,波长范围在 420~700 nm,每隔 20 nm 测定一次吸光度,在吸收峰附近,每间隔 2 nm 测定一次吸光度。分别绘制 $Co(NO_3)_2$ 溶液和 $Cr(NO_3)_3$ 溶液吸收曲线,从中查取最大吸收波长 λ_1、λ_2。

(4)再以零管做参比,在波长 λ_1、λ_2 下,分别测定 $Co(NO_3)_2$ 和 $Cr(NO_3)_3$ 系列标准溶液的吸光度。

(5)吸取 5.00 mL 的待测水样,置于 50 mL 的容量瓶中,用蒸馏水稀释至刻度,摇匀。在波长 λ_1、λ_2 下分别测定水样的吸光度 $A_{\lambda_1}^{Co+Cr}$、$A_{\lambda_2}^{Co+Cr}$。

(6)数据记录。

分光光度计型号:　　　　　比色皿厚度:　　　　　　　年　　月　　日

编号	1	2	3	4	5
$Co(NO_3)_2$ 标准液体积/mL	0.00	2.50	5.00	7.50	10.00
$A_{\lambda_1}^{Co}$					
$A_{\lambda_2}^{Co}$					
$Cr(NO_3)_3$ 标准液体积/mL	0.00	2.50	5.00	7.50	10.00
$A_{\lambda_1}^{Cr}$					
$A_{\lambda_2}^{Cr}$					

五、结果计算

(1)绘制 $Co(NO_3)_2$ 和 $Cr(NO_3)_3$ 溶液在波长为 420~700 nm 的两条光谱吸收曲线。查取各吸收曲线中的最大吸收波长 λ_1、λ_2。

(2)绘制 $Co(NO_3)_2$ 和 $Cr(NO_3)_3$ 标准溶液在 λ_1、λ_2 下的 A—c 四条校准曲线,根据校准曲线求其斜率 $\varepsilon_{\lambda_1}^{Co}$、$\varepsilon_{\lambda_2}^{Co}$、$\varepsilon_{\lambda_1}^{Cr}$ 及 $\varepsilon_{\lambda_2}^{Cr}$。

(3)用联立方程 $\begin{cases} A_{\lambda_1}^{Co+Cr} = \varepsilon_{\lambda_1}^{Co} b c_{Co} + \varepsilon_{\lambda_1}^{Cr} b c_{Cr} \\ A_{\lambda_2}^{Co+Cr} = \varepsilon_{\lambda_2}^{Co} b c_{Co} + \varepsilon_{\lambda_2}^{Cr} b c_{Cr} \end{cases}$,求出钴和铬的浓度 c_{Co}、c_{Cr}。

六、注意事项

（1）每改变一次波长，必须重新用参比溶液调整仪器的零点。

（2）待测试样的两种组分之间应相互不发生反应，如发生化学反应，必须分离后再进行测定。

七、思考题

三组分混合液应如何测定？

实验四　紫外分光光度法测定水中硝酸根离子浓度

一、实验目的

（1）掌握紫外分光光度计的使用；

（2）学会用紫外分光光度法测定硝酸根离子浓度的定量分析方法。

二、实验原理

利用硝酸根离子在 220 nm 波长处的吸收来定量测定硝酸盐氮。如果水样中溶解的有机物在 220 nm 处和 275 nm 处均有吸收，而硝酸根离子在 275 nm 处没有吸收，则在 275 nm 处再测定一次，以校正硝酸盐氮值。用校准曲线法测定水样中硝酸盐氮含量。

三、仪器与试剂

1．仪器

紫外分光光度计；1 cm 石英比色皿；离子交换柱（ϕ1.4 cm，树脂高 5~8 cm）；定量分析基本仪器等。

2．试剂

（1）硝酸钾标准储备液。100 mg/L。准确称取 0.721 8 g 优级纯 KNO_3（在 105~110℃烘干 2 h）于烧杯中，加水溶解，转移至 1 000 mL 容量瓶稀释到刻度，加 2 mL $HCCl_3$（三氯甲烷）保护剂，混匀，可稳定 6 个月。

（2）硝酸钾标准使用液。10 mg/L。吸取 10.00 mL 硝酸钾标准储备液于 100 mL 容量瓶中，用无氨水稀释至刻度。则该溶液每毫升含硝酸盐氮 10 μg。

（3）氢氧化钠溶液。5 mol/L。

（4）氢氧化铝悬浮液。溶解 125 g 硫酸铝钾[$KAl(SO_4)_2\cdot12H_2O$）或硫酸铝铵[$NH_4Al(SO_4)_2\cdot12H_2O$]溶于 1 000 mL 水中，加热至 60℃，在搅拌下，徐徐加入 55 mL 浓氨水，放置约 1 h。移入 1 000 mL 量筒中，用水反复洗涤沉淀，直到洗涤液中不含亚硝酸盐为止。澄清后，将上层清液尽量全部倾出，只留稠的悬浮物，最后加入 100 mL 水，使用前振荡均匀。

（5）盐酸溶液。1 mol/L（优级纯）。

（6）氨基磺酸溶液。0.8%，注意避光冷藏保存。

（7）无氨水。取 1 000 mL 蒸馏水于全玻璃蒸馏器，加 H_2SO_4 至 pH<2 后重蒸馏，先弃去 100 mL 初馏液，收集后面馏出液，密封保存在具塞玻璃容器中。

（8）大孔径型中型树脂。CAD-40 型或 XAD-2 型及类似型树脂。

（9）甲醇。

四、实验步骤

1. 水样

浑浊水样应过滤。如水样有颜色，应在每 100 mL 水样中加入 4 mL 氢氧化铝悬浮液，在烧杯中搅拌 5 min 过滤。取 25 mL 经过滤或脱色的水样于 50 mL 容量瓶中，加入 1 mL 的 1 mo/L 盐酸溶液，用无氨水稀释至刻度。

2. 标准系列配制

分别吸取硝酸钾标准使用液 0.00 mL、1.00 mL、2.00 mL、3.00 mL、4.00 mL、10.00 mL 于 6 个 50 mL 容量瓶中，各加入 1 mL 的 1 mol/L 盐酸溶液和 0.1 mL 氨基磺酸溶液（如亚硝酸盐氮质量浓度低于 0.1 mg/L 时可不加），用无氨水稀释至刻度。

3. 校准曲线绘制

在 λ=220 nm 处，用 1 cm 石英比色皿分别测定标准系列和水样的吸光度。由标准系列可得到标准曲线，根据水样的吸光度可从标准曲线上查得对应的浓度，此值乘以稀释倍数即可知水样中硝酸盐氮的含量。

若水样中存在有机物对测定有干扰作用，可同时在 λ=275 nm 处测定吸光度，并得到校正吸光度：$A_{校}=A_{220\,nm}-2A_{275\,nm}$。然后按上述相同的方法查取、计算其含量。

4. 数据记录

紫外分光光度计型号：　　　　比色皿厚度：　　　　　年　　　月　　　日

编号	1	2	3	4	5	6	水样 1	水样 2
标准使用液体积/mL	0.00	1.00	2.00	3.00	4.00	10.00	25.00	25.00
硝酸盐氮含量/μg	0.0	10.0	20.0	30.0	40.0	100.0	m_1	m_2
吸光度 A								

五、结果计算

$$硝酸盐氮质量浓度（N, mg/L）=\frac{m}{V}$$

式中：m—— 由校准曲线查得的水样中硝酸盐氮含量，μg；

V——所取原水样体积，mL。

六、注意事项

（1）当水样含有有机物，且硝酸盐含量又较高时，水样必须先进行预处理再稀释测定。

（2）当水样存在六价铬时，应采用氢氧化铝做絮凝剂，并需放置 0.5 h 以上，再取上层清液供测定。

（3）用大孔径中性吸附树脂进行处理，可以除去水样中大部分常见的有机物、浊度、三价铁离子、六价铬离子的干扰。

七、思考题

（1）在水质监测中，目前我国规定硝酸盐氮的监测标准方法及原理是什么？
（2）实验中用到的处理水样的离子交换柱应如何制备？

实验五　紫外分光光度法同时测定维生素 C 和维生素 A

一、实验目的

（1）进一步了解紫外分光光度计的结构及使用方法。
（2）掌握紫外分光光度法测定双组分的原理及操作流程。

二、实验原理

根据朗伯—比尔定律，用紫外分光光度法可方便地测定在该光谱区域内有简单吸收峰的某一物质含量。若有两种不同成分的混合物共存，只要这两种混合物中对光有吸收的物质之间没有相互作用，就可以利用朗伯—比尔定律及光的加和性，通过解联立方程组的方法对共存混合物进行测定。

维生素根据其溶解性可分为脂溶性维生素（包括维生素 A、D、E、K）和水溶性维生素（维生素 B、C 两族）。维生素 A（视黄醇）和维生素 C（抗坏血酸）都能溶于无水乙醇中，故可用紫外区测定它们的含量。

三、仪器与试剂

1．仪器
紫外分光光度计（石英比色皿 1 cm）；吸量管；容量瓶。
2．试剂
（1）维生素 C 标准溶液。准确称取 0.013 2 g 维生素 C 溶于无水乙醇，用无水乙醇定容到 1 000 mL 容量瓶中，摇匀。维生素 C 质量浓度为 13.2 mg/L。

（2）维生素 A 标准溶液。准确称取 0.400 0 g 含维生素 A 的浓鱼肝油[1 g 相当于 50 000 IU。 每 1 国际单位（IU）维生素 A 是 0.3 μg 维生素 A]，加无水乙醇溶解，用无水乙醇定容到 500 mL 容量瓶中，摇匀。此溶液为 40 IU/mL 即维生素 A 质量浓度为 12 mg/L。

（3）无水乙醇。

四、实验步骤

（1）维生素 C 系列标准溶液配制：取 5 只 50 mL 棕色的容量瓶，分别加入 2.00 mL、4.00 mL、6.00 mL、8.00 mL、10.00 mL 的维生素 C 标准溶液，用无水乙醇稀释至刻度，摇匀。

（2）维生素 A 系列标准溶液配制：再取 5 只 50 mL 棕色的容量瓶，分别加入 2.50 mL、5.00 mL、7.50 mL、10.00 mL、20.00 mL 的维生素 A 标准溶液，用无水乙醇稀释至刻度，摇匀。

（3）取上述配制的系列标准溶液各一份，用无水乙醇做参比，波长范围为 220～3 600 nm，测定绘制溶液吸收曲线，从中查取最大吸收波长 λ_1、λ_2。

（4）用无水乙醇做参比，在波长 λ_1、λ_2 下，分别测定维生素 C 和维生素 A 系列标准溶液的吸光度。

（5）吸取 5.00 mL 的待测水样，置于 50 mL 的容量瓶中，用无水乙醇稀释至刻度，摇匀。在波长 λ_1、λ_2 下分别测定水样的吸光度 $A_{\lambda_1}^{C+A}$、$A_{\lambda_2}^{C+A}$。

（6）数据记录。

编号	1	2	3	4	5
维生素 C 标液体积/mL	2.00	4.00	6.00	8.00	10.00
$A_{\lambda_1}^{C}$					
$A_{\lambda_2}^{C}$					
维生素 A 标液体积/mL	2.50	5.00	7.50	10.00	20.00
$A_{\lambda_1}^{A}$					
$A_{\lambda_2}^{A}$					

五、结果计算

（1）分别绘制溶液维生素 A 和维生素 C 在波长范围为 220～360 nm 时的两条光谱吸收曲线，从中查出最大波长 λ_1、λ_2。

（2）分别绘制维生素 A 和维生素 C 系列标准溶液在 λ_1、λ_2 下的四条校准曲线，根据校准曲线求其斜率 $\varepsilon_{\lambda_1}^C$、$\varepsilon_{\lambda_2}^C$、$A_{\lambda_1}^A$ 及 $A_{\lambda_2}^A$。

（3）用联立方程 $\begin{cases} A_{\lambda_1}^{C+A} = \varepsilon_{\lambda_1}^C bc_C + \varepsilon_{\lambda_1}^A bc_A \\ A_{\lambda_2}^{C+A} = \varepsilon_{\lambda_2}^C bc_C + \varepsilon_{\lambda_2}^A bc_A \end{cases}$，求出维生素 A 和维生素 C 的质量浓度。

六、注意事项

（1）维生素 A 和维生素 C 标准溶液注意避光且不宜久存。
（2）试样取用量应不超出该方法的测定范围。

七、思考题

夜盲症是由于缺乏_____，坏血病是由于缺乏_____。

　　　A．维生素 A　　　　　　　　　B．维生素 B_1
　　　C．维生素 C　　　　　　　　　D．维生素 E

【本章小结】

（1）分光光度法：是根据物质的吸收光谱及光的吸收定律，对物质进行定性、定量分析的一种方法。

（2）光吸收曲线：即以入射光的波长（λ）为横坐标，溶液的吸光度（A）为纵坐标画出的曲线，光吸收曲线中吸光度最大的波长，为最大吸收波长，用 $\lambda_{\max}$ 表示。

（3）分光光度法测定物质含量的依据：朗伯—比尔定律，即 $A=\varepsilon bc$，此处 c 为物质的量浓度，ε 称为摩尔吸光系数，若用质量浓度 ρ 代替物质的量浓度 c，则 ε 相应的改为 a，则 $A=ab\rho$，a 为质量吸光系数，a 与 ε 之间的关系为：$\varepsilon=a\cdot M$。M 是物质的摩尔质量。

（4）吸光度 A 与透光度 T 及百分透光度 $T\%$ 的关系是：$A=-\lg T=2-\lg T\%$。

（5）紫外-可见分光光度计基本组成：光源、单色器、吸收池、检测系统和信号显示系统。

（6）定量测定常用的方法：标准曲线法、标准对照法、目视比色法及示差分光光度法。它们各有其适用的范围。

（7）为了提高测量的灵敏度和准确度，必须从以下几个方面考虑：提供测定所需的单色光（一般为 $\lambda_{\max}$）；溶液的浓度宜小；在 $A=0.2\sim0.7$ 的范围内测量；选择合适的显色反应、显色剂及合适的显色条件。

【思考题】

一、选择题

1. 朗伯—比尔定律的表达式为：_____。
    A. $A = \varepsilon M$ B. $A = \varepsilon bc$ C. $A = \varepsilon bM$ D. 以上均不对

2. 当百分透光度 $T\% = 100$ 时，吸光度 A 为：_____。
    A. 0.100   B. ∞ C. 0   D. 以上均不对

3. 用光学玻璃做成的吸收池：_____。
    A. 只能用于紫外区   B. 只能用于可见区
    C. 适用于紫外区及可见区   D. 适用于中红外区

4. 紫外区可用的光源有：_____。
    A. 钨灯   B. 卤钨灯   C. 氢灯   D. 氘灯

5. 下列化合物，哪些不适宜作为紫外测定中的溶剂：_____。
    A. 苯   B. 水   C. 乙氰   D. 甲醇

6. 为使测量结果有较高的准确度，一般应控制溶液的吸光度在：_____。
    A. 0.2～1.0   B. 0.1～2.0   C. 0.4～0.5   D. 0.2～0.7

7. 测量试液的吸光度时，如果吸光度值不在要求的读数范围内，采取____措施。
    A. 改变试液的浓度或吸收池的厚度   B. 延长校准曲线
    C. 改变参比溶液   D. 换台仪器

8. 邻二氮杂菲分光光度法测铁实验的显色过程中，按先后次序依次加入：_____。
    A. 邻二氮杂菲、NaAc、盐酸羟胺   B. 盐酸羟胺、NaAc、邻二氮杂菲
    C. 盐酸羟胺、邻二氮杂菲、NaAc   D. NaAc、盐酸羟胺、邻二氮杂菲

9. 分光光度计控制波长纯度的元件是：_____。
    A. 棱镜+狭缝   B. 光栅   C. 狭缝   D. 棱镜

10. 分光光度计测量吸光度的元件是：_____。
    A. 棱镜   B. 比色皿   C. 钨灯   D. 光电管

11. 分光光度计的可见光波长范围为：_____。
    A. 200～400 nm   B. 500～1 000 nm
    C. 400～760 nm   D. 760～1 000 nm

12. 用分光光度法测定铁所用的比色皿的材料为：_____。
    A. 石英   B. 塑料   C. 硬质塑料   D. 玻璃

13. 待测水样中铁的质量浓度估计为 1 mg/L，已有一条浓度分别为 100 μg/L，200 μg/L，300 μg/L，400 μg/L，500 μg/L 标准曲线，若选用 1 cm 的比色皿，水样应该采用：_____处理方法。
    A. 取 5 mL 至 50 mL 容量瓶，加入条件试剂后定容

B．取 50 mL 至 50 mL 容量瓶，加入条件试剂后定容

C．取 50 mL 蒸发浓缩到少于 50 mL，转至 50 mL 容量瓶，加条件试剂后定容

D．取 100 mL 蒸发浓缩到少于 50 mL，转至 50 mL 容量瓶，加条件试剂后定容

14．摩尔吸光系数与吸光系数的转换关系为：_____。

　　A．$a=M \cdot \varepsilon$　　B．$\varepsilon=M \cdot a$　　C．$a=M/\varepsilon$　　D．$A=M \cdot \varepsilon$

15．一般分光光度计应预热：_____。

　　A．5 min　　　B．10～20 min　　C．1 h　　　D．不需预热

16．下列操作中，不正确的是：_____。

　　A．用比色皿时，用手捏住比色皿的毛面，切勿触及透光面

　　B．比色皿外壁液体用细而软的吸水纸吸干，不能用力擦拭，以保护透光面

　　C．在测定一系列溶液的吸光度时，按从稀到浓的顺序测定以减小误差

　　D．被测液要倒满比色皿，以保证光路完全通过溶液

17．测铁工作曲线时，要使工作曲线通过原点，参比溶液应选：_____。

　　A．溶剂　　　B．纯水　　　C．试剂空白　　　D．水样

18．紫外-可见光吸收曲线是：_____。

　　A．线状光谱　　B．一条几何直线　　C．带状光谱　　　D．以上均不对

19．在公式 $A=\varepsilon bc$ 中，ε 的大小与下列哪种因素有关？_____。

　　A．吸光度 A　　B．液层厚度　　　C．溶液浓度　　　D．物质性质

20．有色溶液呈现的颜色是：_____。

　　A．吸收的单色光的颜色　　　　　B．吸收光的互补光的颜色

　　C．照射光的颜色　　　　　　　　D．以上都不是

二、名词解释

1．电磁波谱　2．光吸收曲线　　3．吸光度　4．标准曲线　5．显色反应

6．显色剂　　7．偏离光吸收定律　8．目视比色法　　9．分光光度法

10．单色光

三、问答题

1．在紫外-可见分光光度法中，定性分析和定量分析的依据是什么？

2．朗伯—比尔定律及适用条件是什么？

3．分光光度计主要组成部件及作用是什么？

4．如果试样的吸光度不在标准曲线范围内怎么办？

5．为什么邻二氮杂菲分光光度法测定微量铁时要加入盐酸羟胺溶液？

6．影响分光光度法分析的因素有哪些？

四、计算题

1. 在一定条件下,六价铬离子与二苯碳酰二肼反应生成紫红色的络合物,用 3 cm 比色皿,在 540 nm 波长处测定其 $T\%$ 为 100.0。请计算 A 及 T 各是多少?

2. 用可见分光光度法测定某标准溶液摩尔浓度为 2.7×10^{-5} mol/L,其有色化合物在某波长下,用 1 cm 比色皿测得其吸光度为 0.392。请计算质量吸光系数 a 和摩尔吸光系数 ε。

3. 用分光光度法测铁,在一定条件下测得质量浓度为 4.0 mg/mL 的铁标准溶液的吸光度为 0.400。在同样条件下,测得试样的吸光度为 0.380,试求试样铁的质量浓度。

4. 同时测定两种组分 A 和 B,在 λ_1 和 λ_2 处,A 的摩尔吸光系数分别为 2.0×10^3 L/(mol·cm)、2.8×10^4 L/(mol·cm),B 的摩尔吸光系数分别为 2.1×10^4 L/(mol·cm)、3.1×10^2 L/(mol·cm)。相同条件下,在 λ_1 和 λ_2 处测得混合样的总吸光度分别为 0.300、0.415。计算两种组分的浓度。

参考文献

[1] 黄一石. 仪器分析. 北京:化学工业出版社,2005.

[2] 朱明华. 仪器分析. 3 版. 北京:高等教育出版社,2002.

[3] 水和废水监测分析方法. 4 版 (增补版). 北京:中国环境科学出版社,2006.

[4] 华东理工大学、成都科技大学分析化学教研组. 分析化学. 4 版. 北京:高等教育出版社,1999.

[5] 张尧旺. 水质监测与评价. 郑州:黄河水利出版社,2002.

[6] 中华人民共和国国家标准 GB/T 11911—1989.

[7] 景丽洁. 新编化验员手册续编(仪器分析). 长春:吉林科学技术出版社,1999.

[8] 侯曼玲. 食品分析. 北京:化学工业出版社,2004.

原子吸收光谱法

【知识目标】

通过本章的学习，掌握原子吸收光谱法的基本原理，原子吸收分光光度计的结构、工作原理以及操作规程和原子吸收光谱法测定的干扰因素及排除方法，了解原子吸收分光光度计的类型及发展现状。

【能力目标】

独立操作常见原子吸收分光光度计、根据测定需要确定测量条件以及选择合适的灵敏度，独立完成原子吸收光谱法分析实验。

第一节　原子吸收光谱法的基本原理

一、概述

原子吸收光谱法也称为原子吸收分光光度法，简称原子吸收法。它是基于物质所产生的原子蒸气对待测元素的特征谱线的吸收作用而进行定量分析的方法。原子吸收光谱分析利用的是原子吸收过程。所谓原子吸收，就是指气态的自由原子对于同种原子发射出来的特征光谱辐射具有吸收现象。以此为基础的光谱分析法是由澳大利亚物理学家沃尔什（Walsh A.）于 1955 年确定的。他奠定了原子吸收光谱法的基础。此后 40 多年来，原子吸收光谱法又经历了从火焰到非火焰原子化的发展，测定的灵敏度大大提高，绝对灵敏度可达 $10^{-12} \sim 10^{-14}$g。特别是 1965 年，威尔茨（Willts J.B.）将氧化亚氮－乙炔用于火焰原子吸收法中，大大扩展了该法所能测定的元素范围，使可测元素扩大到 70 余种。无火焰原子化装置如石墨炉、金属舟等的应用使原子吸收分析范围和灵敏度达到新的阶段。20 世纪 60 年代后期，间接原子吸收法的发明，使原子吸收法发展成为一种较为完善的现代分析方法。

二、原子吸收光谱法的特点

1. 优点

（1）灵敏度高。原子吸收光谱法的绝对检出限可达到 10^{-10}g 数量级（火焰原子化法），甚至可达到 10^{-14}g 数量级（无火焰原子化法）。这是化学分析、紫外-可见分光光度法所不及的，因此，原子吸收光谱法分析适宜于微量、痕量元素测定。

（2）选择性好。在大多数情况下共存元素不对原子吸收分析产生干扰，所以一般不需要分离共存元素。即使有时某些共存元素产生干扰作用，也可以利用加入掩蔽剂等手段加以消除。

（3）准确度较高，精密度高。原子吸收光谱分析法的相对误差可控制在 0.1%～0.5%，能与滴定分析相媲美；单光束原子吸收光谱法的相对标准偏差一般为 0.5%～2%，若采用双光束原子吸收分光光度计，精密度还可以提高。

（4）适用范围广。在测定含量范围方面，既能用于微量成分的分析，又能用于基体组分含量的测定。在测定元素种类方面，已能直接测定 70 余种元素，采用间接方法还可以测定卤素、硫、氮等非金属元素。

（5）取样量少，固体和液体试样均可直接测定。

（6）快速、简便、易掌握、设备简单，便于自动化和计算机控制。

2. 缺点

（1）测定一种元素换一支元素灯。即使用多元素灯，多元素的组合与分析样品也很不一致。如今，激光光源的出现使高强度与单色化统一了起来。特别是染料激光器，可连续调频获得不同频率的激光，它已用在 AFS 领域，当然也会在原子吸收光谱分析中找到新用途。

（2）多数非金属元素不能直接测定，如碳、氧、硫、磷、氮、氟、氯、溴、碘等；但采用间接法可弥补这个缺点。

（3）火焰法要用燃料气，不方便也不安全。

（4）对某些稀土元素（钍、锆、铪、铌、钨等）的测定灵敏度较低。

（5）对于成分复杂的样品，干扰仍然比较严重。

三、原子吸收光谱分析法的基本原理

（一）原子吸收光谱

处于基态的自由原子蒸气，当有辐射通过时，若辐射的频率等于原子中的电子从基态跃迁到激发态所需要的能量频率，原子将从辐射场中吸收能量，产生共振吸收，电子从基态跃迁到激发态，同时使辐射减弱产生原子吸收光谱。

原子外围电子从基态跃迁到第一激发态要吸收一定频率的光，当它从第一激发态跃迁回到基态时，则发射同样频率的光谱线，即一般情况下，一种原子能吸收某条谱线，也能发射这条谱线，因为同类原子的原子结构是确定的，这种谱线就称为该原子的共振线。不同元素的原子，由于它们的原子结构不同，能级之间的能量差不同，因而，它们的共振线也不尽相同而是各具有其特征性，即不同的原子具有不同的特征吸收光谱。结构简单的原子，如碱金属和碱土金属，其共振线少；结构复杂的原子，如铁等过渡元素，其共振线较多。原子吸收光谱分析法中常用第一共振线作为分析线，但个别元素的第一共振线在真空紫外区，则不宜采用。

（二）基态原子和激发态原子的玻尔兹曼分布

原子吸收光谱法是以测定基态原子蒸气对同种原子的特征辐射的吸收为基础的。在样品原子化过程中，待测元素由分子解离成原子后，不一定都是以基态原子存在，其中有一部分原子由于在原子过程中吸收了较高的能量而变成激发态，处于热力学平衡时，不同能态分布的原子数目服从玻尔兹曼分布定律，即

$$\frac{N_i}{N_0} = \frac{g_i}{g_0} e^{-(E_i - E_0)/KT} \tag{3-1}$$

$E_0 = 0$时，上式可以写成

$$N_i = N_0 \frac{g_i}{g_0} e^{-E_i/KT} \tag{3-2}$$

式中：N_i、N_0——分别为分布在激发能级 E_i 和基态能级 E_0 上的原子数；

g_i、g_0——分别为激发态和基态能级的统计权重，它表示能级的简并度；

T——热力学温度；

K——玻尔兹曼常数。

一般说来，共振激发态的原子数与基态原子数的比值是很小的，只在高温下和长波的共振跃迁时变得稍大（未超过 1%）。由于大多数元素的最强共振线波长都短于 600 nm，且通常考虑的都是 3 000 K 以下的原子蒸气，所以 N_i 与 N_0 相比，N_i 是可以忽略的，即可认为基态原子数目 N_0 接近火焰中待测元素的原子总数。其次，激发原子数目随着温度的指数形式而变化，而基态原子数目实际上基本保持恒定。在发射光谱法和火焰光度法中，最关心的是激发原子数目的多少。而在原子吸收分析法中，最关心的却是基态原子数的多少。这就是发射光谱法与吸收光谱法在理论上的根本区别。

表 3-1　温度对各种元素共振线的 N_i/N_0 的影响

元素	共振线波长/nm	激发能/eV	N_i/N_0		
			$T=2\,000$ K	$T=2\,500$ K	$T=3\,000$ K
Cs	852.1	21.46	4.44×10^{-4}		7.24×10^{-3}
Na	589.0	22.106	0.99×10^{-5}	1.14×10^{-4}	5.83×10^{-4}
Ba	553.56	32.239	6.83×10^{-6}	3.19×10^{-5}	5.19×10^{-4}
Sr	460.73	32.690	4.99×10^{-7}	11.32×10^{-6}	9.07×10^{-5}
Ca	422.67	32.932	1.22×10^{-7}	3.67×10^{-7}	3.55×10^{-5}
V	437.92	-3.131	6.87×10^{-9}	2.50×10^{-7}	2.73×10^{-5}
Fe	372.99	-3.332	2.29×10^{-9}	1.04×10^{-7}	1.31×10^{-6}
Co	352.69	-3.514	6.03×10^{-10}	3.41×10^{-8}	5.09×10^{-7}

元素	共振线波长/nm	激发能/eV	N_i/N_0		
			$T=2\ 000\ \text{K}$	$T=2\ 500\ \text{K}$	$T=3\ 000\ \text{K}$
Ag	328.07	23.778	6.03×10^{-10}	4.84×10^{-8}	8.99×10^{-7}
Cu	324.75	23.817	4.82×10^{-10}	4.04×10^{-8}	6.65×10^{-7}
Mg	285.21	34.346	3.35×10^{-11}	5.20×10^{-9}	1.50×10^{-7}
Pb	283.31	34.375	2.83×10^{-11}	4.55×10^{-9}	1.34×10^{-7}
Au	267.59	44.632	2.12×10^{-12}	4.60×10^{-10}	$1\ 665\times10^{-8}$
Zn	213.86	35.792	7.45×10^{-15}	6.22×10^{-12}	5.50×10^{-10}

（三）吸收线的宽度及影响因素

由实验可知，不论原子吸收线或原子发射线，都不是理想的几何线，而是有一定宽度，或者说有一定的频率分布。而朗伯—比尔定律只适用于单一频率，所以将这条吸收线，看成是由相应精细的各个频率 v_1，v_2，$v_3\cdots$围绕着一根中心频率 v_0 而组成的。按吸收定律可求得各相应频率的吸收系数 K_{v_1}，K_{v_2}，$K_{v_3}\cdots$，以 v-K_v作图，可得出吸收曲线（图 3-1）。谱线的宽度常用半宽度（即图中 Δv）来表示，它是指最大吸收值一半处的频率宽度。

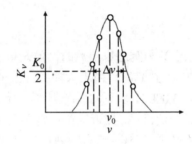

图 3-1　吸收曲线

谱线变宽对于原子吸收光谱分析有着一定的影响，它对测定灵敏度和准确度的高低有决定性的作用。谱线宽度增大时，测定的灵敏度和准确度都会变差。所以对光谱发射谱线和原子蒸气的吸收谱线都要控制谱线变宽。影响谱线变宽的因素有自然宽度、多普勒变宽、压力变宽、场致变宽、自吸变宽和同位素效应等几个方面。

1. 自然宽度

在无外场影响的情况下，谱线有一定的宽度，称为自然宽度（natural width）。不同谱线有不同的自然宽度，它与周围环境无关。这是由于激发态的寿命有限。另外，跃迁是一种随机现象，对于一个体系的全部受激原子，不可能寿命相同，导致出现具有一定宽度和有规律分布的谱线轮廓。自然宽度$\Delta\lambda$约为10^{-4} nm数量级。

2. 多普勒变宽

多普勒变宽（Doppler broadening）同原子的无规则热运动有关，所以又叫热变宽。根据多普勒效应，光源趋向观察者运动时，观察者看来，光的波长较静止原子发生的波长短；光源离开观察者运动时，观察者看来，光的波长较静止原子发出的波长长。火焰中的气态原子处于无规则热运动状态既有趋近，又有远离检测器的。所以，检测器得到的是（$\lambda+\Delta\lambda$）和（$\lambda-\Delta\lambda$）之间的各种频率，故使谱线变宽，其变宽程度$\Delta\nu$（或$\Delta\lambda$）用下式表示：

$$\Delta\nu = \frac{2\nu_0}{c}\sqrt{\frac{2(\ln 2)RT}{A_r}} = 7.16\times10^{-7}\nu_0\sqrt{\frac{T}{A_r}}$$

或

$$\Delta\lambda_D = 7.16\times10^{-7}\lambda_0\sqrt{\frac{T}{A_r}}$$

式中：ν_0、λ_0——原子吸收线的中心频率和中心波长；

　　　R——气体常数；

　　　T——热力学温度；

　　　c——光速；

　　　A_r——待测元素的相对原子质量。

可见，多普勒变宽与原子质量和温度有关，变宽程度随着温度和频率（或波长）的升高和原子质量的减小而增加。在原子吸收光谱中，火焰温度一般不太高，在1 600～3 000 K，温度的微小变化对谱线变宽影响不大。多普勒变宽一般在10^{-3} nm数量级。

3. 压力变宽

压力变宽是待测元素的原子与周围的气体粒子之间的相互碰撞作用引起的。在此类变宽中，凡是不同种粒子之间碰撞引起的叫洛伦兹变宽（Lorentz broadening），其半宽度用 $\Delta\nu_L$ 表示。凡是由同种粒子碰撞引起的叫做赫尔兹马克变宽（Holtzmark broadening），也叫共振变宽。在原子光谱分析中，一般的共振变宽影响不大。洛伦兹变宽的程度 $\Delta\nu_L$ 用下式表示：

$$\Delta\nu_L = 2N_A\sigma^2 p\sqrt{\frac{2}{\pi RT}\left(\frac{1}{A_{rg}}+\frac{1}{A_{rx}}\right)}$$

式中：σ^2——原子与气体粒子碰撞时的有效截面积；

　　　p——理想气体定律中气体粒子的压力；

　　　N_A——阿佛加德罗常数（6.02×10^{23}）；

　　　A_{rg} 和 A_{rx}——分别为气体粒子的相对分子质量（或相对原子质量）和待测元
　　　　　　　　　　　素相对原子质量。

由以上的讨论中看到，洛伦兹变宽与气体的性质以及温度、压力等诸因素有关，其半宽度在$10^{-4}\sim10^{-2}$nm数量级。

4. 场致变宽

场致变宽是由于受电场与磁场的影响而引起的谱线变宽，分为电场变宽和磁场变宽两种。电场变宽也称为斯塔克变宽（Stark broadening），是指谱线在强电场中分裂而变宽的现象。谱线分裂的程度随电场强度的增加而增加。

磁场变宽也称为塞曼效应（Zeeman effect），是指原子蒸气在强磁场作用下，原子的电子能级将会分裂，使每一原子的跃迁均产生数条吸收谱线（条数随能级的类别而不同），这些谱线彼此相差约0.01 nm，而其总吸收度与分裂前的原来谱线的吸收度相等，由于谱线分裂而造成谱线变宽。

5. 自吸变宽

自吸变宽是指光源周围温度较低的原子蒸气可吸收同种原子的发射线（一般是共振线）而导致谱线变宽。减小光源强度和原子蒸气的浓度，可以减少自吸变宽。

6. 同位素效应

同位素效应是指同种元素含有各种同位素，同位素原子能够产生波长十分接近又有一定差别的谱线，大多数同位素产生的谱线，难以用一般的单色器分开，往往相互重叠，致使谱线有一定的变宽的现象。

（四）原子吸收与原子浓度的关系

1. 积分吸收

由上述讨论知道，原子吸收线是一条具有一定宽度和轮廓的谱线。将其进行积分，即$\int k_v \mathrm{d}v$，其结果是轮廓下的总面积，即积分吸收，它代表了真正吸收程度。

根据经典色散理论，谱线积分吸收与基态原子数目的关系如下：

$$\int K_v \mathrm{d}v = \frac{\pi e^2}{mc} f N_{0v} \tag{3-3}$$

式中：e——电子电荷；

　　　m——电子质量；

　　　c——光速；

　　　f——振子强度，即能被入射辐射激发的每个原子的平均电子数；

　　　N_{0v}——每立方厘米中能吸收频率为$v\sim v+\Delta v$的光的基态原子数目。

从式（3-3）看出，谱线积分吸收与基态原子数目成正比。前面已指出，由于激发原子数目极少，基态原子数目几乎等于待测元素的原子总数N，所以谱线的积分吸收与待测元素原子的总数成正比。式（3-3）中$\frac{\pi e^2}{mc} f$是常数，可用K表示，即得：

$$\int K_\nu \mathrm{d}\nu = KN_{0\nu} \tag{3-4}$$

如果能够测量出积分吸收，就可以根据积分吸收计算出待测元素的浓度。

2. 峰值吸收

在实际工作中测量积分吸收是非常困难的。因为吸收谱线的宽度非常窄，一般在0.001～0.005 nm，要测量带宽这样窄的谱线轮廓，并求出它的积分吸收，要求用分辨率高达500 000的光谱仪。同时，因用很窄的狭缝，使透过光能量太弱，以致给出的信号与仪器的噪声接近而难以准确读数，所以，实际上几乎是不可能测量积分吸收。1955年沃尔什认为可以在温度不太高、变动不太大（稳定火焰）的条件下，用测量峰值吸收系数K_0来代替测量积分吸收，解决了测量积分吸收的困难。理论和实验证明，与紫外－可见吸收光度法相似，原子吸收的吸收程度和原子浓度的关系，在一定条件下，遵守朗伯—比尔定律。即

$$I_\nu = I_{0\nu} \mathrm{e}^{-k_\nu L} \tag{3-5}$$

或

$$A = \lg \frac{I_{0\nu}}{I_\nu} = 0.434\,3 K_\nu L \tag{3-6}$$

式中：$I_{0\nu}$、I_ν——频率为ν的入射光强度和透射光强度；

L——光通过原子蒸气的长度；

K_ν——原子蒸气对频率ν的光的吸收系数。

K_ν与$I_{0\nu}$和L无关，它决定于吸收介质的性质和入射光的频率。峰值吸收系数用K_0表示，在峰值时，

$$A = 0.434\,3 K_0 L \tag{3-7}$$

如果只考虑原子热运动引起的多普勒变宽时的最大吸收系数，则吸收系数可用下式表达：

$$K_0 = 2\sqrt{\frac{\ln 2}{\pi}} \cdot \frac{1}{\Delta \nu_D} \cdot \frac{\pi \mathrm{e}^2}{mc} f N_0 \tag{3-8}$$

由式（3-8）可以看出，N_0可由测定K_0得到。

沃尔什指出，若采用锐线光源，它的发射线半宽度比吸收线半宽度更窄，则可准确求出最高峰时的吸收值。他又进一步指出，用空心阴极灯做锐线光源，就使这个问题得到解决。

采用锐线光源进行吸收测量时用图3-2表示测量的真实情况。

由于锐线光源所发射的谱线半宽度$\Delta \nu_e$远远小于吸收线的半宽度$\Delta \nu_a$，所以才使基态原子对共振辐射线的最大限度地吸收成为可能，变为现实。

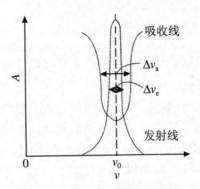

图 3-2　峰值吸收测量示意图

根据以上讨论，将式（3-8）代入式（3-7）得到下式：

$$A = 0.434\,3 \times 2\sqrt{\frac{\ln 2}{\pi}} \cdot \frac{1}{\Delta v_{\mathrm{D}}} \cdot \frac{\pi e^2}{mc} N_0 fL \tag{3-9}$$

或 　　　　　　　　　　$$A = KN_0 L \tag{3-10}$$

又因N_0正比于待测元素浓度c，所以，

$$A = KcL \tag{3-11}$$

由上述不难看出，为了达到峰值测量的目的，必须采用具有一定强度，且发射线半宽度小于吸收线半宽的锐线光源，而且两者谱线的中心频率v_0必须相重合。

第二节　原子吸收分光光度计

一、原子吸收分光光度计的组成

原子吸收光谱分析仪器，无论结构简单还是比较复杂，都主要由光源、原子化器、分光系统、检测系统及指示装置等组成。如图3-3所示。

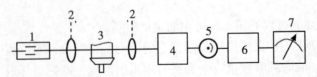

1—空心阴极灯；2—透镜；3—原子化器；4—单色器（光栅）；5—检测器（光电倍增管）；6—对数转换，标尺扩展等装置；7—读数指示装置

图 3-3　原子吸收分光光度计基本构造示意图

（一）光源

光源的作用是辐射待测元素的特征光谱线，供测量之用。原子吸收要求光源必须能发出比吸收线宽度更窄的、且强度大而稳定的锐线光源。空心阴极灯、蒸气放电灯、高频无极放电灯等均符合上述要求，目前用得最多的是空心阴极灯和无极放电灯。

1. 空心阴极灯

（1）空心阴极灯的结构及工作原理。空心阴极灯是一种气体放电管。它主要是由一个阳极钨棒与空心圆柱形阴极组成。阴极内壁可用待测元素或含待测元素的合金制成。将两个电极密封于充入一种低压的惰性气体（氖、氩等）并带有石英窗的玻璃管中。其结构如图3-4所示。

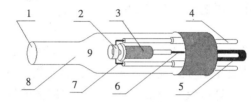

1—石英窗口；2—阳极圈；3—杯形阴极；4—灯脚；5—定位柱；6—阴极引线；
7—阳极引线；8—玻璃壳；9—充填惰性气体

图 3-4　空心圆柱形阴极灯

当灯与电源接通，空心阴极灯内发生辉光放电，即电子从空心阴极流向阳极，使充入气体的原子电离，产生的离子轰击阴极表面，不但使阴极表面的电子被击出，而且还使阴极表面的原子获得能量从晶格能的束缚中逃出而进入空间，这种现象称为阴极的"溅射"。溅射出来的原子再与电子、充入气体的原子、离子等碰撞而被激发，发出元素的辐射线，同时，还包含有一些惰性气体的原子线和离子线。如充氖则发生橙红色谱线。

空心阴极灯内充入的惰性气体压强一般为 133.3～266.6 Pa，不会引起显著的洛伦兹变宽。阴极材料可由各种金属材料制成，并且以此金属来命名，表示它可以用做测定这种元素的光源灯。若阴极材料只含一种元素，制成的灯为单元素灯；若阴极材料含两种或两种以上元素，则制成的灯为多元素灯；若在普通空心阴极灯中增加一个辅助电极，可构成高强度空心阴极灯。工作时给辅助电极通入几百毫安的低压直流电，则产生电离的气体与从空心阴极溅射出来的金属原子相碰撞而将金属原子激发。采用这种方式可使光源辐射出的谱线强度提高 30～100 倍。

（2）工作电流。空心阴极灯的工作电流一般不太高，为几毫安到几十毫安。当灯电流过大时，虽可以增加发光强度，降低检测器高压，提高仪器信噪比；但同时使得灯内自吸收增大，谱线热变宽、压力变宽增大，降低了测量灵敏度，也加快了灯内惰性气体的消耗，降低灯寿命。若灯电流过小，则会使发光强度减弱，稳定性变差、信噪比下降。因此，实际工作中应选择合适的灯电流，通常为额定电流的 1/3～2/3。

（3）空心阴极灯的使用及维护。

① 实验前，应先打开空心阴极灯预热一段时间，使灯发光稳定，预热时间一般在 20～30 min。

② 灯正常点亮时，灯管内部发出均匀柔和的光。灯内充氖气为橙红色，充氩气为淡紫色。发光不正常、灯点不亮或跳火均为故障现象，需对灯进行处理。

③ 灯点亮或发热时，避免灯管窗口向下，否则可能致使熔融状的阴极物质流出。

④ 保持空心阴极灯石英窗口洁净，点亮后盖好灯室盖，测量过程中不要打开。

⑤ 空心阴极灯长期不用时，应存放在干燥的地方，并应定期（1 个月或最少 3 个月）点燃处理，即在工作电流下点燃 1 h。

2. 无极放电灯

无极放电灯又称微波激发无极放电灯，它是在石英管中放入少量金属或较易蒸发的金属卤化物，抽成真空后充入氩气，再密封。将它置于（2 450±25）MHz 频率的微波电场中，微波将灯内氩气激发，氩原子又将解离的气化金属或金属卤化物激发而发射出待测金属元素的特征谱线。

无极放电灯的共振线强度比空心阴极灯大，而且谱线很窄，稳定性也很高，因此这种灯在要求高分辨率的基础研究中占有重要地位，在原子荧光研究中应用较多。但是目前无极放电灯仅局限于那些蒸气压较高的元素，对大多数元素，由于它们的蒸气压低或者容易和石英起反应，还难以制成无极放电灯。另外，灯的价格较高，使用时需要配备单独的微波发生器，而一般情况下，空心阴极灯光源的稳定性、再现性、谱线轮廓等方面均能满足分析的需要。因此，无极放电灯目前仅仅是空心阴极灯的补充光源。

（二）原子化装置

原子化装置的作用是提供一定的能量，使试样实现干燥、蒸发和离解原子化过程。可见，样品的原子化是原子吸收测定的关键所在。元素测定的灵敏度、准确度等在很大程度上取决于原子化的情况。因此，要求原子化器有尽可能高的原子化效率，装置简单，背景和噪声小。最常用的是火焰原子化器和无火焰原子化装置。

1. 火焰原子化器

火焰原子化器主要包括两部分。一是雾化器，二是燃烧器，另外，还有气源及电路。火焰原子化器结构如图 3-5 所示。

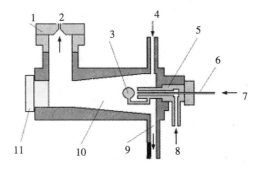

1—燃烧器；2—燃烧器狭缝；3—撞击球；4—乙炔气；5—雾化器；6—进样毛细管；7—样品溶液；
8—压缩空气；9—废液管；10—雾化室；11—防爆塞

图 3-5 火焰原子化器的结构示意图

（1）雾化器。雾化器是使试液雾化成为细小雾滴的装置，燃烧器则是使试样雾滴在火焰中经过干燥、蒸发熔融和热解，实现原子化的装置。常用的是预混合喷雾燃烧器，如图 3-6 所示。在雾化过程中我们希望形成的雾滴越细越好，这样才能保证一定的雾化效率。为此，要求雾化器的雾化效率高、喷雾稳定。常用的雾化器是气动同轴型雾化器，其雾化效率一般在 10%以上。这样结构的雾化器，当高压助燃气体（空气、N_2O）进入喷雾器后，高速通过毛细管外壁和喷嘴口构成的环形间隙喷出，这时再加上大气的压力，在毛细管两端形成负压，从而使试样溶液沿毛细管被不断地吸入到雾化器中，被高速气流和出口处的撞击球分散成雾滴很小的气溶胶。

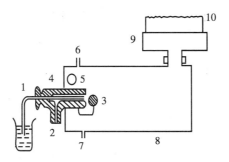

1—毛细管；2—空气入口；3—撞击球；4—雾化器；5—补充空气入口；6—燃料气入口；7—排液口；
8—雾化室；9—燃烧器；10—火焰

图 3-6 预混合喷雾燃烧器的结构

（2）燃烧器。燃烧器常用缝式燃烧器，如图3-7所示，对空气—乙炔的单缝燃烧器一般缝长为10～11 cm，缝宽0.5～0.6 mm；对氧化亚氮—乙炔的单缝燃烧器一般缝长为5 cm，宽0.46 mm，或缝长10 cm，宽0.38 mm。有些仪器配有三缝燃烧器，缝长约11 cm，宽0.45 cm。

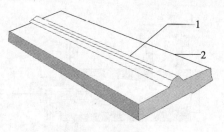

1—狭缝；2—燃烧器

图 3-7　缝式燃烧器的结构

（3）火焰。原子吸收分析中所使用的火焰温度要适中，温度过高会使激发态原子数目增加，电离度增大，基态原子数目减少，降低测定的灵敏度；若温度过低，难以保证熔融状态盐类物质的充分挥发和解离，同样会使灵敏率降低。由于气态分子的存在，背景干扰会更大一些。总之，原子化所使用的火焰温度以能使待测物质解离成足够多的基态原子为原则。

① 火焰种类与温度。

原子吸收分析中常用火焰为空气—乙炔焰及氧化亚氮—乙炔焰。此外，还有空气—煤气、空气—氢、空气—丙烷等多种火焰。由于它们燃烧温度不同，也具有不同的应用范围。现将火焰种类和最高温度列于表3-2。

表 3-2　火焰种类与最高温度

火 焰	最高燃烧速度/（cm/s）	最高温度/℃	
		计算值	测定值
空气-煤气	55		1 918
空气-丙烷	43		1 925
空气-氢	440	2 047	2 045
空气-乙炔	268	2 350	2 325
氧-乙炔	2 480	3 257	3 140
氧化亚氮-乙炔	160	2 950	2 700

在上述各类火焰中应用最多、最普遍的是空气—乙炔火焰。

② 火焰状态。

同一种类的火焰，如燃气与助燃气比不同，火焰燃烧状态也不同。在实际测定中经常要控制不同的燃助比来选择较好的火焰。火焰状态，大致分为以下几类：

贫燃性火焰：燃气较少，助燃气充足，燃烧完全，因此火焰温度较高，火焰原子化区域窄，无还原作用。其燃助比小于化学计量火焰，一般为1∶6。

化学计量火焰：也为中性火焰。这种火焰的燃助比同它们之间进行反应的摩尔质量比相近，一般为1：4。日常分析中最常用。这种火焰层次清晰、稳定，噪声小，干扰少，背景低，火焰温度适宜，不足之处是还原性差。

富燃性火焰：燃气量大，火焰中含有大量的C_2H_2、CO、C等，它们具有较强的还原作用，有利于热稳定氧化物的原子化，燃助比大于1：2。

根据不同分析要求可选择不同的火焰。对于易解离的化合物，如Pb、Zn、Cd、Sn等，采用低温火焰，用空气—丙烷焰较好。对于熔点不很高的Ca、Fe、Co、Ni、Mg等元素，可用中性的空气—乙炔焰。对于氧化物熔点较高的Al、Ti、Si等难原子化的元素，则采用N_2O—乙炔焰。

2. 无火焰原子化装置

火焰原子化的方法具有重现性好、简单易于操作、分析速度快等优点，已被广泛应用，也已成为原子吸收分析的标准方法。但它也有致命的缺点：雾化和原子化效率低，灵敏度不太高。这样，便产生了无火焰原子化装置。

无火焰原子化装置有电热石墨炉原子化器、电热金属原子化器、等离子焰炬、激光、阴极溅射等。

在无火焰原子化技术中，高温石墨炉（HGA）是目前发展最快、结构较完善、使用较好的一种技术。石墨炉原子化器的结构如图3-8和图3-9所示。

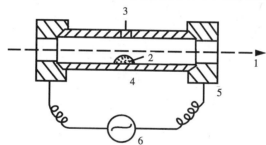

1—光束；2—试样；3—进样入口；4—石墨管；5—石墨锥；6—电源

图 3-8 电热高温石墨炉原子化器

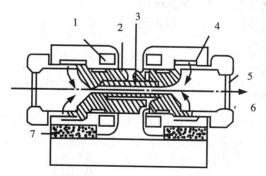

1—冷却水；2—套管；3—石墨管；4—氩气；5—石英窗；6—光束；7—绝缘体

图 3-9 石墨炉原子化器的构造

高温石墨炉原子化器基本原理是：利用低电压（10～15 V）、大电流（400～600 A）通过高阻值的石墨管时所产生的高温约3 000℃，使置于其中的少量溶液或固体样品蒸发和解离原子化，试样利用率几乎可达100%。炉体用水冷却，使石墨管温度在30 s内降至室温。在石墨炉原子化装置中，为了防止高温下石墨管和试样被氧化，需要不断通入惰性气体（氩或氮）。测定过程分试样干燥、灰化、原子化、净化四步程序升温，如图3-10所示。干燥的目的在于在低温（通常为100℃左右）下蒸发去除试样的溶剂；灰化作用是在较高温度（350～1 200℃）下进一步去除有机物或低沸点无机物，减少基体干扰；而原子化是使气态分子解离成基态气体原子；净化作用是在高出原子化温度100℃以上去除残留物，消除记忆效应。

石墨炉原子化器的优点是：用样量少，液体样品只需5～100 μL，固体样品仅需5～10 mg，其绝对灵敏度高达10^{-12} g；能直接测定黏度较大的试液、均匀的悬浮物或固体样品。但背景吸收干扰严重，测量的精密度比火焰原子化法的测量精度（0.2%～1%）差，设备较复杂，价格较贵等。

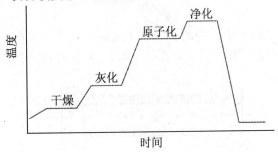

图 3-10　石墨炉升温程序示意图

3. 化学原子化

化学原子化法是指用化学反应的方法，将试样溶液中的待测元素以气态原子或化合物的形式与反应液分离，引入到分析区进行测定的原子化方法。该方法包括还原汽化法和氢化物发生法。

（1）汞的冷原子化。汞是唯一采用还原汽化法测定的元素。由于汞的沸点低，常温下蒸气压高，极易形成气态原子。在酸性介质中Hg^{2+}与还原剂发生以下反应：

$$Hg^{2+} + SnCl_2 + 2HCl \longrightarrow Hg + SnCl_4 + 2H^+$$

在发生器中所生成的原子态汞用载气（氮气）带入石英管吸收器中进行原子吸收测定，该方法的灵敏度和准确度比较高，检出限低。

（2）氢化物原子化。砷、锑、铋、锗、硒和碲等元素，在酸性条件下还原易形成低沸点、易挥发、容易分解的氢化物，它们的生成常采用硼氢化钠（或钾）—盐酸还原体系。以As为例，其反应如下：

$$2As+KBH_4+HCl+3H_2O=2AsH_3+KCl+H_2\uparrow+H_3BO_3$$

反应生成的氢化物可用载气载入石英吸收管中，经低温加热分解生成基态原子蒸气。

氢化物发生法的转化效率好，生成的氢化物沸点低、易分解，原子化效率高，生成过程中气液相容易分离，所以该方法具有灵敏度高、干扰少等优点。

（三）分光系统

分光系统主要由色散元件、反射镜、狭缝等组成。图3-11是一种分光系统（单光束型）的示意图。

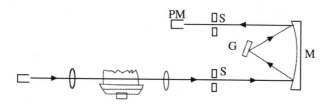

G—光栅；M—反射镜；S—狭缝；PM—光电倍增管

图 3-11　分光系统示意图

分光系统的作用是将待测元素的分析线与其邻近谱线分开。原子吸收所用的吸收线是锐线光源发出的共振线，它的谱线比较简单，因此对仪器的色散能力、分辨能力要求不很高，只要能分辨开锰 279.5 nm 和 279.8 nm 两条谱线便可以。分光系统中的关键部件是色散元件。常用色散元件有棱镜、光栅。有关棱镜和光栅的内容在第二章第二节已作了介绍。由于在实际测定中，单色器既要把分析线分开，又要保证有一定的出射光强度，所以需要色散元件和单色器狭缝配合使用，以构成适于测定的光谱通带（光谱通带是指单色器出射光谱线所包含的波长范围，由光栅色散率的倒数和出射狭缝宽度所决定）来满足上述要求。实际工作中，通常根据谱线结构和欲测共振线附近是否有干扰线来决定单色器狭缝的宽度。由于不同类型仪器单色器的倒线色散率不同，所以不用具体的狭缝宽度，而通常用"单色器通带"表示缝宽。

（四）检测系统

检测系统主要由检测器及前置放大系统、对数转换及标尺扩展、读数显示系统四部分组成。

1. 检测器及前置放大系统

检测器的作用是将单色器分出的光信号进行光电转换。一般在原子吸收分光光度计中，常用光电倍增管作为检测器。

放大器的作用是将光电倍增管输入的电压信号放大。由于光源发出的辐射共振线穿过分析区被部分吸收及光路传递使强度减弱，所转换信号很弱，必须加以放大方可保证一定的灵敏度。在原子吸收分析中，所处理的信号波形大致接近方波，所以常选用同步检波放大器，以获得比较好的信噪比。

2. 对数转换及标尺扩展

原子吸收光谱分析是遵循吸收定律的，即

$$A = \lg \frac{1}{T} = \lg \frac{I_0}{I} = KcL \tag{3-12}$$

这就是说，检测器接收到的是光信号的变化，即非线性的对数值。因此，必须进行对数转换，方可使测量信号为一线性读数。对数转换通常是用晶体二极管的对数特性来实现的。这样获得的线性读数可进一步放大实现标尺扩展，以提高测定的灵敏度。

3. 读数显示系统

最简单的读数显示是使用表头（微安表式检流计）直接读数，改进型的该系统为具有对数转换装置、标尺扩展及浓度直读的数字电压表。新型仪器或用记录仪记录，或用电脑自动处理数据并打印出结果。

二、常见原子吸收分光光度计的型号及性能

目前国内外原子吸收分光光度计种类繁多，以仪器外光路结构形式而论，可分为单道单光束、单道双光束、双道双光束及多道原子吸收分光光度计四个类型；若按原子化系统划分，则可分为火焰原子化和无火焰原子化两大类；从仪器的功能划分则可分为不扣除背景和带有扣除背景装置的仪器和智通仪器。

（一）单光束仪器

"单道"是指仪器只有一个分光系统和一个检测显示系统，每次只能测定一种元素。"单光束"则是从光源辐射出的元素特征光，经外光路聚焦仅以单一光束的形式通过原子化区，然后进入分光系统，被色散后进行检测显示，如图3-12所示。

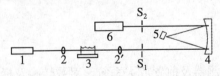

1—空心阴极灯；2，2′—透镜；3—燃烧器；S_1—入射狭缝；S_2—出射狭缝；4—准直镜和成像物镜；
5—平面光栅；6—检测器

图 3-12　单光束原子吸收分光光度计光学系统示意图

这种类型仪器的优点是：光路结构简单，价格低，操作方便，便于维修，是目前使用较广泛的分析仪器。但光源强度易受电源电压波动的影响，容易使基线不稳。因此在测量过程中要时常校正基线。空心阴极灯需要事先预热 20～30 min。国产WYX—1A、WYX—1B、WYX—1C、WYX—1D 等 WYX 系列和 360、360 M、360 CRT 系列等均属于单道单光束仪器。

（二）双光束仪器

为了克服单光束仪器在工作中的基线漂移，便产生了双光束原子吸收仪器。这种类型仪器包括单道双光束和双道双光束仪器。

1. 单道双光束仪器

图3-13是此类仪器示意图。单道双光束仪器，其光源发射出来的共振线，被切光器分解成两束光——测量光束S和参比光束R，参比光束R经反射镜M_1反射，测量光束S经M_2反射再经火焰产生原子吸收后，两束光在半透半反射镜相遇，分别交替进入分光系统，色散后的单色光进入检测系统。检测系统将接收到的两个脉冲信号分别解调并进行放大处理，最后显示出来。由于两束光为同一光源，故测量信号是一个比较的结果 $\dfrac{A_S}{A_R}$。因此，光源的任何不稳定因素（噪声、漂移）都将由于参比光束的作用而得到补偿。最后给出一个稳定的测试结果，使仪器有较高的稳定性和信噪比。但仪器结构较之单光束复杂得多，造价也高，且维修困难。国产310型、320型、GFU—201型、WFX—Ⅱ型均属此类仪器。

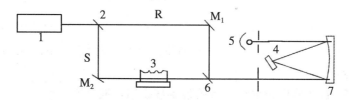

1—光源；2—旋转式切光器；3—燃烧器；4—平面光栅；5—光电倍增管；6—半透半反射镜；M_1，M_2—反射镜；7—准直镜和成像物镜；R—参比光束；S—测量光束

图 3-13　单道双光束仪器示意图

2. 双道双光束仪器

"双道"就是采用了两套独立的分光系统和检测系统。每次可以同时测定两个元素。双道双光束仪器在一定程度上起到抑制原子化系统干扰的作用。仪器结构原理示意图如图3-14所示。

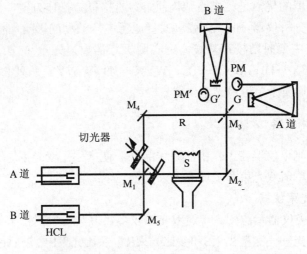

HCL—空心阴极灯；R—参比光束；S—样品光束；PM—光电倍增管；G，G′—光栅；M_1、M_3—半透反射镜；M_2、M_4、M_5—平面反射镜

图 3-14　双道双光束型仪器示意图

在仪器中A光源和B光源发出的元素光谱线经切光器分为两束光——参比光束R和样品光束S，二者相位差180°。最后分别由A、B道及凹面反射镜和G、G′作用后进入检测器PM和PM′。这种结构的仪器能消除原子化系统的干扰，测定结果精度高，但仪器价格十分昂贵。

三、原子吸收分光光度计的使用与维护

原子吸收分光光度计型号繁多，不同型号仪器性能和应用范围不同，下面以AA320型原子吸收分光光度计为例，介绍原子吸收分光光度计的一般使用方法和日常的维护保养。

1．AA320 原子吸收分光光度计各控制按钮的功能

AA320 原子吸收分光光度计采用模拟电路进行信号处理，具有自动调零、定时积分、信号扩展和背景校正等功能，并可与计算机联用，用专门的原子吸收数据处理软件（如 AA98 等）进行实时数据采集，并能够自动生成分析报表。

（1）主要技术参数。波长范围：190.0～900.0 nm；光栅刻线：1 200 条/mm；闪跃波长：250 nm；线色散率倒数：2.38 nm/mm。

（2）仪器面板上控制器和指示器功能。AA320 仪器指示控制面板如图 3-15、图 3-16、图 3-17 所示。

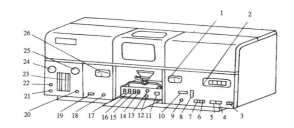

图 3-15　AA320 面板控制示意图

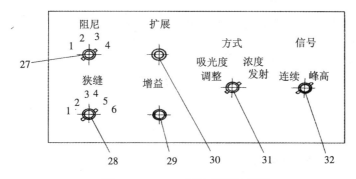

图 3-16　AA320 面上面板示意图

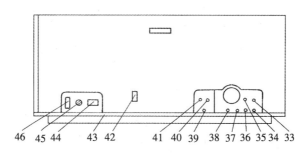

图 3-17　AA320 背面面板示意图

面板上各控制按钮的作用如表 3-3 所示。

表 3-3　AA320 面板控制按钮名称和作用

图标号	名　称	用　途
1	能量表	指示工作光束，参比光束或氘灯的能量
2	数字显示器	四位数字显示，能显示吸光度、浓度、发射强度和负高压
3	电源按钮	控制主机电源通断
4	波长扫描键↓	按下，接通电极；拉出或推入波长扫描变速杆，向长波方向扫描
5	波长扫描键↑	按下，接通电极；拉出或推入波长扫描变速杆，向短波方向扫描

图标号	名　称	用　途
6	调零按键	按下信号调零
7	读数按键	按下，伴指示灯亮。开始积分时，指示灯灭，积分结束，显示积分结果，保持 5 s 后自动回零
8	波长手调轮	当波长扫描变速杆 9 在中间位置时，手动调节波长
9	波长扫描变速杆	离合变速，配合波长扫描键工作。拉出，扫描速度为 300 nm/min；推入，扫描速度为 1.2 nm/min；居中，停止扫描
10	波长计数器	指示当前波长值（nm）
11	点火钮	按住，接通点火乙炔气和点火器，点火器吐出火舌点燃燃烧器工作火焰
12	燃烧器前后调钮	调节工作火焰相对于光源的水平位置
13	燃烧器上下调节	调节工作火焰相对于光源的垂直位置
14	乙炔气电开关	通或断乙炔气
15	助燃气电开关	通或断助燃气
16	空气—笑气电开关	切换空气—笑气
17	气路电开关	气路电源总开关，控制 11、14、15、16
18	灯电流钮	调节空心阴极灯工作电流，调节范围为 0~40 mA
19	氘灯电开关	按下，点亮氘灯，伴有指示灯亮。再按，氘灯和指示灯关灭
20	乙炔气钮	调节乙炔气体流量
21	助燃气稳压阀钮	调节助燃气体，稳定压力大小
22	助燃气钮	调节助燃气体流量
23	流量计	指示燃气和助燃气流量大小
24	压力表	指示助燃气（空气或笑气）的工作压力
25	乙炔压力表	指示乙炔气的工作压力
26	电流表	指示空心阴极灯的工作电流
27	阻尼选择开关	阻尼有四挡，递增用来选择读数响应时间，阻尼越大，响应时间越慢，信号越平滑，但是越呆滞，一般操作选择第一挡；遇到噪声大或标尺扩展倍数较大时，适当选择较大的阻尼以求信号噪声平滑
28	狭缝选择开关	选择单色光谱带宽，从左至右分别为 0.2 nm、0.4 nm、0.7 nm、1.4 nm、2.4 nm、5.0 nm
29	增益钮	调节光电倍增管的负高压
30	扩展钮	方式为"浓度"时标尺可在 0.1~10 连续扩展
31	方式选择开关	选择信号测量方式： "调整"位　能量表指示参比光束能量或氘灯的能量（背景校正）；数显器实际负高压值； "吸光度"位　能量表指示工作光束能量，数显器显示吸光度； "浓度"位　与"扩展"配合，可进行浓度直读分析，能量表指示工作光束能量，数显器显示浓度； "发射"位　可进行火焰发射分析或对空心灯谱线进行扫描测量，此时数显器显示百分值能量
32	信号选择开关	选择信号模式： "连续"位　测量瞬时信号； "积分"位　测量积分信号，积分时间为 3 s； "峰高"位　测量峰值信号，适用无火焰分析
33	燃气出口	与 41 相连接

图标号	名　称	用　途
34	笑气入口	与笑气气源连接
35	雾化气出口	与 40 相连接
36	空气入口	与空气气源连接
37	乙炔气入口	与乙炔气气源连接
38	点火乙炔气出口	与 39 相连接
39	点火乙炔气入口	与 38 相连接
40	雾化气入口	与 35 相连接
41	燃气入口	与 33 相连接
42	信号插座	向计算机送出三路模拟信号
43	把手	用手打开后盖板
44	电源插座	输入 220 V，50/60 Hz 交流电源
45	熔断丝	1 A/20 mm
46	信号输出插座	输出记录仪信号（0～5 mA）

2. 火焰原子吸收分光光度计使用方法（以 AA320 型为例）

（1）按仪器说明书检查仪器各部件，各气路接口是否安装正确，气密性是否良好。

（2）安装空心阴极灯，选择灯电流、波长、光谱带宽。将"方式"开关置于"调整"，信号开关置于"连续"进行光源燃烧器对光。然后将"方式"开关置于"吸光度"。

（3）开气瓶点燃火焰。

① 空气—乙炔火焰。

a. 检查 100 mm 燃烧器和废液排放管是否安装妥当，然后将"空气—笑气"切换开关推至空气位置。

b. 开启排风装置电源开关。排风 10 min 后，接通空气压缩机电源，将输出压调至 0.3 MPa。接通仪器上气路电源总开关和"助燃气"开关，调节助燃气稳压阀，使压力表指示为 0.2 MPa。顺时针旋转辅助气钮，关闭辅助气。此时空气流量约为 5.5 L·min^{-1}。

c. 开启乙炔钢瓶总阀，调节乙炔钢瓶减压阀输出压为 0.05 MPa。打开仪器上乙炔开关，调乙炔气钮使乙炔流量为 1.5 L·min^{-1}。

d. 按下点火钮（约 4 s），使点火喷口喷出火焰将燃烧器点燃（若 4 s 后火焰还不能点燃，应松开点火开关，适当增加乙炔流量后重新点火）。点燃后，应重新调节乙炔流量，选择合适的分析火焰。

② 氧化亚氮—乙炔火焰。

a. 检查燃烧头（50 mm）废液排放管是否安装妥当，然后将"空气—笑气"切换开关推至"空气"位置。

b. 调节乙炔钢瓶的减压阀至输出压力约为 0.07 MPa。将氧化亚氮钢瓶的输出压力调至 0.3 MPa。接通空气压缩机电源，输出压力调至 0.3 MPa。接通气路电源总开关和"助燃气"开关，调节助燃气稳压阀使压力表指示为 0.2 MPa。

c. 顺时针旋转辅助气钮，关闭辅助气。此时流量计指示仅为雾化气流量，约 5.5 L·min^{-1}。如有必要可启动辅助气，但增大辅助气会降低灵敏度。

d. 调节乙炔钢瓶减压阀使乙炔表指示为 0.05 MPa，打开乙炔气开关，调节乙炔气流量至 1.5 L·min^{-1} 左右。立即按下点火钮，使点火喷口喷出火焰将燃烧头点燃（如果 4 s 后火焰还不能点燃，应松开点火钮片刻，以免白金丝烧断，适当加大乙炔气流量或加入少量辅助气后重新点火）。等待至少 15 s，待火焰燃烧均匀后，调节乙炔流量至 3 L·min^{-1} 左右，并把"空气—笑气"切换开关打到"笑气"位置。

e. 调节乙炔流量直至火焰的反应区（玫瑰红内焰）有 1～2 cm 高，外焰高 30～35 cm。吸喷被测元素的标准溶液，调节乙炔气流量，根据吸光度的变化选择合适的分析火焰。

（4）点火 5 min 后，吸喷去离子水（或空白液），按"调零"钮调零。

（5）将"信号"开关置于"积分"位置，吸去离子水（或空白液），再次按"调零"钮调零。吸喷标准溶液（或试液），待能量表指针稳定后按"读数"键，3 s 后显示器显示吸光度积分值，并保持 5 s。为保证读数可靠，重复以上操作三次，取平均值，记录仪同时记录积分波形。

（6）测量完毕吸喷去离子水 10 min。

（7）熄灭火焰和关机。

① 空气—乙炔的火焰熄灭和关机。关闭乙炔钢瓶总阀使火焰熄灭，待压力表指针回到零时再旋松减压阀。关闭空气压缩机，待压力表和流量计回零时，关仪器气路电源总开关，关闭空气—笑气电开关，关闭助燃气电开关，关闭乙炔气电开关，关闭仪器总电源开关，最后关闭排风机开关。

② 氧化亚氮—乙炔火焰熄灭与关机。将空气—笑气切换到"空气"位置，把笑气—乙炔火焰转换为空气—乙炔火焰（注意！不可直接在使用笑气—乙炔火焰时熄灭）。关闭乙炔钢瓶总阀使火焰熄灭，待压力表指针回零时再旋松减压阀；关闭空压机并释放剩余气体，关闭气路电源总开关，关闭各气体电源开关；关闭仪器电源开关，最后关闭排风机开关。

3. 仪器的维护

对任何一类仪器只有正确使用和维护保养才能保证其运行正常，测量结果准确。原子吸收分光光度计的日常维护工作应由以下方面做起。

（1）开机前，检查各电源插头是否接触良好，仪器各部分是否归于零位。

（2）对新购置的空心阴极灯的发射线波长和强度以及背景发射的情况，应首先进行扫描测试和登记，以方便后期使用。

仪器使用完毕后，要使灯充分冷却，然后从灯架上取下存放。长期不用的灯，应定期在工作电流下点燃，以延长灯的寿命。

（3）使用时，注意下列情况，如废液管道的水封被破坏、漏气，或燃烧器缝明显变宽，或助燃气与燃气流量比过大，或使用笑气—乙炔火焰时，乙炔流量小于 2 L·min^{-1} 等，这些情况都容易发生回火。

要定期检查气路接头和封口是否存在漏气现象，以便及时解决。

（4）仪器的不锈钢喷雾器为铂铱合金毛细管，不宜测定高氟浓度样品，使用后应立即用水冲洗，防止腐蚀；吸液用聚乙烯管应保持清洁，无油污，防止弯折；发现堵塞，可用软钢丝清除。

（5）预混合室要定期清洗积垢，喷过浓酸、碱液后，要仔细清洗；日常工作后应用蒸馏水吸喷 5～10 min 进行清洗。

（6）燃烧器上如有盐类结晶，火焰呈齿形，可用滤纸轻轻刮去，必要时应卸下燃烧器，用 1∶1 乙醇—丙酮清洗，如有熔珠可用金相砂纸打磨，严禁用酸浸泡。

（7）单色器中的光学元件，严禁用手触摸和擅自调节。备用光电倍增管应轻拿轻放，严禁振动。仪器中的光电倍增管严禁强光照射，检修时要关掉负高压。

（8）仪器点火时，先开助燃气，然后开燃气；关闭时先关燃气，然后关助燃气。

（9）乙炔钢瓶工作时应直立，严禁剧烈振动和撞击。工作时乙炔钢瓶应放置室外，温度不宜超过 40℃，防止日晒雨淋。开启钢瓶时，阀门旋开不超过 1.5 转，防止丙酮逸出。

第三节　原子吸收光谱法分析技术

一、分析样品的制备

（一）样品采集

试样制备的第一步是采样，采样要有代表性。采样量大小要适当，采样量过小，不能保证必要的测定精度和灵敏度，采样量太大，增加了工作量和实际的消耗量。采样量大小取决于试样中的被测元素的含量、分析方法和所要求的测量精度。

样品在采样、包装、运输、碎样等过程中要防止污染，污染是限制灵敏度和检出限的重要原因之一。污染主要来源于容器、大气、水和所用试剂。如用橡皮布、磁漆和颜料对固体样品编号时，可能引入 Zn、Pb 等元素；利用碎样机碎样时，可能引入 Fe、Mn 等元素；使用玻璃、玛瑙等制成的研钵制样，可能会引入 Si、Al、Ca、Mg 等元素。对于痕量元素还要考虑大气污染。在普通的化验室中，空气中常含有 Fe、Ca、Mg、Si 等元素，而大气污染一般来说很难校正。样品通过加工制成分析试样后，其化学组成必须与原始样一致。样品存放的容器材质要根据测定要求而定，对不同容器应采取各自合适的洗涤方法洗净。无机样品溶液应置于聚氯乙烯容器中，并维持必要的酸度，存放于清洁、低温、阴暗处；有机试样存放时应避免与塑料、胶木瓶盖等物质直接接触。

（二）样品预处理

原子吸收光谱分析通常是溶液进样，被测样品需要事先转化为溶液样品。其处理方法与通常的化学分析相同，要求试样分解完全，在分解过程中不引入杂质和造成待测组分的损失，所用试剂及反应产物对后续测定无干扰。

1. 样品溶解

对无机试样，首先考虑能否溶于水，若能溶于水，应首选去离子水为溶剂来溶解样品，并配成合适的浓度范围。若样品不能溶于水则考虑用稀酸、浓酸或混合酸处理后配成合适浓度的溶液。常用的酸是 HCl、H_2SO_4、H_3PO_4、HNO_3、$HClO_4$，H_3PO_4 常与 H_2SO_4 混合用于某些合金试样溶解，氢氟酸常与另一种酸生成氟化物而促进溶解。用酸不能溶解或溶解不完全的样品采用熔融法。溶剂的选择原则是：酸性试样用碱性溶剂，碱性试样用酸性溶剂。常用的酸性溶剂有 $NaHSO_4$、$KHSO_4$、$K_2S_2O_7$、酸性氟化物等。常用的碱性溶剂有 Na_2CO_3、K_2CO_3、$NaOH$、Na_2O_2、$LiBO_2$（偏硼酸锂）、$Li_2B_4O_7$（四硼酸锂），其中偏硼酸锂和四硼酸锂应用广泛。

2. 样品的灰化

灰化又称消化，灰化处理可除去有机物基体。灰化处理分为干法灰化和湿法消化两种。

（1）干法灰化。干法灰化是在较高温度下，用氧来氧化样品。具体做法是：准确称取一定量样品，放在石英坩埚或铂坩埚中，于 80～150℃ 低温加热，赶去大量有机物，然后放于高温炉中，加热至 450～550℃ 进行灰化处理。冷却后再将灰分用 HNO_3、HCl 或其他溶剂进行溶解。如有必要则加热溶液以使残渣溶解完全，最后转移到容量瓶中，稀释至标线。干法灰化技术简单，可处理大量样品，一般不受污染。广泛用于无机分析前破坏样品中有机物。这种方法不适于易挥发元素，如 Hg、As、Pb、Sn、Sb 等的测定，因为这些元素在灰化过程中损失严重。对于 Bi、Cr、Fe、Ni、V 和 Zn 来说，在一定条件下可能以金属、氯化物或有机金属化合物形式而损失掉。

干法灰化有时可加入氧化剂帮助灰化。在灼烧前加少量盐溶液润湿样品，或加几滴酸，或加入纯 $Mg(NO_3)_2$，醋酸盐做灰化基体，可加速灰化过程和减少某些元素的挥发损失。

已有一种低温干法灰化技术，它是在高频磁场中通入氧，氧被活化，然后将这种活化氧通过被灰化的有机物上方，可以使其在低于 100℃ 的温度下氧化。这种技术优点是能保留样品的形态，并减少由于样品的挥发造成的损失，从容器或大气中引入的污染也较少。

（2）湿法消化。湿法消化是在样品升温下用合适的酸加以氧化。最常用的氧化剂是：HNO_3、H_2SO_4 和 $HClO_4$。它们可以单独使用也可以混合使用，如 HNO_3+HCl、HNO_3+HClO_4 和 $HNO_3+H_2SO_4$ 等，其中最常用的混合酸是 $HNO_3+H_2SO_4+HClO_4$（体积比为 3：1：1）。湿法消化样品损失少，不过 Hg、Se、As 等易挥发元素不能完全避免。湿法消化时由于加入试剂，故污染可能性比干法灰化大，而且需要小心操作。

目前，微波消解样品法已被广泛采用。无论是地质样品，还是有机样品，微波消解均可获得满意结果。采用微波消解法，可将样品放在聚四氟乙烯焖罐中，于专用微波炉中加热，这种方法样品消解快、分解完全、损失少、适合大批量样品的处理工作，对微量、痕量元素的测定结果好。

塑料类和纺织类样品的溶解，应根据样品性质，合理选择方法。如：聚苯乙烯、乙醇纤维、乙醇丁基纤维，可溶于甲基异丁基酮。聚丙烯酯可溶于二甲基甲酰胺。聚碳酸酯、聚氯乙烯可溶于环己酮。聚酰胺（尼龙）可溶于甲醇，聚酯也可溶于甲醇。羊毛可溶于质量浓度为 50 $g \cdot L^{-1}$ NaOH 中。棉花和纤维可溶于质量分数为 12% 的 H_2SO_4 中。

（三）被测元素的分离与富集

分离共存干扰组分同时使被测组分得到富集是提高痕量组分测定相对灵敏度的有效途径。目前常用的分离与富集方法有沉淀和共沉淀法、萃取法、离子交换法、浮选分离富集技术、电解预富集技术及应用泡沫塑料、活性炭等的吸附技术。其中应用较普遍的是萃取法和离子交换法。

二、标准样品溶液的配制

标准样品的组成要尽可能接近未知试样的组成。配制标准溶液通常使用各元素合适的盐类来配制，当没有合适的盐类可供使用时，也可直接溶解相应的高纯（99.99%）金属丝、棒、片于合适的溶剂中，然后稀释成所需浓度范围的标准溶液，但不能使用海绵状金属或金属粉末来配制。金属在溶解之前，要磨光并用稀酸清洗，以除去表面氧化层。

非水标准溶液可将金属有机物溶于适宜的有机溶剂中配制（或将金属离子转变成可萃取化合物），用合适的溶剂萃取，通过测定水相中的金属离子含量间接加以标定。

所需标准溶液的质量浓度在低于 0.1 $mg \cdot mL^{-1}$ 时，应先配成比使用的质量浓度高 1～3 个数量级的浓溶液（大于 1 $mg \cdot mL^{-1}$）作为储备液，然后经稀释配成。储备液配制时一般要维持一定酸度，以免器皿表面吸附。配好的储备液应储于聚四氟乙烯、聚乙烯或硬质玻璃容器中。浓度很小（小于 1 μg·mL^{-1}）的标准溶液不稳定，使用时间不应超过 1～2 d。表 3-4 列出了常用储备标准溶液的配制方法。

表 3-4　常用储备标准溶液的配制

金属	基准物	配制方法（质量浓度 1 mg/mL）
Ag	金属银（99.99%）	溶解 1.000 g 银于 20 mL（1+1）硝酸中，用水稀释至 1 L
	AgNO$_3$	溶解 1.575 g 硝酸银于 50 mL 水中，加 10 mL 浓硝酸，用水稀释至 1 L
Au	金属金	将 0.100 0 g 金溶解于数 mL 王水中，在水浴上蒸干，用盐酸和水溶解，稀释到 100 mL，盐酸浓度约 1 mol/L
Ca	CaCO$_3$	将 2.497 2 g 在 110℃烘干过的碳酸钙溶于 1：4 硝酸中，用水稀释至 1 L
Cd	金属镉	溶解 1.000 g 金属镉于（1+1）硝酸中，用水稀释到 1 L
Co	金属钴	溶解 1.000 g 金属钴于（1+1）盐酸中，用水稀释至 1 L
Cr	K$_2$Cr$_2$O$_7$	溶解 2.829 g 重铬酸钾于水中，加 20 mL 硝酸，用水稀释至 1 L
	金属铬	溶解 1.000 g 金属铬于（1+1）盐酸中，加热使之溶解完全，冷却，用水稀释至 1 L

标准溶液的浓度下限取决于检出限，从测定精度的观点出发，合适的浓度范围应该是在能产生 0.2～0.8 单位吸光度或 15%～65%透光度的浓度。

三、实验条件的选择

（一）光谱通带

如前所述，单色器光谱通带 S 的大小是由狭缝宽度 W 和单色器的倒线色散率 D 决定的，即 $S=W \cdot D$。对于确定的仪器，D 是一定的，因而单色器通带只决定于狭缝宽度，改变狭缝宽度不仅可以改变光谱通带，而且还可以改变落在检测器上的辐射能量。所以，调节狭缝宽度时要兼顾上述两个方面。合适的狭缝宽度可以通过实验的方法确定。具体方法是：逐渐改变单色器的狭缝宽度，直至检测器输出信号最强，即吸光度最大为止。当然，还可以根据文献资料进行确定，表 3-5 列出了一些元素在测定时经常选用的光谱通带。

表 3-5　不同元素所选用的光谱通带　　　　　　　　　　　　　　　nm

元素	共振线	通带	元素	共振线	通带
Al	309.3	0.2	Mn	279.5	0.5
Ag	328.1	0.5	Mo	313.3	0.5
As	193.7	<0.1	Na	589.0[①]	10
Au	242.8	2	Pb	217.0	0.7
Be	234.9	0.2	Pd	244.8	0.5
Bi	223.1	1	Pt	265.9	0.5
Ca	422.7	3	Rb	780.0	1
Cd	228.8	1	Rh	343.5	1

元素	共振线	通带	元素	共振线	通带
Co	240.7	0.1	Sb	217.6	0.2
Cr	357.9	0.1	Se	196.0	2
Cu	324.7	1	Si	251.6	0.2
Fe	248.3	0.2	Sr	460.7	2
Hg	253.7	0.2	Te	214.3	0.6
In	302.9	1	Ti	364.3	0.2
K	766.5	5	Tl	377.6	1
Li	670.9	5	Sn	286.3	1
Mg	285.2	2	Zn	213.9	5

注：①使用 10 nm 通带时，单色器通过的是 589.0 nm 和 589.6 nm 的双线。若用 4 nm 通带测定 589.0 nm 线，灵敏度可提高。

（二）灯电流

灯电流是指空心阴极灯的工作电流。空心阴极灯的发射特性取决于它的工作电流。一般情况下，空心阴极灯应使用一个稳定的、与可测强度相适应的最低电流，既可使多普勒变宽减到最小，又消除了自吸，提高了灵敏度，改善了校正曲线的线性。对大多数元素而言，选用的灯电流应是其额定电流的 40%～60%，在这样的灯电流下，既能达到高的灵敏度，又能保证测定结果的精密度。

（三）吸收线的选择

从灵敏度考虑，大多数元素常用共振线作分析线。但是，一些过渡元素的共振线还不如非共振线的灵敏度高。例如，Cr 359.35 nm 灵敏度比共振线 Cr 425.44 nm 和 427.48 nm 要高。还有些元素虽然共振线灵敏率高，但由于它处于远紫外区，在这样波长下大气和火焰气体对共振线都有吸收，给测定造成困难。所以，在这种情况下可不用共振分析线。如 Hg 185.0 nm 线比 Hg 253.7 nm 线的灵敏度大 50 倍，但由于上述原因，测定时选 253.7 nm 线作分析线。

在选择吸收线时，还必须考虑到其他谱线的干扰。当改变实验条件仍不能使选择的吸收线与非吸收线分开时，只好另行选择吸收线。例如，镍最灵敏线 Ni 232.0 nm 附近有几条非吸收线 Ni 1 231.98 nm、Ni 232.14 nm 及离子线 282.6 nm，即使用很窄的光谱通带也难以将它们完全分辨开。因此，只好选用吸收系数稍低的 Ni 341.48 nm 吸收线作为分析线。原子吸收分光光度法中常用的元素分析线如表 3-6 所示。

表 3-6　原子吸收分光光度法中常用的元素分析线　　　　　　　　　　　nm

元素	分析线	元素	分析线	元素	分析线
Ag	328.1，338.3	Ge	265.2，275.5	Re	346.1，346.5
Al	309.3，308.2	Hf	307.3，288.6	Sb	217.6，206.8
As	193.6，197.2	Hg	253.7	Sc	391.2，402.0
Au	242.3，267.6	In	303.9，325.6	Se	196.1，204.0

元素	分析线	元素	分析线	元素	分析线
B	249.7, 249.8	K	766.5, 769.9	Si	251.6, 250.7
Ba	553.6, 455.4	La	550.1, 413.7	Sn	224.6, 286.3
Be	234.9	Li	670.8, 323.3	Sr	460.7, 407.8
Bi	223.1, 222.8	Mg	285.2, 279.6	Ta	271.5, 277.6
Ca	422.7, 239.9	Mn	279.5, 403.7	Te	214.3, 225.9
Cd	228.8, 326.1	Mo	313.3, 317.0	Ti	364.3, 337.2
Ce	520.0, 369.7	Na	589.0, 330.3	U	351.5, 358.5
Co	240.7, 242.5	Nb	334.4, 358.0	V	318.4, 385.6
Cr	357.9, 359.4	Ni	232.0, 341.5	W	255.1, 294.7
Cu	324.8, 327.4	Os	290.9, 305.9	Y	410.2, 412.8
Fe	248.3, 352.3	Pb	216.7, 283.3	Zn	213.9, 307.6
Ga	287.4, 294.4	Pt	266.0, 306.5	Zr	360.1, 301.2

（四）最佳原子化条件的选择

1．火焰原子化条件的选择

（1）火焰的选择。火焰的温度是影响原子化效率的基本因素。首先有足够的温度才能使试样充分分解为原子蒸气状态。但温度过高会增加原子的电离或激发，而使基态原子数减少，这对原子吸收是不利的。因此在确保待测元素能充分解离为基态原子的前提下，低温火焰比高温火焰具有更高的灵敏度。但对于某些元素，如果温度太低则试样不能解离，反而灵敏度降低，并且还会发生分子吸收，干扰可能更大。因此必须根据试样具体情况，合理选择火焰温度。火焰温度由火焰种类确定，因此应根据测定需要选择合适种类的火焰。当火焰种类选定后，要选用合适的燃气和助燃气比例。燃助比（燃气与助燃气流量比）为 1：（4～6）的火焰（称贫燃火焰）为清晰不发亮蓝焰，燃烧高度较低，温度高，还原性气氛差，仅适于不易生成氧化物的元素的测定，如 Ag、Cu、Fe、Co、Ni、Mg、Pb、Zn、Cd、Mn 等元素。燃助比为（1.2～1.5）：4 的火焰（称富燃火焰）发亮，燃烧高度较高，温度较低，噪声较大，且由于燃烧不完全呈强还原性气氛，因此适于易生成氧化物的元素的测定，如 Ca、Sr、Ba、Cr、Mo 等元素。多数元素测定使用空气-乙炔火焰的流量比在 3：1～4：1。最佳的流量比应通过绘制吸光度-燃气、助燃气流量曲线来确定。

（2）燃烧器高度选择。不同元素在火焰中形成的基态原子的最佳浓度区域高度不同，因而灵敏度也不同。因此，应选择合适的燃烧器高度使光束从原子浓度最大的区域通过。一般在燃烧器狭缝口上方 2～5 mm 附近火焰具有最大的基态原子密度，灵敏度最高。但对于不同测定元素和不同性质的火焰，最佳的燃烧器高度有所不同，应通过试验选择。其方法是：先固定燃气和助燃气流量，取一固定样品，逐步改变燃烧器高度，调节零点，测定吸光度，绘制吸光度-燃烧器高度曲线图，选择最佳位置。

（3）进样量的选择。试样的进样量一般在 $3～6$ mL·min^{-1} 较为适宜。进样量过大，对火焰产生冷却效应。同时，较大雾滴进入火焰，难以完全蒸发，原子化效率下降，灵敏度低。进样量过小，由于进入火焰的溶液太少而吸收信号弱、灵敏度低，不便测量。

2．石墨炉原子化条件的选择

（1）载气的选择。可使用惰性气体氩或氮做载气，通常使用的是氩气。采用氮气做载气时要考虑高温原子化时产生 CN 带来的干扰。载气流量会影响灵敏度和石墨管寿命。目前大多采用内外单独供气方式，外部供气是不间断的，流量在 $1\sim5$ L·min^{-1}，内部气体流量在 $60\sim70$ mL·min^{-1}。在原子化期间，内气流的大小与测定元素有关，可通过试验确定。

（2）冷却水。为使石墨管迅速降至室温，通常使用水温为 $20℃$、流量为 $1\sim2$ L·min^{-1} 的冷却水（可在 $20\sim30$ s 冷却）。水温不宜过低，流速亦不可过大，以免在石墨锥体或石英窗上产生冷凝水。

（3）程序升温。原子化过程中，干燥阶段的干燥条件直接影响分析结果的重现性。为了防止样品飞溅，又能保持较快的蒸干速度，干燥应在稍低于溶剂沸点的温度下进行。条件选择是否得当可用蒸馏水或空白溶液进行检查。干燥时间可以调节，并和干燥温度相配合，一般取样 $10\sim100$ μL 时，干燥时间为 $15\sim60$ s，具体时间应通过实验确定。

灰化温度和时间的选择原则是：在保证待测元素不挥发损失的条件下，尽量提高灰化温度，以去掉比待测元素化合物容易挥发的样品基体，减少背景吸收。灰化温度和灰化时间由实验确定，即在固定干燥条件、原子化程序不变的情况下，通过绘制吸光度—灰化温度或吸光度—灰化时间的灰化曲线找到最佳灰化温度和灰化时间。

不同原子有不同的原子化温度，原子化温度的选择原则是：选用达到最大吸收信号的最低温度作为原子化温度，这样可以延长石墨管的使用寿命。但是原子化温度过低，除了造成峰值灵敏度降低外，重现性也会受到影响。

原子化时间与原子化温度是相配合的。一般情况是在保证完全原子化前提下，原子化时间尽可能短一些。对易形成碳化物的元素，原子化时间可以长些。

现在的石墨炉带有斜坡升温设施，它是一种连续升温设施，可用于干燥、灰化及原子化各阶段。近年来生产的石墨炉还配有最大功率附件，最大功率加热方式是以最快的速率[$(1.5\sim2.0)\times10^3$ ℃·s^{-1}]加热石墨管至预先确定的原子化温度。用最大功率方式加热可提高灵敏度，并在较宽的温度范围内有原子化平台区。因此可以在较低的原子化温度下，达到最佳原子化条件，延长石墨管寿命。

（4）石墨管的清洗。为了消除记忆效应，在原子化完成后，一般在 $3\,000℃$ 左右，采用空烧的方法来清洗石墨管，以除去残余的基体和待测元素，但时间宜短，否则石墨管寿命会大为缩短。

四、灵敏度、检出限与回收率

灵敏度和检出限是衡量原子吸收光谱分析法所用仪器性能的两个主要技术指标。灵敏度可以检验仪器是否处于正常状态，检出限是表示一个给定分析方法的测定下限，即能在适当的置信度下的检出试样的最小浓度。

（一）灵敏度

1975 年，国际纯粹与应用化学联合会（IUPAC）通过《关于光谱化学分析中的名词、符号、单位及其应用》，对检出限、灵敏度等做了新的国际规定。

在原子吸收分析中，用校正曲线来表示溶液浓度 c 和吸收值 A 之间的关系。校正曲线一般是由测量一系列标准溶液来求得。

函数 $A=f(c)$ 的导数（$\mathrm{d}A/\mathrm{d}c$）称为分析灵敏度，即 $S=\dfrac{\mathrm{d}A}{\mathrm{d}c}$，$S$ 定义为校正曲线的斜率。若校正曲线是直线，则 $\mathrm{d}A/\mathrm{d}c$ 是一个恒值，与浓度无关。S 大，灵敏度高。这就是说很小的浓度或质量的变化，会引起测量值的较大改变。若溶液浓度与吸收值间的关系为非线性，则灵敏度是浓度的函数。原子吸收分析中，需要对不同分析元素和不同分析线在低浓度时的校正曲线斜率作比较。为了更直观地比较不同元素的分析灵敏度，常用相应于 1%净吸收或 0.004 4 A 溶液浓度来报道分析的灵敏度。这个特定的浓度称为特征浓度。显然，按照这个定义，特征浓度的数值越小，测定灵敏度越大。特征灵敏度的单位是 $\mu g\cdot mL^{-1}/1\%$。例如 1 $\mu g\cdot mL^{-1}$ Cu^{2+}溶液，测得其吸光度为 0.08，则 Cu^{2+}的特征质量浓度为

$$\frac{1}{0.08}\times0.004\ 4=5.5\ \mu g\cdot mL^{-1}/1\%$$

对于电热石墨炉原子化器，灵敏度的高低与加到原子化器中的试样量有关，因此采用特征质量（以 g/1%表示）表示。由此可知，特征质量浓度或特征质量越小，测定的灵敏度越高。

（二）检出限

在痕量分析中，人们更关心的是检出限。在原子吸收中最通用的定义是：检出限是相应于不少于 10 次空白溶液读数的标准偏差的 3 倍的溶液浓度。所以它是一个 95%置信度确定的最低可检出量的统计值。检出限更普遍适用的定义是：在给定的分析步骤中，能以合理的置信度指出分析元素确实存在，而不是偶然出现的高空白值的最小测量值 X_L 所对应的分析元素浓度或量。X_L 由式 $X_L=\overline{X_{bt}}+KS_{bL}$ 给出，其中 $\overline{X_{bt}}$ 是空白的平均值，S_{bL} 是空白读数的标准偏差，K 是根据所需的置信度而确定的因素。若校正曲线为线性，则检出限是净测量值（X_L-X_{bt}）对特征浓度的比值。

至于 K，虽然最常使用 2，但 IUPAC 建议采用 3（1975 年）。在单侧正态分布中，$K=3$ 时对单次测量的 X_L 的理论置信水平是 99.8%。

由以上讨论可知，检出限可用下式表示：

$$D.L.=\frac{2\times标准偏差\times浓度}{标准溶液的平均吸收量}$$

（三）回收率

进行原子吸收分析实验时，通常需要测出所用方法的待测元素的回收率，以此评价方法的准确度和可靠性。回收率的测定可采用下面两种方法：

（1）利用标准物质进行测定。将已知含量的待测元素标准物质，在与试样相同条件下进行预处理，在相同仪器及相同操作条件下，以相同定量方法进行测量，求出标样中待测组分的含量，则回收率为测定值与真实值之比，即

$$回收率=\frac{含量测定值}{含量真实值}$$

此法简便易行，但多数情况下，含量已知的待测元素标样不易得到。

（2）利用标准加入法测定。在给定的实验条件下，先测定未知试样中待测元素的含量，然后在一定量的该试样中，准确加入一定量待测元素，以同样方法进行样品处理，在同样条件下，测定其中待测元素的含量，则回收率等于加标样测定值与未加标样测定值之差与标样加入量之比，即

$$回收率=\frac{加标样测定值-未加标样测定值}{标样加入量}$$

显然回收率愈接近 1，则方法的可靠性就愈高。

五、干扰及其抑制

原子吸收分光光度法是一种选择性好的分析方法。这种方法干扰少，也易于抑制和消除。但是在实际工作中，由于工作条件、分析对象的多样性和复杂性，在一些情况下，干扰还是很大。因此，要了解产生干扰的原因和采取抑制干扰的办法。原子吸收法中的干扰可以分为以下几种：

（一）光谱干扰

原子吸收光谱与发射光谱相比，原子吸收光谱干扰要少得多，这种光谱干扰是由于分析用的谱线与邻近线不能完全分开而产生的。它使分析灵敏度下降，工作曲线弯曲，并使分析结果产生误差。产生这种干扰的原因是多方面的，诸如阴极材料中的杂质发射出与分析线波长相近、单色器难以分开的谱线造成干扰；灯内充入的惰性气体发射的光谱线造成的干扰；分析元素多重吸收线的干扰以及谱线重叠等造

成光谱干扰。

对于上述几点干扰情况，总的来说，采取改换良好的空心阴极灯，减少狭缝宽度，增加灯电流，一般都能收到较好的抑制效果。另外可以选用其他吸收线，使用较大通带，有利于改善信噪比，也可以有较好的灵敏度。

（二）背景干扰

背景干扰是一种特殊形式的光谱干扰，背景吸收使吸收值增加而产生正误差。一般说来，它包括分子吸收，光散射和火焰气体吸收。

1. 分子吸收

分子吸收一般是在原子化过程中发生的。在乙炔焰中，Ca 形成的 $Ca(OH)_2$，在 540～620 nm 有个吸收带，干扰 Ba 553.5 nm 和 589.0 nm 的测定。在温度不高的空气—天然气火焰中，碱金属的卤化物在紫外区大部分波段都有吸收，如 KI、KBr 在 200～400 nm 有强烈吸收。

分子吸收与干扰元素的浓度成正比，也与火焰条件和火焰温度有关。若在空气—乙炔焰中，碱金属卤化物的吸收就没有了。这是由于在比较高的火焰温度条件下干扰物分子几乎都解离了。所以，可以使用高温火焰消除分子吸收干扰。

2. 光散射

光散射是因在原子化过程中产生的固体微粒对光的阻挡而发生的散射现象。实验证明，光散射的强度与波长倒数的四次方 $(\frac{1}{\lambda})^4$ 成正比，即光散射随谱线波长的减短而增大。可以利用背景校正测量光散射的大小，求得被测元素的真实的吸收信号。

3. 火焰气体吸收

火焰气体对光谱线产生吸收，且波长越短，吸收越剧烈。如在空气—乙炔火焰中，在小于 250.0 nm 时，开始就有明显吸收。这主要是由于火焰燃烧时所产生的 OH、CH、CO 等分子引起的。其中 OH 常出现三个不同的谱带，即 309～330 nm 的吸收带，281.1～306.3 nm 的吸收带，第三个吸收带带首在 362 nm。当吸收线的波长处在上述三个谱带时，火焰气体吸收对测定均有影响。

（三）电离干扰

当待测元素溶液进入火焰后，在火焰的作用下，分子要解离成为原子和部分原子失去电子而被电离成为离子。发生电离的结果会使参与原子吸收的基态原子数目减少，故导致吸光度降低。

原子在火焰中的电离与火焰温度、火焰类型密切相关，如果能够控制火焰温度和选择适当火焰类型，就可以大大减少电离干扰。例如，碱金属用温度较低的空气—氢焰或空气—煤气焰要比用空气—乙炔焰好得多。如 K 在 2 000 ℃时，80%

以上的原子电离，仅有 20% 的原子参与原子吸收，而在空气—煤气焰中 K 仅有不到 10% 的原子被电离。

对于电离干扰常用消电离剂消除其干扰，常用的消电离剂都是一些电离电位低的易电离的 K、Na、Rb、Cs 等金属，而有时加入的消电离剂比待测元素的电离电位高，如测 K 时，就加入比 K 电离电位高的 Na，加入 Na 的浓度大些，就可以抑制干扰。但是浓度增加是有限度的，因为溶液总浓度增加，会产生基体效应，也容易堵塞燃烧缝隙。

（四）物理干扰

物理干扰是指试样溶液和标准溶液的物理性质的改变而引起的干扰效应。引起干扰效应的因素有：溶液黏度、表面张力、溶液蒸气压、雾化气体压力、温度等。另外，试液含有高浓度的盐或酸以及试样溶液和标准溶液所用的溶剂不同等也会造成物理干扰。

上述这些因素，归根到底是影响火焰中待测元素的原子化效率，从而影响吸光度的测量。

消除物理干扰的方法，主要是要求试样溶液和标准溶液用相同溶剂、有相同的基体组成，还要求有相同温度、环境等。当待测元素含量较大时，采用稀释试样溶液的方法来消除干扰。

（五）化学干扰

化学干扰是指由于待测元素与共存元素在溶液及火焰中产生的化学作用而形成较强的化学键或难熔晶体的化合物，影响了待测元素在火焰中还原成中性原子。按照化学干扰发生的情况，可分为凝相干扰和气相干扰。

凝相干扰是指在凝相中发生化学反应产生的干扰。气相干扰是指蒸发成气态分子之后的过程中发生化学反应产生的干扰。影响化学干扰的因素很多，有阴阳离子的干扰、络合物形成效应及火焰的影响等。

对于上述干扰，消除的方法如下。

（1）使用高温火焰，使在较低温度火焰中稳定的化合物在较高温度下解离。如在空气—乙炔火焰中 PO_4^{3-} 对 Ca 测定干扰，Al 对 Mg 的测定有干扰，如果使用氧化亚氮—乙炔火焰，可以提高火焰温度，这样干扰就被消除了。

（2）加入释放剂，使其与干扰元素形成更稳定、更难解离的化合物，而将待测元素从原来难解离化合物中释放出来，使之有利于原子化，从而消除干扰。例如上述 PO_4^{3-} 干扰 Ca 的测定，当加入 $LaCl_3$ 后，干扰就被消除。因为 PO_4^{3-} 与 La^{3+} 生成更稳定的 $LaPO_4$，而将钙从 $Ca_3(PO_4)_2$ 中释放出来。

（3）加入保护剂使其与待测元素或干扰元素反应生成稳定配合物，因而保护了待测元素，避免了干扰。例如，加入 EDTA 可以消除 PO_4^{3-} 对 Ca^{2+} 的干扰，这是由于 Ca^{2+} 与 EDTA 配位后不再与 PO_4^{3-} 反应。又如加入 8-羟基喹啉可以抑制 Al 对 Mg 的干扰，这是由于 8-羟基喹啉与铝形成螯合物 $Al[C(C_9H_6)N]_3$，减少了铝的干扰。

（4）在石墨炉原子化中加入基体改进剂提高被测物质的灰化温度或降低其原子化温度以消除干扰。例如，汞极易挥发，加入硫化物生成稳定性较高的硫化汞，灰化温度可提高到 300℃。测定海水中 Cu、Fe、Mn 时，加入 NH_4NO_3 则 NaCl 转化为 NH_4Cl，使其在原子化前、低于 500℃ 的灰化阶段被除去。表 3-7 列出了部分常用的抑制干扰的试剂；表 3-8 列出了部分常见的基体改进剂。可以利用加释放剂、络合保护剂、助熔剂、缓冲剂等消除干扰。同时，也可以采用适当提高火焰温度或化学分离的方法以消除干扰。

表 3-7　用于抑制干扰的一些试剂

试剂	干扰成分	测定元素	试剂	干扰成分	测定元素
La	Al, Si, PO_4^{3-}, SO_4^{2-}	Mg	甘油, 高氯酸	Al, Fe, Th, 稀土, Si, B, Cr, Ti, PO_4^{3-}, SO_4^{2-}	Mg, Ca, Sr, Ba
Sr	Al, Be, Fe, Se, NO_3^-, SO_4^{2-}, PO_4^{3-}	Mg, Ca, Sr	NH_4Cl	Al	Na, Cr
			NH_4Cl	Sr, Ca, Ba, PO_4^{3-}, SO_4^{2-}	Mo
Mg	Al, Si, PO_4^{3-}, SO_4^{2-}	Ca	NH_4Cl	Fe, Mo, W, Mn	Cr
Ba	Al, Fe	Mg, K, Na	乙二醇	PO_4^{3-}	Ca
Ca	Al, Fe	Mg	甘露醇	PO_4^{3-}	Ca
Sr	Al, Fe	Mg	葡萄糖	PO_4^{3-}	Ca, Sr
$Mg+HClO_4$	Al, Si, PO_4^{3-}, SO_4^{2-}	Ca	水杨酸	Al	Ca
$Sr+HClO_4$	Al, P, B	Ca, Mg, Ba	乙酰丙酮	Al	Ca
Nd, Pr	Al, P, B	Sr	蔗糖	P, B	Ca, Sr
Nd, Sm, Y	Al, P, B	Ca, Sr	EDTA	Al	Mg, Ca
Fe	Si	Cu, Zn	8-羟基喹啉	Al	Mg, Ca
La	Al, P	Cr	$K_2S_2O_7$	Al, Fe, Ti	Cr
Y	Al, B	Cr	Na_2SO_4	可抑制 16 种元素的干扰	Cr
Ni	Al, Si	Mg	$Na_2SO_4+SO_4^{2-}$	可抑制 Mg 等十几种元素的干扰	Cr

表 3-8　分析元素与基体改进剂

分析元素	基体改进剂	分析元素	基体改进剂	分析元素	基体改进剂	分析元素	基体改进剂
镉	硝酸镁 氢氧化铵 硫酸铵 焦硫酸铵 镧 EDTA 柠檬酸 组氨酸 乳酸 硝酸 硝酸铵 磷酸二氢铵 硫化铵 磷酸铵 氟化铵 铂	锑	铜 镍 铂，钯 H_2	金	Triton X-100 硝酸铵	磷	柠檬酸
		砷	镍 镁 钯	铟	O_2	银	钙 EDTA
		铍	铝，钙 硝酸镁	铅	硝酸铵 磷酸二氢铵 磷酸 镧 铂，钯，金 抗坏血酸 EDTA 硫脲 草酸	硒	镧 硝酸铵 镍 铜 钼 铑 高锰酸钾 重铬酸
		锡	抗坏血酸				
镓	抗坏血酸	铬	磷酸二氢铵	铁	硝酸铵	硅	钾
钙	硝酸	钴	抗坏血酸	锂	硫酸，磷酸	碲	镍 铂，钯
硼	钙，钡 钙+镁	铜	抗坏血酸 EDTA 硫酸铵 磷酸铵 硝酸胺 蔗糖 硫脲 过氧化钠 磷酸	锰	硝酸铵 EDTA 硫脲	铊	硝酸 酒石酸+硫酸
				钒	钙、镁	锌	硝酸铵 EDTA 柠檬酸
锗	硝酸 氢氧化钠			汞	银 钯 硫化铵 硫化钠 盐酸+过氧化氢	铋	镍 EDTA，O_2 钯 镍

（5）化学分离干扰物质。若以上方法都不能有效地消除化学干扰，可采用离子交换、沉淀分离、有机溶剂萃取等方法，将待测元素与干扰元素分离开来，然后进行测定。化学分离法中有机溶剂萃取法应用较多，因为在萃取、分离干扰物质的过程中，不仅可以去掉大部分干扰物，而且可以起到浓缩被测元素的作用。在原子吸收分析中常用的萃取剂多为醇、酯和酮类化合物。

上述各种方法若配合使用，则效果会更好。

六、背景校正技术

在原子吸收法中，分子吸收和光散射所引起的后果是相同的，产生表观的虚假吸收，使测定结果偏高，这种虚假吸收称为背景吸收。常用背景校正技术有邻近非吸收线扣除背景、氘灯背景校正技术、塞曼效应背景扣除技术等，下面分别加以讨论。

（一）邻近非吸收线扣除背景

先用分析线测量待测元素吸收和背景吸收的总吸光度，再在待测元素吸收线附近另选一条不被待测元素吸收的谱线（邻近非吸收线）测量试液的吸光度，此吸收即为背景吸收。从总吸光度中减去邻近非吸收线吸光度，就可以达到扣除背景吸收的目的。例如，Al的分析线为309.3 nm，可选用307.3 nm非吸收线进行背景扣除。

（二）氘灯背景校正技术

氘灯背景校正技术是用氘灯测定背景吸收再从测得的表观总吸收值中减去背景吸收值，便得到真实吸收值，其测定装置如图3-18所示。用一个旋转切光器使由空心阴极灯和氘灯发出的辐射交替地通过火焰，经过单色器后两束光线都落在同一检测器上，经由电子线路系统处理，输出两个光束辐射强度的差值。这种方法适用于波长范围190～350 nm的吸收线，而且要求氘灯和元素空心阴极灯发出的两光束必须严格重合。特别对石墨炉原子化器，由于其背景分布不均匀，且随时间而变化，因此为使背景扣除有个满意效果，应使两光束严格重合。

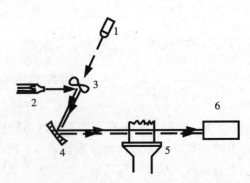

1—氘灯；2—元素空心阴极灯；3—旋转切光器；4—火焰原子化器；5—燃烧器；6—单色器

图3-18　氘灯背景校正装置示意图

（三）塞曼效应背景扣除技术

1896年塞曼（Zeeman）发现，当把产生光谱的光源置于高达几千高斯磁场强度的磁场内时，在强磁场作用下，光源辐射的每条谱线分裂成几条偏振化的分线，谱线的这种磁致分裂现象称为塞曼效应。利用这种效应进行背景扣除，称为塞曼效应背景扣除技术，它有两种方式，一种是将磁场加于原子化器上，称为吸收线调制法；另一种方式是将磁场加于光源上，称为光源调制法。

吸收线调制法是指：当在石墨炉原子化器上加上与光束方向垂直的磁场时，在磁场中的原子蒸气的吸收线分裂为 π 和 σ^+、σ^- 三种成分，π 成分的偏振方向与磁场平行，波长不变，σ^+、σ^- 的偏振方向与磁场垂直，波长分别为 $\lambda+\Delta\lambda$，$\lambda-\Delta\lambda$，$\Delta\lambda$ 的大小与磁场平行强度成正比，当光源的共振发射线（包含有振动方向与磁场垂直和平行两种类型）通过原子化器时，原子仅对 π 成分有吸收，对 $\sigma^\pm$ 成分无吸收，而背景对 π 及 $\sigma^\pm$ 成分均有吸收。用旋转式检偏器把 π 和 $\sigma^\pm$ 成分分开，以 π 成分为吸收线、以 $\sigma^\pm$ 为参比线进行背景校正。

光源调制法是指：光源在磁场中分裂成 π 和 $\sigma^\pm$ 成分，将这些成分同时通过原子蒸气，π 成分为试样中被测元素原子吸收和背景吸收，而 $\sigma^\pm$ 仅为背景吸收，用旋转式偏振器将 π 和 $\sigma^\pm$ 成分分开，交替送到检测系统，即可得到扣除背景的信号。

两种方式校正背景如图3-19所示。

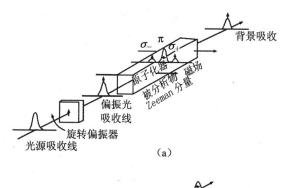

（a）

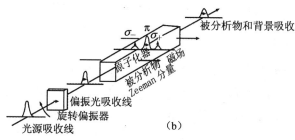

（b）

（a）吸收线调制法；（b）光源调制法

图3-19　塞曼效应校正背景示意图

第四节　定量分析方法

一、标准曲线法

这是原子吸收分析中的常规分析方法。首先配制一种浓度合适的标准溶液（一般为 5～7 个不同含量的标准样品），在测定的实验条件下，由低浓度到高浓度依次喷入火焰中，分别测定其吸光度 A。以待测元素的浓度 c[①]为横坐标，以测得的吸光度 A 为纵坐标，绘制 A—c 标准曲线（图 3-20）。

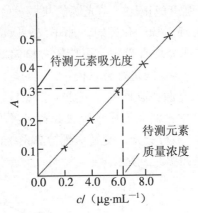

图 3-20　A—c 标准曲线

在相同实验条件下，喷入待测试样溶液，测出其吸光度。由 A—c 标准曲线求出试样中待测元素的含量。

从测量误差的角度考虑，吸光度在 0.2～0.8，测定误差较小，因此，应该选择标准曲线的浓度范围，使之产生的吸光度位于 0.2～0.8。

为了保证测定结果的准确度，标准试样的组成应尽可能接近待测试样的组成。

二、标准加入法

这种方法在光谱分析中又称为增量法或直线外推法。这种方法可以消除基体效应的干扰。当很难配制与样品溶液相似的标准溶液，或样品基体成分很高，而且变化不定或样品中含有固体物质而对吸收的影响难以保持一定时，采用标准加入法是非常有效的。

---

① 这里质量浓度应用 ρ 表示，但仪器分析中习惯用 c。

这种方法的操作，是取相同体积的试样溶液两份分别移入容量瓶 A 和 B 中，另取一定量的标准溶液加入 B 中，然后将两份溶液稀释到刻度，分别测出 A、B 溶液的吸光度。根据吸收定律 $A＝K \cdot c$ 计算。

设 A_x 和 c_x 为试样溶液（A 瓶）的吸光度和浓度，c_0 为加入标准溶液的浓度；A_0 为 B 瓶中的溶液吸光度。则可得

$$A_x＝K \cdot c_x \qquad (3\text{-}13)$$

$$A_0＝K（c_x+c_0） \qquad (3\text{-}14)$$

由上两式之比为

$$\frac{A_x}{A_0}＝\frac{c_x}{c_x+c_0} \qquad (3\text{-}15)$$

则得

$$c_x＝\frac{A_x}{A_0-A_x} \cdot c_0 \qquad (3\text{-}16)$$

在实际应用中不采用计算法，而是用作图法求得样品溶液浓度。通常取四份体积相同的样品溶液，从第二份开始，分别按比例加入不同量的待测元素的标准溶液，然后用溶剂稀释到一定体积，其浓度为 c_x、c_x+c_0、c_x+2c_0、c_x+3c_0，然后分别测定其吸光度为 A_x、A_1、A_2、A_3。以 A 对加入的标准溶液浓度作图，将所得曲线外延与横坐标相交，此交点与原点的距离，即为试样溶液中待测元素的含量，如图3-21所示。

如果试样溶液中没有待测元素，在正确地扣除背景之后（因为标准加入法只能消除基体干扰而不能消除背景干扰）曲线应该是通过原点的。

三、内标法

内标法是指将一定量试液中不存在的元素 N 的标准物质加到一定试液中进行测定的方法，所加入的这种标准物质称之为内标物质或内标元素。内标法与标准加入法的区别就在于：前者所加入的标准物质是试液不存在的；而后者所加入的标准物质是待测组分的标准溶液，是试液中存在的。

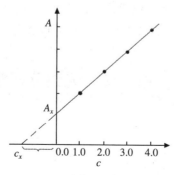

图 3-21　标准加入法工作曲线

内标法具体操作是：在一系列不同浓度的待测元素标准溶液及试液中依次加入相同量的内标元素 N，稀释至同一体积。在同一实验条件下，分别在内标元素及待测元素的共振吸收线处，依次测量每种溶液中待测元素 M 和内标元素 N 的吸光度 A_M 和 A_N，并求出它们的比值 A_M/A_N，再绘制 $A_M/A_N \sim c_M$ 的内标工作曲线（图 3-22）。

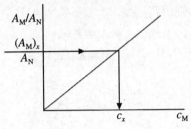

图 3-22　内标工作曲线

由待测试液测出 A_M/A_N 的比值，在内标工作曲线上用内插法查出试液中待测元素的浓度并计算试样中待测元素的含量。

在使用内标法时要注意选择好内标元素。该方法要求所选用的内标元素在物理及化学性质方面应与待测元素相同或相近；内标元素加入量应接近待测元素的量。在实际工作中往往是通过试验来选择合适的内标元素和内标元素的量。表 3-9 列举了部分内标元素。

表 3-9　常用内标元素

待测元素	内标元素	待测元素	内标元素	待测元素	内标元素
Al	Cr	Cu	Cd，Mn	Na	Li
Au	Mn	Fe	Au，Mn	Ni	Cd
Ca	Sr	K	Li	Pb	Zn
Cd	Mn	Mg	Cd	Si	Cr，V
Co	Cd	Mn	Cd	V	Cr
Cr	Mn	Mo	Sr	Zn	Mn，Cd

内标法仅适用于双道或多道仪器，单道仪器上不能用。内标法的优点是：不仅能消除物理干扰，还能消除实验条件波动而引起的误差。

第五节　原子荧光光谱分析法简介

一、概述

原子荧光光谱分析法（FAS）又称原子荧光分光光度法。原子荧光光谱分析法的理论及荧光现象的研究源远流长，但将其真正作为一种新的痕量分析方法用于实际样品的测定始于1964年。它是通过测量待测元素的原子蒸气在辐射能激发下所产生的荧光发射强度来测量待测元素含量的一种仪器分析方法。从发光机理来看属于发射光谱分析，可是它又与原子吸收光谱法有许多相似之处，因此，可以认为它是原子发射光谱分析和原子吸收光谱分析的综合和发展。

原子荧光分析技术近年来有了较快的发展，并且已有多种类型的商品仪器面世。它与原子吸收、原子发射光谱分析互相补充，在冶金、岩矿、环境保护、高纯物质、生物、临床医学诸方面得到了日益广泛的应用。

二、原子荧光光谱分析法的主要特点

原子荧光光谱分析法有以下优点：

1. 灵敏度高、检出限低

由于待测元素的原子蒸气所产生的原子荧光辐射强度随光源辐射强度的增加而线性增加。因此，可以通过增加辐射强度来增加荧光强度，这样就大大提高了测定的灵敏度。现有二十多种元素的原子荧光检出限低于发射光谱法和原子吸收法。特别是测定锌、镉等元素的检出限比其他方法低 $1 \sim 2$ 个数量级。

2. 原子荧光的谱线比较简单，便于分辨

采用日盲光电倍增管和高增益的检测电路，可以制作非色散系统或采用简单滤光片分光的原子荧光仪。这种仪器结构简单、价格便宜。

3. 校准曲线线性范围宽

如果用激光光源，校准曲线的线性范围比其他光度法宽 $2 \sim 3$ 个数量级。

4. 干扰效应相对较小

与原子吸收法相比，原子荧光法不一定需要锐线光源。

原子荧光分析法也存在一定的局限性，如：试样溶液浓度较高时会产生自吸，导致校正曲线的非线性；在某些样品系统中荧光猝灭会降低分析的灵敏度；许多元素的检出限仍低于原子吸收等方法。

三、基本原理

(一) 荧光类型

原子荧光的类型虽然较多，但应用在分析上的主要有共振荧光、阶跃线荧光、直跃线荧光、阶跃激发荧光和敏化荧光五种。

(1) 共振荧光。原子吸收辐射能后跃迁至激发态，在返回基态能级时，发射出与吸收辐射相同波长谱线的荧光，称为共振荧光。由于相应于原子的激发态和基态之间的共振跃迁的几率一般比其他跃迁的几率大得多，所以共振跃迁产生的谱线

是对分析最有用的共振荧光谱线，如图 3-23（a）所示。

（2）阶跃线荧光。原子被激发到高于第一激发态的能级，经过无辐射去活化跃迁至较低激发态，再回到基态的过程中发射出的荧光称为阶跃线荧光，如图 3-23（b）。所示。

（3）直跃线荧光。原子被激发到高于第一激发态的能级，在回到非基态的中间能态的过程中辐射出的荧光称为直跃线荧光。如图 3-23（c）所示。如铊原子吸收 377.6 nm 波长后，辐射出 535.0 nm 的直跃线荧光。

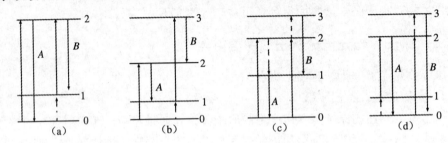

（a）共振荧光；（b）阶跃线荧光；（c）直跃线荧光；（d）阶跃激发荧光

图 3-23　原子荧光主要类型

（4）阶跃激发荧光。基态原子经激发跃迁到中间能态，再从中间能态阶跃至高能态，由高能态返回较低能态时所辐射的荧光称为阶跃激发荧光。如铋206.2 nm受激后先跃迁至$4P_{3/2}$能级，然后再阶跃到$4P_{5/2}$能级，当返回到$2D_{3/2}$和$2D_{5/2}$时产生铋262.8 nm和298.8 nm波长的阶跃激发荧光。

另外，还有敏化荧光。

原子荧光光谱分析大多使用共振荧光，其他类型荧光虽也有使用的情况，但不多。

（二）基本原理

激发光源辐射出一定频率的光，被基态原子所吸收，吸收掉的辐射量可用下式表示：

$$I_a = I_0 A\ (1 - e^{-K_v Nl}) \tag{3-17}$$

式中：I_a——被吸收的辐射强度；

　　　I_0——火焰表面单位面积上接受光源的强度；

　　　A——受光源所照射的在检测系统中观察到的有效面积；

　　　l——吸收光程长；

　　　N——能吸收辐射的原子总密度；

　　　K_v——某一频率的峰值吸收系数。

荧光强度 I_f 则为

$$I_f = \phi I_a = \phi A I_0 \left(1 - e^{-K_\nu Nl}\right) \tag{3-18}$$

式中，ϕ 为量子效率。将上式中括号内的项展开得到：

$$I_f = \phi A I_0 \left[K_\nu lN - \frac{(K_\nu lN)^2}{2!} + \frac{(K_\nu lN)^3}{3!} - \frac{(K_\nu lN)^4}{4!} + \cdots\right] \tag{3-19}$$

在原子浓度很低时，因 $\frac{(K_\nu lN)^2}{2!}$ 项及其他高次项可以忽略不计，式（3-19）简写如下：

$$I_f = \phi A I_0 K_\nu lN \tag{3-20}$$

式（3-20）就是原子荧光定量分析的基本关系。荧光强度与峰值吸收系数 K_ν、光程 l、量子效率 ϕ、入射光强度 I_0 及光源照射检测器系统的有效面积 A 有关，当这些条件不变时，荧光强度与能吸收辐射的待测原子总密度成正比。而原子总密度又与待测样品浓度成正比，所以荧光强度也与试样浓度 c 成正比，即

$$I_f = \phi A I_0 K_\nu lc \tag{3-21}$$

当测定条件确定时，式中 ϕ、A、I_0、K_ν、l 乘积为一常数 K，上式即为

$$I_f = Kc \tag{3-22}$$

这就是原子荧光强度与试样浓度的定量关系。

四、仪器装置

原子荧光光谱仪由光源、原子化器、单色器（或滤光片）、检测器及读数显示系统组成（图3-24）。

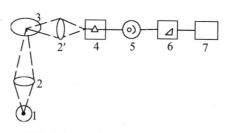

1—光源；2，2′—棱镜；3—原子化喷嘴；4—单色器（或滤光片）；5—光电倍增管；6—放大器；7—读数装置

图 3-24　原子荧光光度计的示意图

原子荧光光谱仪与原子吸收分光光度计不同的是检测器与主光轴垂直，以避免

光源辐射光强对荧光信号造成干扰。按照有无色散系统，可将原子荧光光谱仪分为非色散型原子荧光光谱仪和色散型原子荧光光谱仪两类。前者用日盲光电倍增管作为检测器，其优点是：结构简单、操作方便、价格低廉、照明立体角大，光谱通带宽，荧光信号强，检出限低；缺点是干扰大，散射光的影响也较大，对光源的纯度有较高要求。后者采用双光栅，甚至三光栅分光系统，其优点是：容易进行谱线选择，工作波长范围宽，光谱干扰小，杂散光少，有较好的信噪比，特别适用于多元素的同时测定；不足之处是价格高，操作比较繁。

下面以 YYG—3 型冷原子荧光测汞仪和 AFS-220a 型双道原子荧光光度计为例对原子荧光光谱仪的使用做简单介绍。

（1）YYG—3 型冷原子荧光测汞仪。

① 原理。由低压汞灯发出的光经过透镜，照射到汞蒸气上，汞原子被激发产生荧光，通过测量荧光强度求出试样中汞含量。采用化学原子化法在常温下产生汞蒸气，所以也称之为冷原子荧光法。

② 仪器各种开关，按钮的名称和功能。仪器面板开关、按键、旋钮位置如图 3-25 所示。

③ 操作方法。

a. 打开电源开关，关闭仪器后面的排污泵开关，预热 30 min。

b. 打开气体钢瓶，调节减压阀出口压力约 20 kPa。将"三通阀进样控制"旋钮旋至"通"，调节屏蔽气流为 $0.2\ L \cdot min^{-1}$，进样载气流量为 $0.4\ L \cdot min^{-1}$。

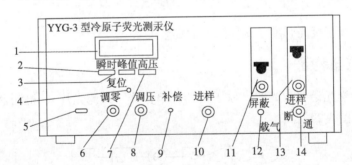

1—显示表；2—"连续"按键（瞬时）；3—"保持"按键（峰值）；4—复位（"保持"回零按钮）；5—电源开关；6—调零电位器；7—"高压"指示按键；8—调压电位器；9—线性补偿开关；10—进样接头；11—屏蔽气流量计；12—载气接头；13—载气流量计；14—三通阀进样控制旋钮

图 3-25 YYG-3 型冷原子荧光测汞仪面板示意图

c. 清洗还原瓶。向还原瓶中加 $100\ g \cdot L^{-1}\ SnCl_2\ 1\ mL$，质量分数为 5%$HNO_3\ 4\ mL$，盖好瓶盖，将"三通阀进样控制"旋钮旋至"通"，调节载气流量，使还原瓶内气泡适中，通载气 1.5 min，将"三通阀进样控制"旋钮旋至"断"，倒掉还原瓶中溶液。

d. 测量。在还原瓶中加 $100\ g \cdot L^{-1}\ SnCl_2\ 1\ mL$，质量分数为 5% $HNO_3\ 4\ mL$，将

"三通阀进样控制"旋钮旋至"通"，通载气 1.5 min，关掉三通阀，用微量注射器注入一定体积试液并盖好瓶盖，在摇瓶器上摇（或手摇）40 s，打开三通阀，记录峰值。

e. 结束。打开排污泵，排污 20 min，并用 $KMnO_4+H_2SO_4$ 混合液吸收。关闭排污泵及气源，松开"瞬时"按钮，调低高压，关闭主机电源。

使用注意事项：实验结束后，应将还原瓶及微量注射器清洗干净。

（2）AFS-220a 型双道原子荧光光度计。

① 工作原理。AFS-220a 型双道原子荧光光度计是一种无色散系统的荧光光度计。其工作原理如图 3-26 所示。

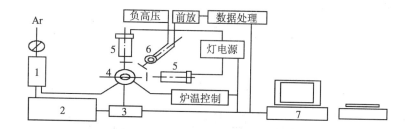

1—气路系统；2—氢化物发生系统；3—气液分离系统；4—原子化器；5—高强度空心阴极灯；6—光电倍增管；7—数据处理系统

图 3-26　AFS-220a 型双道原子荧光光度计的原理示意图

酸化过的样品溶液中的被测元素（如 As、Hg、Pb 等）与还原剂（一般为硼氢化钾）在氢化物发生系统中生成气态氢化物。

$$NaBH_4+3H_2O+H^+ \rightarrow H_3BO_3+Na^++8H^+ \xrightarrow{+E^{m+}} EH_n+H_2 \uparrow （过剩）$$

反应式中 E^{m+} 代表待测元素，EH_n 为待测元素气态氢化物，m 与 n 可以相等，也可以不等。

过量氢气和气态氢化物与载气（Ar）混合，进入原子化器，氢气和氩气在特别点火装置的作用下形成氩氢火焰，使待测元素原子化。待测元素的激发光源（一般为空心阴极灯或无极放电灯）发射的特征谱线通过聚焦、激发氩氢焰中待测物原子，得到的荧光信号被日盲光电倍增管接收，然后经放大、解调，再由数据处理系统得到结果。

② 仪器基本构造。AFS-220 a 型双道原子荧光光度计主要由荧光光度计主机、断续流动氢化物发生及气液分离系统、数据处理系统等部分组成（图 3-27）。

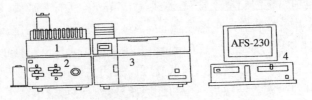

1—自动进样器；2—FI 系统；3—荧光主机；4—数据处理系统

图 3-27　AFS-220 a 型双道原子荧光光度计

a. AFS 主机。原子荧光光度计主机由原子化系统、光学系统、电路系统和气路系统四部分组成（图 3-28）。

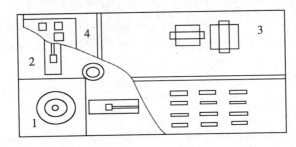

1—原子化系统；2—光学系统；3—电路系统；4—气路系统

图 3-28　原子荧光光度计主机

AFS-220 a 仪器采用氩气火焰屏蔽式双层石英炉原子化器，屏蔽式结构减少荧光猝灭。整个系统放在严格避光的原子化室内，减少了杂散光的影响。

AFS-220 a 的激发光光源采用编码式空心阴极灯。另外，AFS-220 a 还提供双阴极灯的供电电路，计算机自动识别单、双阴极灯的种类，对双阴极灯，通过调节主辅极电流配比，使灯达到最佳工作状态，提高测量灵敏度和空心阴极灯的使用寿命。

AFS-220 a 所有气体供应，包括屏蔽气和载气均由计算机通过电磁阀控制，整个气路系统放在原子化器室的后部，安装拆卸极为方便。气路系统配有安全保护装置，Ar 气压力低于 0.15 MPa 时，蠕动泵停止，仪器给予提示。

b. 断续流动系统（IFS）。AFS-220 a 采用了先进的断续流动系统，它由一个蠕动泵、一个反应器和两级气液分离器组成。

c. 数据处理系统。AFS-220 a 采用操作软件控制测量参数、样品参数以及断续流动系统参数。仪器根据设置完成工作曲线测量、标准加入法测量、工作曲线斜率校正、打印报告结果等。

③ 仪器操作方法。

a. 打开灯室盖，将待测元素的空心阴极灯插入灯座，连接各种泵管，开启气瓶，使压力在 0.2～0.3 MPa。在确认电源正确后，按微机、主机顺序开启电源。当微机进入 Windows95/98 后，按"开始"、"程序"、"AFS-220 a 原子荧光光度计"，则运行 AFS-220 a 操作软件。

b. 调光器放在石英炉原子化器上，调节原子化器高度旋钮，使调光器平面十字线中心与光电倍增管栏中心位置一致，然后调光器平面分别对准两灯源，观测阴极灯光斑是否照射在调光器的垂直线上，用灯位调节钮调节灯位，取下调光器将原子化器调到适当高度（推荐值 8 mm）。

c. 根据软件"操作指南"，设置适当的"仪器条件"、"测量条件"、"断续流动程序"、"样品参数"等进行测量。

d. 开原子化器室前门，由去水装置的开口用注射器或滴定管打入少量水保持水封。点燃点火炉丝，预热 30 min。

e. 准备好标准系列及样品按软件操作逐一测量。

五、原子荧光定量分析方法

原子荧光定量分析常采用曲线法，即配制一系列标准溶液测量其相对荧光强度，以相对荧光强度为纵坐标、以浓度为横坐标绘制工作曲线。在相同条件下测量试液的相对荧光强度，就可以从工作曲线上求得试液的浓度。

【实验实训】

实验一　火焰原子吸收法测定条件的选择和灵敏度的测定

一、实验目的

了解原子吸收分光光度计的构造和工作原理；掌握优选测定条件的基本方法；掌握原子吸收分光光度计灵敏度的测定方法。

二、实验原理

本实验以锌的试验条件优选为例，分别对灯电流、狭缝宽度、燃烧器高度等因素进行优化选择。在条件优选时，可以进行单个因素的选择，即先将其他因素固定在一定水平上，逐一改变所研究的因素条件，然后测定某一标准溶液的吸光度，选取吸光度大且稳定性好的条件作为该因素的最佳工作条件。

三、仪器与试剂

1. 仪器

AA320 型原子吸收分光光度计；

容量瓶：100 mL 2 个，500 mL 3 个；

移液管：5 mL 2 个，10 mL 1 个；

烧杯：250 mL 2 个。

2. 试剂

Zn 标准储备液（1 000 μg/mL）：称取金属锌（GR）0.500 0 g（准确到 0.000 1 g），置于 250 mL 烧杯中，加入 HCl（6 mol/L）20 mL，加热至完全溶解，冷却后移入 500 mL 容量瓶中，用去离子水稀释至刻度，摇匀。

Zn 标准使用液（50 μg/mL）：准确移取上述 Zn 标准储备液（1 000 μg/mL）5.0 mL，置于 100 mL 容量瓶中，用去离子水稀释至刻度。

1%（体积分数）HCl 溶液：移取盐酸（GR）5 mL 置于 500 mL 容量瓶中，用去离子水稀释至刻度。

四、实验步骤

1. 最佳测定条件的选择

（1）测试溶液的配制。准确移取 Zn 标准溶液（50 μg/mL）5.0 mL 置于 500 mL 容量瓶中，用 1%（体积分数）HCl 溶液稀释至刻度，摇匀备用，此溶液 Zn 质量浓度为 0.5 μg/mL，用于最佳测定条件选择实验。

（2）打开仪器并设定好仪器条件（以 AA320 型原子吸收分光光度计为例，使用其他仪器，请根据仪器要求进行参数设定）。

火焰：乙炔－空气（蓝色火焰）；

乙炔流量：1.0 L/min；

空气流量：6.5 L/min；

空心阴极灯电流：2～5 mA；

光谱带宽：0.4 nm；

燃烧器高度：8 mm；

吸收线波长：213.9 nm。

（3）灯电流的选择。在初步固定的测量条件下，先将灯电流调到 2 mA，喷入 Zn 标准溶液（0.5 µg/mL）并读取吸光度值，然后在 1～10 mA 范围内依次改变灯电流，每次改变 1 mA，对所配制的 Zn 标准溶液进行测定，每个条件测三次，计算平均水平，并绘制吸光度与灯电流的关系曲线，选择吸光度最大时的最小灯电流作为最佳工作电流。

（4）狭缝宽度的调节。用以上选定的条件，分别在光谱带宽为 0.2 nm、0.4 nm、1.0 nm、2.0 nm 下对所配制的 Zn 标准溶液进行测定，每个条件测定 3 次，计算平均值，并测绘吸光度与光谱带宽的关系曲线。以不引起吸光度减小的最大狭缝宽度为合适的狭缝宽度。

（5）燃烧器高度的选择。用以上选择条件，先将燃烧器高度调节为 8 mm，喷入 Zn 标准溶液并读取吸光度值，然后在 2～12 mm 范围内依次改变燃烧器高度，每次改变 2 mm，对所配制的 Zn 标准溶液进行测定，每个条件测 3 次，计算平均值，并测绘吸光度－燃烧器高度的关系曲线，选择最大吸光度读数时的位置为最佳高度。

（6）燃助比的选择。当火焰的种类确定后，燃助比的不同必然会影响火焰的性质、吸收灵敏度和干扰的消除等。同种火焰的不同燃烧状态，其温度与气氛也有所不同，实验分析中应根据元素性质选择适宜的火焰种类及其燃烧状态。

在上述选定的条件下，固定助燃气（空气）的流量为 6.5 L/min，依次改变燃气（乙炔）的流量为 0.8 L/min、1.0 L/min、1.2 L/min、1.4 L/min、1.6 L/min、1.8 L/min、2.0 L/min、2.5 L/min，对所配制的 Zn 标准溶液进行测定，每个条件测定 3 次，计算平均值，并绘制吸光度－燃气流量的关系曲线，从曲线上选定最佳燃助比。

（7）进样量的选择。依次改变进样量分别为 3 mL/min、5 mL/min、7 mL/min、9 mL/min、11 mL/min，对所配制的 Zn 标准溶液进行测定，并绘制吸光度－进样量的关系曲线，从曲线上选定最佳进样量。

2. 灵敏度的测定

在以上选定的最佳条件下，测定 Zn 标准溶液（$\rho=0.5$ µg/mL）的吸光度。固定操作条件下测定 5 次，计算平均值。按下式计算灵敏度[亦称特征质量浓度，（µg/mL）/1%]：

$$S=\rho \times 0.004\ 4/A$$

五、数据处理

（1）绘制吸光度与灯电流的关系曲线，选出最佳灯电流。
（2）绘制吸光度与狭缝宽度的关系曲线，选出合适的狭缝宽度。
（3）绘制吸光度与燃烧器高度的关系曲线，选出最佳燃烧器高度。
（4）绘制吸光度与燃气流量的关系曲线，选出最佳燃助比。
（5）绘制吸光度与进样量的关系曲线，选出合适的进样量。
（6）计算灵敏度。

六、结果与讨论

（1）通过本次实验，试述仪器最佳条件的选择对实际测量的意义。
（2）试分析影响灵敏度的因素。

实验二　原子吸收法测定水中铜的含量

一、实验目的

（1）掌握原子吸收光谱的实验技术和标准曲线法在试样测定中的应用；
（2）掌握原子吸收分光光度计的操作方法。

二、实验原理

　　当试样复杂，配制的标准溶液与试样组成之间存在较大差别时，试样的基体效应对测定有影响，或干扰不易消除，故在分析样品数量少时，用标准加入法较好。将已知的不同浓度的几个标准溶液加入到几个相同量的待测样品溶液中去，然后一起测定，并绘制工作曲线，将绘制的直线延长，与横轴相交，交点相应的浓度即为待测试液的浓度。

三、仪器与试剂

1．仪器

AA320 型原子吸收分光光度计、铜空心阴极灯、50 mL 容量瓶 6 个、100 mL 容量瓶 1 个、5 mL 吸量管 2 支、10 mL 移液管 1 支、25 mL 移液管 1 支。

2．试剂（$\rho=100\ \mu g \cdot mL^{-1}$ 的铜标准溶液）

　　称取金属铜 0.100 0 g，置于 100 mL 烧杯中，加 HNO_3（1+1）20 mL，加热溶解。蒸至近干，冷却后加 HNO_3（1+1）5 mL，加去离子水煮沸，溶解盐类，冷却后定量移入 1 000 mL 容量瓶中，并用去离子水稀释至标线，摇匀。

四、实验步骤

（1）配制系列溶液。按下表中所给数据移取溶液于 4 个 50 mL 容量瓶中，以（2+100）稀硝酸稀释至标线，摇匀。

容量瓶编号	$1^{\#}$	$2^{\#}$	$3^{\#}$	$4^{\#}$
含 Cu^{2+}水样/mL	25.00	25.00	25.00	25.00
$100\ \mu g \cdot mL^{-1}Cu^{2+}$标准液/mL	0.0	1.0	2.0	3.0
吸光度 A				

（2）按规范操作。打开仪器，并根据下列测量条件，将仪器调至最佳工作状态。

吸收线波长：324.8 nm；

灯电流：8 mA；

狭缝宽度："2"挡；

燃烧器高度：5 mm；

乙炔流量：$0.8\ L \cdot min^{-1}$；

空气流量：$5.5\ L \cdot min^{-1}$。

（3）测量系列标准溶液吸光度。由稀至浓逐个测定各标准溶液的吸光度，并逐一记录之。

注意：每测量一次都要喷去离子水调零。

（4）结束工作。实验结束，按规范操作：要求关气、关电，并将仪器开关、旋钮置于初始位置。

五、注意事项

（1）标准溶液加入量应视水中铜的大致的质量浓度来设定，原则是：$2^{\#}$容量瓶中标准溶液加入后，其质量浓度与所加试液中铜的质量浓度尽量接近。本实验是以水样中铜的质量浓度约为 $4\ \mu g \cdot mL^{-1}$来设定铜标准溶液加入量的。

（2）经常检查管道，防止气体泄漏，严格遵守有关操作规定，注意安全。

六、数据处理

在坐标纸上绘制铜的标准加入法工作曲线，并用外推法求得试样中铜的质量浓度。

七、思考题

（1）标准加入法有什么特点?适用于何种情况下的分析？

（2）标准加入法对待测元素标准溶液加入量有何要求？

实验三　原子吸收法测定有机垃圾中锌含量

一、实验目的

（1）熟练使用原子吸收分光光度计。

（2）学习使用消化法处理有机物样品的操作方法和实验技术。

二、实验原理

原子吸收分析通常是溶液进样，所以被测样品需要事先转化为溶液样品。垃圾样品干燥处理后，称一定量样品采用硝酸—高氯酸消化处理，将其微量锌以金属离子状态转入到溶液中。用工作曲线法进行分析。

三、仪器与试剂

1．仪器

原子吸收分光光度计、电动搅拌器、100 mL 烧杯 2 只、100 mL 容量瓶 2 个、25 mL 容量瓶 6 个、10 mL 吸量管 1 支、10 mL 移液管 2 支。

2．试剂

（1）HNO_3（G.R.）。

（2）$HClO_4$（A.R.）。

（3）ρ（Zn）=1 mg·mL^{-1} 的 Zn 标准储备液。称取 1 g 金属锌（称准至 0.000 2 g）置于 200 mL 烧杯中，加 30～40 mL HCl（1+1）溶液，使其溶解，待溶解完全后，加热煮沸几分钟，冷却。定量转移至 1 000 mL 容量瓶中，用蒸馏水稀释至标线，摇匀。

（4）配制ρ（Zn）=100 μg·mL^{-1} 的锌标准溶液。移取 10 mL 质量浓度为 1 mg·mL^{-1} 的锌储备液于 100 mL 容量瓶中用蒸馏水稀释至标线，摇匀。

（5）配制ρ（Zn）=10 μg·mL^{-1} 的锌标准溶液。移取 10 mL 质量浓度为 10 μg·mL^{-1} 的锌标准溶液于 100 mL 容量瓶中，用蒸馏水稀释至标线，摇匀。

四、实验步骤

（1）垃圾样品的采集、预处理和试液制备。

① 样品采集。用不锈钢镊子从垃圾中取样（注意样品的代表性），取样量以 1 g 左右为宜，然后用组织捣碎机捣碎，备用。

② 样品干燥。将样品放于 65～67℃的烘箱中干燥 4 h，取出后放入干燥器中保存备用。

③ 消化处理样品。称取上述处理过的样品 0.200 0 g 于 100 mL 烧杯中，加入 5 mL 浓 HNO_3 盖上表面皿，在电热板上低温加热消解，待完全溶解后，取下冷却至室温。

加入 $HClO_4$ 5 mL，再在电热板上升温继续加热，冒白烟至溶液余 1～2 mL（注意!不可蒸干）取下冷却后用蒸馏水稀释至标线，摇匀待测。同时按相同步骤制备一份空白溶液。

（2）配制系列标准溶液。分别吸取质量浓度为 10 μg·mL^{-1} 的锌标准溶液 0.0 mL、2.5 mL、5.0 mL、7.5 mL、10.0 mL、12.5 mL 于 6 个 25 mL 的容量瓶中，用体积分数为 1%的 $HClO_4$ 溶液稀释至标线，摇匀。

（3）打开仪器并按下列测量条件调试至最佳工作状态。

光源：锌空心阴极灯；

灯电流：8 mA；

火焰：乙炔—空气；

乙炔流量：1 L·min^{-1}；

空气流量：5.5 L·min^{-1}；

狭缝宽度："2"挡；

燃烧器高度：7 mm；

吸收线波长：213.9 nm。

（4）测定系列标准溶液和试样吸光度。由稀至浓逐个测量系列标准溶液的吸光度，然后测量试液和试样空白溶液的吸光度并记录之。

注意：每测完一个溶液都要用去离子水喷雾，然后再测下一个溶液。

（5）结束工作。

① 实验结束，吸喷去离子水 3～5 min 后，按操作要求关气、关电源；将各开关、旋钮置初始位置。

② 清理实验台面和试剂，填写仪器使用记录。

五、数据处理

（1）在坐标纸上绘制 Zn 的 A-c 工作曲线。

（2）用发样吸光度减去空白溶液吸光度所得值从工作曲线中找出相应质量浓度，然后按发样质量算出 Zn 的质量浓度。

六、注意事项

（1）试样的吸光度应在工作曲线中部，否则应改变系列标准溶液浓度。

（2）经常检查管道气密性，防止气体泄漏，严格遵守有关操作规定，注意安全。

实验四　火焰原子吸收法测定钙时磷酸根的干扰及消除

一、实验目的

（1）学习火焰原子吸收法中化学干扰的消除方法。

（2）进一步熟悉原子吸收分光光度计的使用。

二、实验原理

火焰原子吸收法测定 Ca 时，由于溶液中存在的 PO_4^{3-} 与 Ca^{2+} 形成在空气－乙炔火焰中不能完全解离的热稳定性很高的磷酸钙，不仅降低了溶液吸光度，而且随 PO_4^{3-} 浓度的增高，钙的吸收逐渐下降。为消除这种化学干扰，可以添加高浓度的锶盐，锶盐会优先与 PO_4^{3-} 反应而释放待测元素钙，从而消除干扰。

三、仪器与试剂

1. 仪器

原子吸收分光光度计，50 mL 容量瓶 10 个，100 mL 容量瓶 1 个。

2. 试剂

（1）ρ（Ca）=1 mg·mL^{-1}钙标准储备液。准确称取于 110℃干燥过的 $CaCO_3$（A.R.）2.497 2 g 于 500 mL 烧杯中，加水 20 mL，滴加 HCl（1+1）溶液至完全溶解，再加 HCl（1+1）10 mL。煮沸除去 CO_2，冷却后移入 1 L 容量瓶中，用蒸馏水稀释至标线，摇匀，备用。

（2）ρ（PO_4^{3-}）=1 mg·mL^{-1}磷酸盐标准储备液。称取 1.433 g KH_2PO_4 溶于少量蒸馏水中，移入 1 L 容量瓶中，用蒸馏水稀释至标线，摇匀。

（3）ρ（Sr）=1 mg·mL^{-1}锶储备液。称取 $SrCl_2·6H_2O$ 3.04 g 溶于物质的量浓度为 0.3 mol·L^{-1}的盐酸溶液中，移入 1 L 容量瓶中，用浓度为 0.3 mol·L^{-1}的 HCl 溶液稀释至标线，摇匀。

四、实验步骤

（1）配制溶液。

① 体积分数为 1%的 HCl 溶液。移取浓 HCl（A.R.）5 mL 置 500 mL 容量瓶中，用蒸馏水稀释至标线。

② ρ（Ca）=100 μg·mL^{-1}的 Ca 标准溶液。取 Ca 标准储备液 10 mL，移入 100 mL 容量瓶中，用蒸馏水稀释至标线，摇匀。

（2）按下列测量条件，打开仪器，并调试至最佳工作状态。

光源：钙空心阴极灯；

火焰：乙炔—空气；

乙炔流量：1 L·min^{-1}；

空气流量：5.5 L·min^{-1}；

空心阴极灯工作电流：5 mA；

狭缝宽度："2"挡；

燃烧器高度：8 mm；

吸收线波长：422.7 nm。

（3）测定干扰曲线。

① 在 5 个 50 mL 容量瓶中移取 2.5 mLρ（Ca）=100 μg·mL^{-1} Ca 标准溶液和不同体积的 KH$_2$PO$_4$ 溶液，用体积分数为 1%的 HCl 溶液稀释至标线，摇匀。此溶液钙的质量浓度均为 5 μg·mL^{-1}，PO$_4^{3-}$ 的质量浓度分别为 0 μg·mL^{-1}、2 μg·mL^{-1}、4 μg·mL^{-1}、6 μg·mL^{-1}、8 μg·mL^{-1}。

② 吸喷蒸馏水进行调零，将配好的上述溶液由稀至浓依次进行测试，并记录各相应吸光度值。

（4）消除干扰。

① 取 5 个洁净的 50 mL 容量瓶，配制以 Sr 消除 PO$_4^{3-}$ 干扰的试样溶液。Ca 的质量浓度仍为 5 μg·mL^{-1}，PO$_4^{3-}$ 分别为 0 μg·mL^{-1}、10 μg·mL^{-1}、10 μg·mL^{-1}、10 μg·mL^{-1}、10 μg·mL^{-1}，Sr 分别为 0 μg·mL^{-1}、25 μg·mL^{-1}、50 μg·mL^{-1}、75 μg·mL^{-1}、100 μg·mL^{-1}，并用体积分数为 1%的 HCl 溶液稀释至标线，摇匀。

② 吸喷蒸馏水调零，将配好的上述溶液由稀至浓依次进行测试，并记录各相应吸光度值。

（5）结束工作。

① 实验结束，吸喷去离子水 3～5 min 后，按关机操作顺序关机。

② 清理实验台面和试剂，填写仪器使用记录。

五、数据处理

（1）绘制加入 PO$_4^{3-}$ 后的溶液吸光度对所加 PO$_4^{3-}$ 质量浓度的曲线（PO$_4^{3-}$ 对 Ca 的干扰曲线）。

（2）绘制加入锶后溶液吸光度对所加入 Sr 的质量浓度曲线（Sr 消除干扰曲线）。

六、注意事项

经常检查管道气密性，防止气体泄漏，严格遵守有关操作规定，注意安全。

七、思考题

（1）本实验若不采用加入锶的方法进行消除干扰，还可以采用何种方法进行消除干扰？为什么？

（2）分别对所绘制的 PO_4^{3-} 对 Ca 的干扰曲线和 Sr 消除干扰的曲线进行讨论。

实验五　石墨炉原子吸收光谱法测定血清中的铬

一、实验目的

（1）了解石墨炉原子化器的基本构造和使用方法。

（2）学习生化样品的分析方法。

二、实验原理

火焰原子吸收法应用广泛，但由于雾化效率低、火焰气体的稀释使火焰中原子浓度降低、高速燃烧使基态原子在吸收区停留时间短，因此灵敏度受到限制。火焰法至少需要 $0.5\sim1$ mL 试液，对数量较少的样品，产生困难。因此，无火焰原子吸收法发展迅速，而石墨炉原子化法又是目前发展最快、使用最多的一种技术。

石墨炉原子化法利用高温石墨管（3 000℃）使试样完全蒸发，充分原子化，试样利用率几乎达 100%，自由原子在吸收区停留时间长，故灵敏度比火焰原子吸收法高 $100\sim1$ 000 倍，试样用量仅 $5\sim100$ μL，而且可以分析悬浮液和固体样品。它的特点是干扰大，必须进行背景扣除，且操作比火焰原子吸收法复杂。

用"高温石墨炉法"测定血清中痕量元素，灵敏度高，用量少。为了消除基体干扰，采用标准加入法或配制于葡聚糖溶液中的系列标准溶液。

三、仪器与试剂

1. 仪器

原子吸收分光光度计、铬空心阴极灯、Ar 气钢瓶、50 μL 微量注射器、1 000 mL 容量瓶 1 个、100 mL 容量瓶 5 个、10 mL 移液管 1 支、5 mL 吸量管 1 支。

2. 试剂

ρ（Cr）=0.100 0 mg·mL^{-1} 铬储备液　称取 0.373 5 g 在 150℃ 干燥的 $K_2Cr_2O_7$ 溶于去离子水中，并定容于 1 000 mL 容量瓶中；

ρ =200 g·L^{-1} 的葡聚糖。

四、实验步骤

（1）配制系列标准溶液。

① 由 0.100 0 mg·mL^{-1}Cr 储备液逐级稀释成 0.100 μg·mL^{-1}Cr 的标准溶液。

② 在 5 个 100 mL 容量瓶中分别加入 0.100 μg·mL^{-1}Cr 标准溶液 0.0 mL、0.50 mL、1.00 mL、1.50 mL、2.00 mL 和葡聚糖溶液 15 mL，用去离子水稀释至刻度，摇匀。

（2）开机预热，开启冷却水和保护气体开关。按下列实验条件将仪器调试至最佳工作状态。

吸收线波长：357.9 nm；

狭缝宽度："2"挡；

灯电流：5 mA；

干燥温度：100～130℃；

干燥时间：100 s；

灰化温度：1 100℃；

斜坡升温灰化时间：120 s；

原子化温度：2 700℃；

原子化时间：10 s；

进行背景校正，进样量：50 μL。

（3）测量标准溶液和试样的吸光度值。

① 测量标准溶液和试剂空白溶液吸光度。自动升温空烧石墨管调零。然后由稀至浓逐个测量空白溶液和系列标准溶液，进样量 50 μL，每个溶液测 3 次，取平均值。

② 测量血清样品吸光度。在相同条件下，测量血清样品 3 次，取平均值，每次取样 50 μL。

（4）结束工作。实验结束，按操作要求关好气源、电源，并将仪器开关、旋钮置于初始位置。

五、数据处理

（1）绘制工作曲线，并由血清试样的吸光度从工作曲线中查得样品溶液 Cr 的质量浓度。

（2）计算血清中 Cr 的质量浓度（μg/mL）。

六、注意事项

（1）实验前应检查通风是否良好，确保实验中产生的废气排出室外。

（2）使用微量注射器要严格按教师指导进行，防止损坏。

七、思考题

（1）在实验室中通入 Ar 的作用是什么？

（2）配制标准溶液时，加入葡聚糖的作用是什么?若不加葡聚糖溶液，还可采用什么方法?

实验六　城市生活垃圾汞的测定

一、实验目的

（1）了解冷原子荧法测汞的基本原理和方法。
（2）学习冷原子测汞仪的使用方法。

二、实验原理

汞蒸气对波长 253.7 nm 的紫外光具有强烈的吸收作用。试样通过消化、氧化将其中所有有机和无机态的汞转变为汞离子，再用氯化亚锡将汞离子还原成元素汞，用载气将汞原子载入测汞仪的吸收池进行测定。在一定条件下，汞浓度与吸收值成正比。

三、试剂与仪器

1. 试剂[①]

（1）浓硝酸（HNO_3），$\rho = 1.40$ g/mL。

（2）浓硫酸（H_2SO_4），$\rho = 1.84$ g/mL。

（3）浓盐酸（HCl），$\rho = 1.19$ g/mL。

（4）1 mol/L 硝酸。

（5）6%高锰酸钾（$KMnO_4$）溶液。

（6）10%盐酸羟胺（$HONH_3Cl$）溶液。

（7）5%过硫酸钾（$K_2S_2O_8$）溶液。

（8）5%硝酸/0.05%重铬酸钾溶液。称取 0.5 g 重铬酸钾（$K_2Cr_2O_7$）溶于蒸馏水中，加入 50 mL 浓硝酸，稀释至 1 000 mL。

（9）40%氯化亚锡溶液。称取 40 g 氯化亚锡（$SnCl_2·2H_2O$），溶于 40 mL 浓盐酸中，微热溶解，澄清后用水稀释至 100 mL。

（10）汞标准储备液。准确称取 0.135 4 g 氯化汞（$HgCl_2$）于烧杯中，用 5%硝酸/0.05%重铬酸钾溶液溶解后，转移入 1 000 mL 容量瓶中，用 5%硝酸/0.05%重铬酸钾溶液稀释至刻度，摇匀。此溶液汞质量浓度为 100 µg/mL。

（11）汞标准中间液。准确吸取汞标准储备液 1.00 mL 置于 100 mL 容量瓶中，用 5%硝酸/0.05%重铬酸钾溶液稀释至标线，摇匀。此溶液汞质量浓度为 1.0 µg/mL。

---

① 本实验所用试剂除另有说明外，均为分析纯试剂，所用水均为蒸馏水。

（12）汞标准使用液。准确吸取汞标准中间液 1.00 mL 置于 100 mL 容量瓶中，用 5%硝酸/0.05%重铬酸钾溶液稀释至标线，摇匀。此溶液汞质量浓度为 0.01 μg/mL。该溶液在使用时配制。玻璃对汞有吸附作用，锥形瓶、容量瓶、反应瓶等玻璃器皿每次使用后都需用 10%硝酸溶液浸泡，随后用水洗净备用。

2．仪器

（1）测汞仪；

（2）电热恒温水浴；

（3）分析天平。

四、实验步骤

（1）按仪器操作方法，开启仪器，预热 30 min，用空白溶液清洗还原瓶。

（2）标准曲线的绘制。按仪器使用说明书调节好仪器后，准确吸取汞标准使用液 0.00 mL，1.00 mL，2.00 mL，3.00 mL，4.00 mL，5.00 mL，7.00 mL，8.00 mL，10.00 mL 分别置于反应瓶中，用 1 mol/L 硝酸稀释至 10 mL，加 40%氯化亚锡 1 mL 立即进行测定，以减去零浓度的各测量值为纵坐标，相应汞含量为横坐标绘制曲线。

（3）试样的测定。

① 试样的消化。称取约 1 g 的堆肥试样（精确至 0.000 1 g）于 150 mL 锥形瓶中，加入 10 mL 浓硝酸，瓶口放一小漏斗静置过夜。然后加入 10 mL 浓硫酸，冷却后再加 2 mL 浓盐酸且盖好小漏斗，置锥形瓶于 65～75℃（高温可导致汞的挥发）的恒温水浴中，消化至悬浊液澄清为止（通常需 4～5 h）。从水浴中取出锥形瓶，将其放置到冷水浴中，冷却后慢慢加入 10 mL 6%高锰酸钾溶液，同时缓慢搅拌，静置 15 min。紧接着慢慢滴加 6%高锰酸钾溶液，并缓慢搅拌，直至高锰酸盐离子的紫色至少维持 15 min，然后加入 5 mL 5%过硫酸钾溶液，以保证有机汞化合物完全氧化，该混合物静置 4 h 或放置过夜。滴加 10%盐酸羟胺溶液，边滴边摇，直至紫红色和棕色褪尽，然后转移到 100 mL 容量瓶中，用水定容，保留上清液 A 用于测定。

② 试样的测定。吸取 10.00 mL 样品消解中得到的上清液 A 于反应瓶中，加入 1 mL 40%氯化亚锡溶液，立即进行测定，并减去空白实验的测定值。

③ 空白实验。与试样测定同步进行空白实验，除不加试样外，所用试剂及用量与试样测定相同。

注意：整个实验过程，须在通风橱中或通风良好的地方进行。

五、数据处理

（1）绘制汞的工作曲线。

（2）根据样品溶液的荧光强度，从工作曲线上查出试液中汞的质量浓度，并计算废水中汞的含量。

（3）分析结果的表述。

汞质量分数ω（mg/kg）按下式计算：

$$\omega = mV_{样}/Vm_{样}$$

式中：m——曲线上查得试样中汞的含量，μg；

    $V_{样}$——试样定容体积，mL；

    V——吸取消化液的体积，mL；

    $m_{样}$——称样量，g。

结果以4位小数表示。

六、精密度和准确度

测定两个试样，每个试样分别做了4个平行样，共进行了三批实验，其含量为0.04～0.45 mg/kg，所得相对标准偏差为2.2%～5.6%。在1g试样中加入标准汞0.04～0.2 μg时，回收率为82.3%～99.8%。

七、注意事项

（1）仪器工作的温度为10～30℃，室温过高或过低均影响仪器正常工作。

（2）每个数据可平行测定2～3次，取其平均值。

八、思考题

如何使用冷原子测汞仪?测量过程应注意哪些问题?

【本章小结】

（1）有关名词术语：共振线、共振吸收线、峰值吸收系数、光谱通带、燃助比、贫燃烧火焰、中性火焰、化学干扰、电离干扰、谱线干扰、背景干扰、原子荧光、敏化荧光、荧光猝灭。

（2）基本原理：原子吸收光谱分析法的基本原理、原子吸收线变宽的原因、原子吸收值与待测元素的定量关系、定量分析方法、原子荧光光谱法的基本原理、原子荧光定量分析的基本关系式、影响荧光强度的因素、定量方法。

（3）仪器与实验技术：原子吸收分光光度计的基本组成及各部分的作用，原子化器的组成、结构及工作原理，火焰原子化过程，火焰种类的选择，石墨炉原子化条件的选择，常见原子吸收分光光度计的型号及特征，使用及维护方法，最佳测量条件的选择，干扰因素及排除方法。原子荧光光谱仪组成、工作原理以及使用方法。

【思考题】

1. 简述原子吸收光谱法的基本原理，并从原理上比较发射光谱法和原子吸收光谱法的异同点及优缺点。

2. 何谓锐线光源？在原子吸收光谱法中为什么要用锐线光源？

3. 试比较原子吸收光谱法与原子荧光分析法在原理和仪器装置上的异同点。

4. 原子荧光分析法为什么比原子吸收法灵敏度高？

5. 应用原子吸收光谱法进行定量分析的依据是什么？进行定量分析有哪些方法？试比较它们的优缺点。

6. 要保证或提高原子吸收分析的灵敏度和准确度，应注意哪些问题？怎样选择原子吸收光谱法的最佳条件？

7. 测定血浆试样中钾的质量浓度，将三份0.5 mL血浆样分别加至5.00 mL水中，然后在这三份溶液中加入（1）0 μL，（2）10.0 μL（3）20.0 μL 0.055 0 mol·L^{-1} KCl标准溶液，在原子吸收分光光度计上测得读数（任意单位）依次为（1）23.0，（2）45.3，（3）68.0。计算此血浆中钾的质量浓度。

8. 以原子吸收光谱法分析废水试样中铜的质量浓度，分析线为324.7 nm。测得数据如下表所示，计算试样中铜的质量浓度（mg·L^{-1}）。

加入 Cu 的质量浓度/（μg·mL^{-1}）	吸光度值	加入 Cu 的质量浓度/（μg·mL^{-1}）	吸光度值
试样	0.28	6.0	0.757
2.0	0.44	8.0	0.912
4.0	0.60		

9. 在原子吸收光谱法测定元素M时，一份未知试样的吸光度读数为0.435。向9 mL未知试样中加入1 mL 100 mg/L的所得溶液的吸光度读数为0.835，问未知试样中M的浓度是多少？

10. 在403.3 nm测定Mn时，含有一份未知试液的溶液A显示仪器读数为45，含有相同量未知试液加100 μg/mL Mn的溶液B显示仪器读数为83.5，每个读数已校正过背景，试计算溶液A中Mn的质量浓度。

11. 一个金属的环烷酸盐试样，灰化并稀释到固定体积，显示读数为29。溶液B和C含有相同量的未知溶液加25和50 μg·mL^{-1} Ba分别显示读数53和78，试计算原试液中Ba的质量浓度。

12. 用标准加入法测定溶液中镉，各试样中加入镉标准溶液后，用水稀释到50 mL则其吸光度如下，求试液镉的质量浓度。镉标准液质量浓度为10 μg·mL^{-1}。

测定次数	试液体积/mL	加入镉标准液的体积/mL	吸光度读数
1	20	0	0.042
2	20	1	0.080
3	20	2	0.116
4	20	4	0.190

参考文献

[1]　武汉大学化学系. 仪器分析. 北京：高等教育出版社，2001.

[2]　李超隆. 原子吸收分析理论基础 （上册）. 北京：高等教育出版社，1988.

[3]　高鸿主. 仪器分析. 南京：江苏科技出版社，1986.

[4]　李述信. 原子吸收分析法. 北京：原子能出版社，1990.

[5]　金钦汉，任玉林，张长青. 仪器分析. 长春：吉林大学出版社，1989.

[6]　James D，Ingle，Jr. Stanley R，Crouch. 光谱化学分析. 张寒琦，王芬蒂，施文，译. 长春：吉林大学出版社，1996.

[7]　张锐. 原子荧光光谱分析的进展. 光谱学与光谱分析，11（2），1988.

[8]　黄一石. 仪器分析. 北京：化学工业出版社，2002.

红外光谱分析法

【知识目标】

通过本章的学习，应该掌握红外光谱法分析的基本原理，红外光谱仪的结构、工作原理以及操作规程，了解红外光谱仪的类型及发展现状。

【能力目标】

独立操作红外光谱仪，独立完成采用红外光谱法分析物质含量。

第一节　红外光谱法的基本原理

一、概述

红外吸收光谱是物质的分子吸收了红外辐射后，引起分子的振动、转动能级的跃迁而形成的光谱，因为出现在红外区，所以称之为红外光谱（infrared spectroscopy）。红外光谱属于分子吸收光谱的范畴。利用红外光谱进行定性、定量分析的方法称之为红外吸收光谱法。红外光谱常用 IR 表示，是由 infrared 中 IR 二字而来的。

红外辐射是在 1800 年由英国的威廉·赫谢尔（Willian Hersher）发现的。一直到了 1903 年，才有人研究了纯物质的红外吸收光谱。第二次世界大战期间，由于对合成橡胶的迫切需求，红外光谱才引起了化学家的重视和研究，并因此而得到迅速发展。随着计算机的发展以及红外光谱仪与其他大型仪器的联用，红外光谱在结构分析、化学反应机理研究、生命科学以及生产实践中发挥着极其重要的作用，是"四大波谱"中应用最多、理论最为成熟的一种方法。红外光谱具有试样用量小、分析速度快、不破坏试样等特点。

红外光谱法所用的光源是红外光，红外光是波长为 0.76～500 μm 的电磁波。可分为三个波长的范围，近红外区：$\lambda=0.76～2.5\ \mu m$；中红外区：$\lambda=2.5～25\ \mu m$ 和远红外区：$\lambda=25～500\ \mu m$。用于有机化合物结构分析的红外光谱主要是中红外光谱。在红外光谱中，常用波长和频率表示谱带的位置。波长用 λ 表示，波数用 σ 表示，它们的关系是：

$$\sigma(\text{cm}^{-1}) = \frac{10^4}{\lambda(\mu\text{m})} \qquad (4-1)$$

标准的红外图谱中的横坐标标有波长和波数两种刻度，纵坐标常用透光度（$T\%$）表示。如图 4-1 所示。

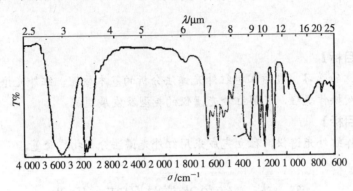

图 4-1　仲丁醇的红外光谱

二、分子的振动能级

（一）振动能级和振动光谱

任何物质的分子都是由原子通过化学键连接起来而组成的。而分子中的原子与化学键都处在不断的运动中，它们的运动包括电子的跃迁、分子中原子的振动和分子本身的转动。振动能级的跃迁所需的能量远比电子能级的跃迁所需的能量小，为 $0.05 \sim 1.0$ eV，其波长在红外光区。而转动能级的跃迁所需的能量比振动能级的跃迁所需的能量小，为 $0.000\ 1 \sim 0.025$ eV，其波长在远红外光区。因此，在分子发生振动能级跃迁时，不可避免地伴随着转动能级的跃迁，因而无法测得纯振动能级。红外光谱的形成主要与分子的振动有关，为了方便起见，先讨论双原子分子的纯振动光谱。

双原子分子的振动可以近似地看成是分子中的原子以平衡点为中心，以非常小的振幅做周期性的简谐振动（图 4-2）。即化学键的振动类似于连接两个小球的弹簧，可按简谐振动模式处理，用经典力学（虎克定律）导出振动频率：

$$\nu = \frac{1}{2\pi}\sqrt{\frac{k}{\mu}}$$

$$\mu = \frac{m_1 m_2}{m_1 + m_2}$$

式中：k——键力常数，$N\cdot cm^{-1}$，大小与键能和键长有关；

m_1、m_2——两原子质量；

μ——折合质量。

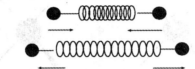

图 4-2　双原子分子的振动

发生振动能级跃迁需要能量的大小取决于键两端原子的折合质量和键力常数，即取决于分子的结构特征。化学键键强越强（键力常数 k 越大），原子折合质量越小，化学键的振动频率越大，吸收峰将出现在高波数区。如：

键类型	—C≡C—	> —C=C—	> —C—C—
键力常数	15~17	9.5~9.9	4.5~5.6
峰位	4.5 μm	6.0 μm	7.0 μm

如果知道两原子间的键力常数，就可以计算出这两原子间振动的吸收位置。表 4-1 是某些键的键力常数（$N\cdot cm^{-1}$）。

表 4-1　某些键的键力常数　　　　　　　　　　$N\cdot cm^{-1}$

键	分子	k	键	分子	k
H—F	HF	9.7	H—C	CH_2=CH_2	5.1
H—Cl	HCl	4.8	H—C	CH≡CH	5.9
H—Br	HBr	4.1	C—Cl	CH_3Cl	3.4
H—I	HI	3.2	C—C	—	4.5~5.6
H—O	H_2O	7.8	C=C	—	9.5~9.9
H—S	H_2S	4.3	C≡C	—	15~17
H—N	NH_3	6.5	C—O	—	12~13
H—C	CH_3X	4.7~5.0	C=O	—	16~18

（二）振动形式

双原子分子只有一种振动形式即伸缩振动，而多原子分子有两类振动形式，即伸缩振动和弯曲振动。

1. 伸缩振动

分子中的原子沿键轴方向的振动称为伸缩振动，伸缩振动时，键长发生改变，而键角不变。如果振动的各化学键同时伸长或缩短，这种振动称为对称伸缩振动；如有的键伸长而另外的键缩短，这种振动称为不对称伸缩振动。图 4-3 为亚甲基的伸缩振动。

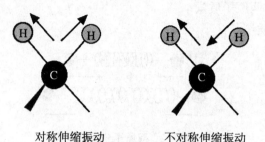

对称伸缩振动　　　　不对称伸缩振动

图 4-3　亚甲基的伸缩振动

2．弯曲振动

使键角发生周期性变化的振动称为弯曲振动或称变形振动，弯曲振动又可以分为剪式振动、面外摇摆振动、面内摇摆振动、扭曲振动等。剪式振动是一种使基团键角发生交替变化的振动；面外摇摆振动是一个基团作为一个整体在平面中振动；面内摇摆振动的振动方向不与基团的平面垂直，而在基团的平面内摇摆；扭曲振动是基团围绕该基团与分子其余部分相连的键轴前后扭动。图 4-4 为亚甲基的弯曲振动。

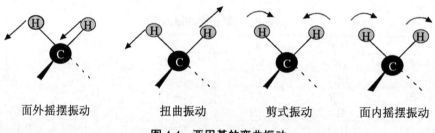

面外摇摆振动　　　　扭曲振动　　　　剪式振动　　　　面内摇摆振动

图 4-4　亚甲基的弯曲振动

三、红外光谱产生的条件

红外光谱是由分子的振动能级和转动能级变化而产生的，但是并非所有的振动能级和转动能级变化都会产生红外吸收光谱，只限于那些在振动或转动运动时会引起偶极矩净变化的分子，因为只有在这种情况下，交变的辐射场才能与分子作用并使它的运动发生变化。例如，在一氧化碳（CO）或一氧化氮（NO）这类分子的周围的电荷分布是不对称的，其中一个原子比另一个原子有更大的电子密度，当两原子发生振动时，其两原子中心的距离发生变化（偶极矩也发生变化），将产生一个可与辐射电磁场相互作用的振动电磁场。如果此时辐射的频率与分子的固有振动频率相匹配，那么分子将吸收辐射能而产生红外吸收光谱。同样，不对称分子围绕其质心的转动也会引起周期性偶极矩变化，因此也会产生红外吸收光谱。而像 O_2、N_2、Cl_2 这样一些同核分子发生振动和转动时，偶极矩不发生变化，所以这些化合物不吸收红外辐射。由此把分子的振动分为红外活性振动和红外非活性振动，红外活性振动是分子振动产生偶极矩的变化，从而产生红外吸收的性质；红外非活性振动是分子振动不产生偶极矩的变化，不产生红外吸收的性质。

四、吸收峰的位置、峰数与强度及其影响因素

1. 位置

吸收峰的位置或称峰位，即振动能级跃迁时所吸收红外线的波数，由振动频率决定，化学键的键力常数 k 越大，原子折合质量 μ 越小，键的振动频率越大，吸收峰将出现在高波数区（短波长区）；反之，出现在低波数区（高波长区）。

2. 峰数

分子的基本振动理论峰数，可由振动自由度来计算，要确定一个质点（例如原子）在空间的位置需要三个坐标，即每个原子有三个自由度。若一个分子由 n 个原子组成，就需要 $3n$ 个坐标确定所有原子的位置，其自由度为 $3n$。但是，这些原子是由化学键构成的一个整体分子，分子作为整体有三个平动自由度和三个转动自由度，剩下的 $3n-6$ 个自由度才是分子的振动自由度（直线型分子因所有的原子都在一条直线上，其围绕键轴的旋转是不可能的。所以只需两个转动自由度就够了，故线性分子有 $3n-5$ 个振动自由度），分子的基本振动理论峰数应等于其振动自由度。例如，H_2O 红外吸收，非线性分子振动自由度等于 $3\times3-6=3$，如图 4-5 所示；CO_2 分子红外吸收，线性分子振动自由度等于 $3\times3-5=4$，如图 4-6 所示。但是绝大多数化合物红外吸收峰数并不等于其振动自由度，而是远小于理论计算振动自由度，其原因可能有以下几种：

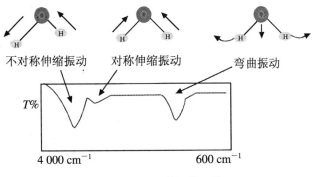

图 4-5 H_2O 的红外吸收

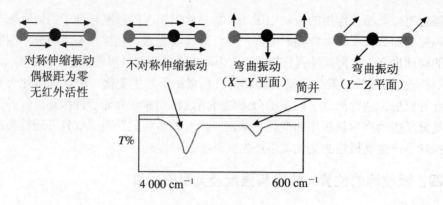

图 4-6 CO_2 的红外吸收

（1）对称的分子的某些振动无偶极矩变化，因此这些振动不产生红外吸收；

（2）可能是某些振动的频率相同，这些振动产生的吸收峰重叠，称吸收简并；

（3）吸收波长落在仪器检测范围以外；

（4）有些振动的吸收强度很低，无法检测出来；

（5）某些振动的频率十分接近，谱峰不能被仪器所分辨。

3. 强度

吸收峰的强度是指一条吸收曲线上吸收峰的相对强度。吸收峰的绝对强度可用摩尔吸光系数来表征，强度大小可由振动能级的跃迁来说明。通常基态分子中只有很少一部分吸收某种频率的红外光，产生振动能级的跃迁而处于激发态。激发态的分子通过与周围基态分子的碰撞等损失能量而回到基态，它们之间形成动态平衡。跃迁过程中激发态分子占总分子的百分数，称为跃迁概率，谱带的强度即跃迁概率的量度。跃迁概率与振动过程中的偶极矩的变化有关，偶极矩的变化越大，跃迁概率越大，谱带强度越大。偶极矩的变化与键的偶极矩及振动形式有关。

红外吸收光谱上吸收峰的高低，可以说明相对吸光强度。谱带的绝对强度，需用摩尔吸光系数 ε 来描述。用摩尔吸光系数 ε 将红外吸收光谱的谱带强度区分为五级：$\varepsilon > 100$ 为非常强谱带；$20 \sim 100$ 为强谱带；$10 \sim 20$ 为中等强度谱带；$1 \sim 10$ 为弱谱带；< 1 为非常弱谱带。

第二节　红外光谱仪

将复合光分解为单色光的仪器称为分光器（单色器），测量光强的仪器称光度计，兼有这两种性能的仪器称为分光光度计。按工作波长范围的不同，分为紫外-可见及红外分光光度计等。常见的红外分光光度计的波数范围为 $4\,000 \sim 400 \text{ cm}^{-1}$

或 200 cm^{-1}。分光光度计的发展大体经历三个阶段，主要区别是单色器。第一代仪器为棱镜红外分光光度计，这类仪器因岩盐棱镜易吸潮损坏及分辨率低等缺点，已被淘汰。20 世纪 60 年代出现了光栅红外分光光度计（第二代仪器），不但分辨率超过了棱镜仪器，而且具有对安装环境要求不高及价格便宜等优点。光栅仪器很快取代了棱镜仪器，是 20 世纪 80 年代前在我国应用最多的一类仪器，但扫描速率较慢是其缺点。20 世纪 70 年代出现了干涉调频分光 Fourier 变换红外分光光度计（第三代仪器，缩写 FT-IR）。这类仪器的分光器多用 Michelson 干涉仪，具有很高的分辨率和极快的扫描速率（一次全程扫描小于 10^{-1} s）。随着计算机技术的进步，仪器的性能/价格比越来越高（性能好，价格低），因此，Fourier 变换红外分光光度计应用日广，光栅红外分光光度计也终将被淘汰。由于国内目前还有许多单位使用光栅红外分光光度计，而且为帮助学生了解仪器的工作原理，这里仍做简要介绍。

一、色散型红外光谱仪

光栅红外分光光度计，属于色散型仪器，其色散元件为光栅，按仪器的平衡原理可分为光学平衡式及电学平衡式两类，本书只介绍前者。如图 4-7 所示。红外分光光度计由光源、吸收池（或固体样品框）、单色器、检测器及记录装置 5 个基本部分组成。色散型红外分光光度计与自动记录紫外—可见分光光度计的结构类似，但由于工作波段范围不同，因此光源、光学材料及检测器都不相同。较好的红外分光光度计，除 5 个基本部分外，还包括显示装置、数据处理及储存系统。

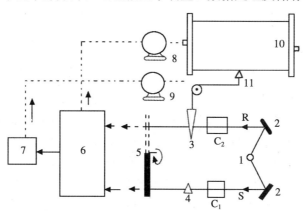

1—光源；2—反光镜；3—光楔；4—$T\%$调节钮；5—切光器；6—单色器；7—检测器；8—记录伺服马达；9—笔马达；10—记录纸鼓；11—记录笔；R—参考光束；S—样品光束；C_1—样品池；C_2—空白池

图 4-7 光学平衡式红外分光光度计示意图

1. 光源（辐射源）

凡能发射连续波长的红外线、强度能满足需要的物体，均可为红外光源。一般常见光源为硅碳棒、特殊线圈及 Nernst 灯（已基本淘汰）等。

硅碳棒（globar）是用硅碳砂压制成中间细、两端粗的实心棒，烧结而成。中间为发光部分，直径为 5 mm，长约 5 cm，工作温度为 1 200℃。两端粗是为了降低两端的电阻，使之在工作状态时两端温度低。最大发射波数为 5 500～5 000 cm^{-1}，寿命长、发光面积大是其优点。

特殊线圈（special coil）或称为恒温式加热线圈，由特殊金属丝制成，通电热炽产生红外线。

2. 色散元件

反射光栅是光栅红外分光光度计最常用的色散元件。在玻璃或金属坯体上每毫米间隔内，刻划上数十至百余条等距线槽而构成反射光栅，其表面呈阶梯形。

当红外线照射光栅表面时，由反射线间的干涉作用而形成光栅光谱，各级光谱部分重叠，因此为了获得单色光必须滤光。由于一级光谱最强，故常滤去二级、三级光谱。刻制的原光栅价格较贵，一般仪器多用复制光栅。

3. 检测器

真空热电偶及 Golay 池是光栅红外分光光度计最常用的检测器。

热电偶是利用不同导体构成回路时的温差电现象，将温差转变为电位差的装置。红外分光光度计所用热电偶是用半导体热电材料制成，装在玻璃与金属组成的外壳中，并将壳内抽成高真空，构成真空热电偶。真空热电偶的靶面涂金黑，是为了使靶有吸收红外辐射的良好性能。靶的正面装有岩盐窗片，用于透过红外线辐射。当靶吸收红外线温度升高时，产生电位差。为了避免靶在温度升高后，以对流方式向周围散热，而采用高真空，以保证热电偶的高灵敏度及正确测量红外辐射的强度。

Golay 池是气胀式检测器，也是较常用的检测器。

4. 吸收池

吸收池分为液体池与气体池，分别用于液体样品与气体样品。为了使红外线能透过，吸收池都具有岩盐窗片。各种岩盐窗片的透过限度：NaCl 16 μm，KBr 28 μm，KRS-5（TlI-TlBr）45 μm，CsI 56 μm。用 NaCl 及 KBr 窗片需注意防潮，因岩盐窗片易潮解损坏。KBr 窗片只能在相对湿度小于 60% 的环境中使用，NaCl 短时间可在相对湿度 70% 左右应用。KRS-5 窗片不吸潮是其优点，但透光率稍差（比 KBr 及 NaCl 约低 20%）是其缺点。吸收池不用时需在保干器中保存。

（1）液体池。分为固定池、密封池及可拆卸池等。

固定池。窗片间距离（光径）固定，可用于定性及定量分析。

密封池。是固定池的一种，样品注入口与出口具有密封塞，用于测定挥发性样品。

可拆卸池。窗片间距离不固定，用铅垫厚度按需调节，主要用于测定高沸点液体或糊剂。因光径不固定，只能用于定性分析，如图 4-8 所示。

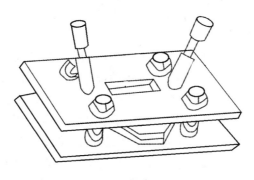

图 4-8　可拆卸液体池

固定池及密封池具有液体出入口，用注射器将样品注满即可。光径有 0.01 mm、0.025 mm、0.05 mm、0.10 mm、0.20 mm 及 1.0 mm 等规格，常用 0.10 mm。除此，尚有可变厚度池及微量池。

（2）气体池。可用减压法将气体装入样品池中测定，气体池常用的光径为 50 mm 及 100 mm。另外，尚有多次反射气体池，光径 1～10 m，用于测量低浓度、弱吸收气体样品及沸点较低的液体样品。

二、Fourier 变换红外光谱仪（FT-IR）

1. 工作原理

Fourier 变换红外分光光度计或称干涉分光型红外分光光度计，其工作原理与色散型红外的工作原理有很大不同，主要是单色器的差别。FT-IR 常用单色器为 Michelson 干涉仪，工作原理如图 4-9 所示。

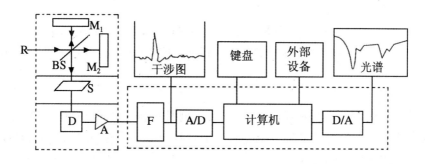

R—红外光源；M₁—固定镜；M₂—动镜；BS—光束分裂器；S—样品；D—检测器；A—放大器；
F—滤光器；A/D—模数转换器；D/A—数模转换器

图 4-9　FT-IR 工作原理示意图

由光源发出的红外辐射，通过 Michelson 干涉仪产生干涉图，透过样品后，得到带有样品信息的干涉图。用计算机解出此干涉图函数的 Fourier 余弦变换，就得到了样品的红外光谱。

Michelson 干涉仪由固定镜（M_1）、动镜（M_2）及光束分裂器（BS）组成，如图 4-10 所示。M_2 沿图示方向移动，故称动镜。在 M_1 与 M_2 间放置呈 45°角的半透膜光束分裂器 BC。BC 可使 50%的入射光透过，其余 50%反射。当由光源 S 发出的光进入干涉仪后，被分裂为透过光Ⅰ与反射光Ⅱ。Ⅰ、Ⅱ两束光分别被动镜与固定镜反射，而形成相干光。动镜移动可改变两束光的光程差。当光程差是波长的整数倍时，为相长干涉，亮度最大（亮条）；当光程差是半波长的奇数倍时，为相消干涉，亮度最小（暗条）。因此，当动镜 M_2 以匀速向 BS 移动时，连续改变两光束的光程差，就得到干涉图。

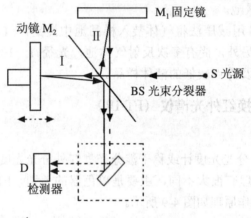

图 4-10　Michelson 干涉仪

FT-IR 具有分辨率高、波数精度高、扫描时间快、灵敏度高（10^{-9} g）等优点，也是实现色谱—光谱联用较理想的仪器，已有 GC-FTIR 及 HPLC-FTIR 联用仪等商品。

2. 检测器

由于 FT-IR 的全程扫描小于 1 s，一般检测器的响应时间不能满足要求。因此，多用热电型硫酸三甘肽（TGS）或光电导型检测器如汞镉碲检测器（MCTD）等，这些检测器的响应时间约为 1 μs。

光源、吸收池等部件与色散型仪器通用。

第三节　红外光谱分析技术

一、试样的处理及制备

在红外光谱法的测定中，试样的制备是个关键问题，如果试样处理不当，不可能获得满意的红外光谱图。因此它在整个测定中占有重要的地位，应给予足够的重视。

用于红外检测的样品可以是气体样品、纯液体或溶液样品及固体样品。一般应符合以下要求：

（1）试样应该是单一组分的纯物质，纯度应＞98%或符合商业规格，这样才便于与纯化合物的标准光谱进行对照。多组分试样应在测定前尽量预先用分馏、萃取、重结晶、区域熔融或色谱法进行分离提纯，否则各组分光谱相互重叠，难以解析。

（2）试样中不应含有游离水，因水本身有红外吸收，会严重干涉样品谱，而且会侵蚀吸收池的岩盐窗。

（3）试样的浓度和测试厚度应选择适当，以使光谱图中的大多数吸收峰的透射比处于10%～80%。

（一）气体样品

气体样品一般可灌入如图 4-11 所示的气体池内测定，气体池的主体是一玻璃筒，直径 40 mm，长 100～500 mm，两端为 NaCl（或 KBr）盐片窗，玻璃筒和盐片间用黏合剂或机械式压合。筒内气体压力一般为 6～7 kPa。

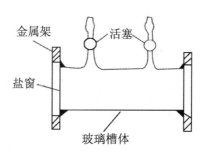

图 4-11　气体吸收池

在测定低含量的气体时，往往使光束在吸收池内产生多次反射从而使光程长度提高到几米，甚至是几十米，从而大大增加吸收强度。

（二）液体样品

1. 液膜法

纯液体常用液膜法测定。液膜法是定性分析中常用的比较简便的方法。所谓液膜法，即在两个圆形盐片之间滴 1～2 滴液体样品，形成一薄的液膜（0.001～0.05 mm），然后放入光路中测绘光谱图。这种方法往往难以获得重现性很好的数据，所以不适用于定量分析。

2. 溶液法

对于红外吸收很强的液体，如用调节厚度的方法仍得不到满意的图谱，可制成溶液后再测定。将试样做成稀溶液具有不少好处，主要优点是提高了数据的重现性。由于溶剂也有吸收，所以要获得整个红外区的光谱是不可能的。在测定分析中，应选择对分析谱带无干扰的溶剂。如果一种溶剂不理想，可分别使用不同溶剂来获取不同波长段的谱图。对于 $1\,330\sim625\ \mathrm{cm}^{-1}$（7.5～16 μm）的光谱区域，二硫化碳是一种常用的溶剂。在 $4\,000\sim1\,330\ \mathrm{cm}^{-1}$（2.5～15 μm）的光谱区域，则用四氯化碳。但溶解许多有机化合物往往需用极性溶剂，它们都会在某些区域产生强红外吸收，因此这些极性溶剂均只在一定的光谱区内可选用。另外，必须小心地使溶剂干燥以消除水的强吸收带，并防止吸收池的窗口因吸附上水而发雾。这些问题都是溶液法中应充分注意的。

（三）固体样品

1. 溶液法

能溶解于适当溶剂中的固体样品，可用上述液体池测定。

2. 压片法

压片法是测定固体样品经常采用的一种方法，尤其是对那些不溶于有机溶剂的物质，采用压片法是较合适的。

它是把被测物和一适当的透明介质（常用 KBr 粉末）混合研磨放入模具中用油压机加压成片。要想获得令人满意的光谱，其必要条件是固体颗粒要研磨到比辐射波长小，否则，将有相当部分的辐射会由于散射而损失掉。因此，样品粒度应研磨到 2 μm 以下。

通常可称取 1～2 mg 样品，加入约 200 mg 的 KBr 粉末，在研钵中研磨、混匀，转移到模具中。在低真空下用 10^3 MPa 左右的压力，加压约 10 min 即可将样品压成透明的薄片。压片的厚度 1～2 mm。使用溴化钾作为压片法的分散剂，是因为它在 $4\,000\sim400\ \mathrm{cm}^{-1}$ 区域无吸收，另外它与大多数有机化合物的折射率很接近，这样可减少光散射造成的能量损失。

压片法使用的 KBr 必须很纯，粒度一般在 200～300 目。KBr 易吸水，必须进行干燥处理，一般要在 120℃下烘烤 4 h 以上方能使用。

3. 薄膜法

它是将样品制成厚度适当的透明薄膜进行测定。首先将样品溶于易挥发的溶剂中，然后将溶液滴在水平的玻璃板上，待溶剂挥发后样品即可成膜。也可把溶液直接滴在盐片上，在室温下使溶剂挥发成膜后，再用红外灯加热干燥进一步除去残留的溶剂（注意：制膜时一定要把残留的溶剂除净，且蒸发速度不要太快，以免产生气泡使膜不平）。这种方法特别适用于测定能够成膜的高分子物质。

对于那些难以找到合适的溶剂、但在熔融时不发生分解的样品，可用热压法制成薄膜。

4. 调糊法

大多数固体样品都可以使用调糊法测定它们的光谱，尤其是那些含羟基的样品采用此法较合适。原因是压片法中使用的 KBr 分散剂易吸水，干扰羟基的测定。

调糊法操作比较简便，将 2～5 mg 研细的样品（颗粒直径<2 μm）滴入几滴重烃油（Nujol－俗称石蜡油），在玛瑙研钵中再研磨成均匀糊状，涂在盐片上压成一薄层进行测定，重烃油干扰 C—H 链的鉴定，可用氟碳润滑剂（Fluorol-ube）代替。

二、载体材料的选择

中红外光区（波数 4 000～400 cm^{-1}）通常选用的载体材料为 NaCl（4 000～600 cm^{-1}）和 KBr（4 000～400 cm^{-1}）等晶体，由于它们很容易吸水而使表面发暗从而影响其透光性，这些晶体做成的窗片应放在干燥器内保存，并在湿度较小的环境中操作。

对含水样品的测定应采用 ZnSe（4 000～500 cm^{-1}）和 CaF$_2$（4 000～1 000 cm^{-1}）等材料作为载体材料。在近红外光区测定时，应用石英和玻璃材料，远红外光区用聚乙烯材料。

三、定性分析

根据红外光谱图吸收峰的出现位置、形状和强度，可以对化合物所含有的基团及其结构进行分析。因此，红外吸收光谱是定性分析的有力工具。但由于基团间及各化学键的相互影响等原因，基团的频率很少是完全不变的，而很可能是在一个限定的频率范围内出现。这使得红外光谱的谱图分析变得较复杂。光谱的定性分析即光谱解析又称为光谱诊断，"诊断"的水平取决于"医生"对基本规律的掌握及实际经验。为了防止"误诊"，需要了解样品的来源及性质等。

1. 样品的来源和性质

（1）来源、纯度、灰分。来源可帮助估计样品及杂质的范围。纯度需大于 98%，若不符合要求则需精制。混合物须经色谱分离，而后再用红外定性。有灰分则含无机物。

（2）物理化学常数。样品的沸点、熔点、折光率、旋光度等，可作为光谱解析的旁证。

（3）分子式。未知物的分子式常常可提供许多结构信息。用分子式可以计算不饱和度（U），可用于估计分子结构式中是否有双键、三键及判断化合物是饱和还是芳香化合物等，并可验证光谱解析结果的合理性。

不饱和度即分子结构中距离达到饱和时所缺一价元素的"对"数。每缺 2 个一价元素时，不饱和度为一个单位（$U=1$）。

若分子式中只含一、二、三、四价元素（主要指 H、O、N、C 等），则可按下式计算不饱和度（U）

$$U=\frac{2+2n_4+n_3-n_1}{2}$$

式中：n_4、n_3 及 n_1——分子式中四价、三价及一价元素的数目。

在计算不饱和度时，二价元素的数目无须考虑，因为它是根据分子结构的不饱和情况，以双键或单键来填补的。

式中，$2+2n_4+n_3-n_1$ 是达到饱和时所需的一价元素的数目，n_1 是实有的一价元素数。因为饱和时原子间为单键连接，再每缺 2 个一价元素则形成一个双键，故除以 2。综上所述，可归纳为如下规律：

（1）$U=0$ 为链状饱和脂肪族化合物。

（2）一个双键或脂环的不饱和度是 1，结构中若含有双键或脂环时，则 $U \geqslant 1$。

（3）一个三键的不饱和度是 2，结构中若含有三键时，则 $U \geqslant 2$。

（4）一个苯环的不饱和度是 4，结构中若含有芳环时，则 $U \geqslant 4$。

2. 光谱解析的几种情况

（1）若要求判定样品是否是某物质，可采用：①已知物对照法，将样品与合乎要求的对照品，在同样条件下测定它们的红外吸收光谱，若完全相同，则可判定为同一物质。②对照标准光谱法，若该化合物的光谱在标准光谱中已收载，则可按名称或分子式查对标准光谱对照判定。判定时，要求峰位及峰的相对强度一致。③简单化合物一般进行红外光谱解析即可判定。

（2）新发现化合物待定结构或化合物的结构复杂，或标准光谱尚未收载，则需要进行综合光谱解析（包括元素分析，UV、IR、NMR 及 MS 等光谱分析）。单靠红外吸收光谱一般不易解决问题。

3. 光谱解析程序

光谱解析应按照由简单到复杂的顺序，习惯上多用两区域法：将光谱划分为特征区及指纹区两个区域进行解析。现将每个区域在光谱解析中主要解决的问题，分述如下。

（1）特征区（特征频谱区）：4 000～1 250 cm^{-1} 的高频区。

包含 H 的各种单键、双键和三键的伸缩振动及面内弯曲振动。特点：吸收峰稀疏、较强，易辨认，用于判断化合物具有哪些官能团和确定化合物的类别。确定未知物是芳香族、脂肪族饱和或不饱和化合物，主要由碳—氢振动的类型及是否存在芳环的骨架振动来判别。

（2）指纹区：$1\,250 \sim 400 \text{ cm}^{-1}$ 的低频区。

包含 C—X（X：O，H，N）单键的伸缩振动及各种面内弯曲振动。特点：吸收峰密集、难辨认，指纹区的许多吸收峰与特征区吸收峰相关，可作为化合物含有某一基团的旁证，并可以确定化合物的较细微结构。表 4-2 列出了某些基团吸收谱带的大致位置。

表 4-2　某些基团吸收谱带的大致位置

基团	振动类型	σ/cm^{-1}	$\lambda/\mu\text{m}$
—CH₃	非对称伸展	2 962	3.38
	对称伸展	2 872	3.48
	非对称弯曲	1 450	6.90
	对称弯曲	1 375	7.28
—CH₂—	非对称伸展	2 926	3.43
	对称伸展	2 853	3.51
	弯曲（剪切）	1 465	6.83
C=C	伸展	1 660 ~ 1 640	6.0 ~ 6.1
=C⟨H,H	面外弯曲	1 000 ~ 650	10 ~ 15.4
—C≡C—	伸展	2 260 ~ 2 100	4.4 ~ 4.8
=C—H	伸展	3 300	3.03
	弯曲	700 ~ 610	14.3 ~ 16.4
—O—H	伸展	3 650 ~ 3 685	2.7 ~ 2.8
	面内弯曲	1 420 ~ 1 330	7.0 ~ 7.5
—N⟨H,H	非对称伸展	3 500	2.86
	对称伸展	3 400	2.94
	弯曲（剪切）	1 650 ~ 1 580	6.1 ~ 6.3
—N⟨O,O	非对称伸展	1 660 ~ 1 500	6.0 ~ 6.7
	对称伸展	1 390 ~ 1 260	7.2 ~ 7.95
C—O—	伸展	1 300 ~ 1 000	7.7 ~ 10.0
	非对称伸展（组合）	1 200 ~ 1 160	8.3 ~ 8.6
	伸展与弯曲（组合）	1 230 ~ 1 100	8.0 ~ 9.1

（3）解析方法。

四先、四后、相关法：遵循先特征（区），后指纹（区）；先最强（峰），后次强（峰）；先粗查，后细找；先否定，后肯定的顺序，及由一组相关峰确认一个官能团存在的原则。这种解析方法与原则，可称为"四先、四后、相关法"。先识别特征区第一强峰的起源（由何种振动引起的）及可能归属（属于什么基团）。先按待查吸收峰的峰位，查找光谱上 9 个重要区域表（表 4-3），初步了解吸收峰的起源，而后横向查看与此峰有关的相关峰。再返回未知物光谱，查对这些相关峰或主要相关峰是否存在，则第一强峰的归属可以初步认定，这一步称为"粗查"。而后，再按相关峰峰位的数据，仔细核对未知光谱，肯定第一强峰的归属，此步称为"细找"。光谱解析先从特征区第一强峰入手，是因为特征区峰疏，易辨认。第一强峰的归属确认后，再依次解析特征区第二、第三强峰，方法同上。有必要时，再解析指纹区第一、第二强峰。对于简单光谱，一般解析一、二组相关峰，即可确定未知物的分子结构。对于复杂化合物的光谱，由于官能团间的相互影响，解析困难，可粗略解析后，查对标准图谱认定或进行综合光谱解析。

先否定、后肯定原则：在解析中必须遵循"先否定、后肯定"及防止孤立解析的原则，因为吸收峰的不存在对否定官能团的存在，比吸收峰的存在而肯定官能团的存在更确凿有力。在肯定某官能团存在时，还必须"防止孤立解析"，应该遵循用一组相关峰确认一个官能团的原则，因为多数官能团都有数种振动形式。

表 4-3　红外光谱的九个重要区段

波数/cm^{-1}	波长/μm	振动类型
3 750～3 000	2.7～3.3	v_{CH}、v_{NH}
3 300～3 000	3.0～3.4	$v_{\equiv CH} > v_{=CH} \approx v_{ArH}$
3 000～2 700	3.3～3.7	v_{CH}（—CH$_3$、—CH$_2$、—CH、—CHO）
2 400～2 100	4.2～4.9	$v_{C\equiv C}$、$v_{C\equiv N}$
1 900～1 650	5.3～6.1	$v_{C=O}$（酸酐、酰氯、酯、醛、酮、羧酸、酰胺）
1 675～1 500	5.9～6.2	$v_{C=C}$、$v_{C=N}$
1 475～1 300	6.8～7.7	β_{CH}、β_{OH}
1 300～1 000	7.7～10.0	v_{CO}（酚、醇、醚、酯、羧酸）
1 000～650	10.0～15.4	$v_{=CH}$（烯氢、芳氢）

例：某化合物分子式 C$_8$H$_7$N，熔点 29℃，试根据其红外光谱图（图 4-12），推测其结构。

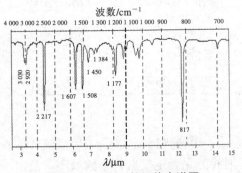

图 4-12　C$_8$H$_7$N 的红外光谱图

表 4-4 C_8H_7N 结构的推测

不饱和度		$U=1+8+1/2（1-7）=6$	可能含有苯环
谱峰归属	（1）	$3\ 030\ cm^{-1}$	苯环上=C—H 伸缩振动，说明可能是芳香族化合物。
	（2）	$\sim 2\ 920\ cm^{-1}$	是—CH_2 或—CH_3 的 C—H 非对称伸缩振动峰，此峰很弱，可能是芳环上连的烃基。
	（3）	$2\ 217\ cm^{-1}$	CN 的特征吸收峰（一般 CN 伸缩振动吸收峰波数在 $2\ 260\sim 2\ 240\ cm^{-1}$），当 CN 处于共轭体系中时频率就要位移约 $30\ cm^{-1}$，所以连接方式可能是 CN 直接连在苯环上。
	（4）	$1\ 607\ cm^{-1}$ $1\ 508\ cm^{-1}$	芳环 C=C 伸缩振动，由于苯环对位取代谱带出现在稍高位置（一般为 $1\ 600\ cm^{-1}$ 和 $1\ 500\ cm^{-1}$）。
	（5）	$1\ 450\ cm^{-1}$	芳环 C=C 伸缩振动和—CH_3 的 C—H 不对称变形振动的叠合。
	（6）	$1\ 384\ cm^{-1}$	—CH_3 的 C—H 对称变形振动，甲基特征。
	（7）	$1\ 170\ cm^{-1}$	C—C 伸缩振动吸收峰。
	（8）	$817\ cm^{-1}$	苯环上相邻两个 H 原子=C—H 的面外变形振动，苯环对位取代的特征。
推测结构			CH_3—⬡—CN
结构验证			其不饱和度与计算结果相符；对甲苯腈熔点 29℃；并与标准谱图对照证明结构正确。

四、定量分析

1. 标准曲线法

标准曲线法是用样品中所含各组分的纯物质，配制成一系列不同浓度的标准溶液，测定各自分析波数处的吸光度。以浓度为横坐标、吸光度为纵坐标绘制标准曲线。进行未知样品分析时，只要用同一液槽测出样品溶液的红外光谱，即可在各组分相应的分析波数处求出吸光度值，再由标准曲线查出各组分的浓度。由于标准曲线是实际绘制的，因此即使被测组分在样品中的吸收不服从朗伯—比尔定律（工作曲线非线性），只要浓度是在所测标准曲线范围内，也能获得比较准确的结果。

采用标准曲线法的关键是选择合适的溶剂和分析波数。所选的溶剂应在分析波数处无吸收。若吸收很小，可以在参比池内放置纯溶剂加以补偿。选择分析波数的原则是无干扰，有比较好的峰形和合适的强度（一般其透光率在 30%～70% 为宜）。

2. 求解法

如上所述，标准曲线法的一个基本要求是在分析波数处无干扰峰存在。对于简单组分的样品，这种要求是可以满足的，但当被测样品的组分较多、较复杂时，由于各组分的相互干扰，选择合适的波数十分困难。此时不宜用标准曲线法，可采用解联立方程的求解法。

例如，某一混合物由 3 组分组成，它们的吸收相互有干扰。可分别在三个波数

处测定其吸光度 A_1、A_2、A_3，根据朗伯—比尔定律以及吸光度的加和性，可列出三个联立方程：

$$A_1=\varepsilon_{11}c_1L+\varepsilon_{12}c_2L+\varepsilon_{13}c_3L$$
$$A_2=\varepsilon_{21}c_1L+\varepsilon_{22}c_2L+\varepsilon_{23}c_3L$$
$$A_3=\varepsilon_{31}c_1L+\varepsilon_{32}c_2L+\varepsilon_{33}c_3L$$

式中：ε_{11}、ε_{12}、ε_{13}——三组分在波数 1 处的吸收系数，

ε_{21}、ε_{22}、ε_{23}——三组分在波数 2 处的吸收系数；

ε_{31}、ε_{32}、ε_{33}——三组分在波数 3 处的吸收系数；

c_1、c_2、c_3——组分 1，2，3 各自的浓度；

L——液槽的厚度（若用相同液槽，可把它合并到 ε 中去）。

ε 值可由三种纯物质配成不同浓度的溶液预先测得。解上述联立方程式，即可求得各组分的浓度 c_1、c_2、c_3。

利用计算机求解很容易完成上述计算过程。更多组分的测定依此列出相应数目的联立方程求解，但对于吸光度与浓度为非线性的情形，其代数运算要复杂得多。

3. 红外定量分析的特点

除同核分子外，几乎所有的有机和无机分子都在红外区域有吸收。因此，红外分光光度法具有测定很多种物质的能力。从这点上说，它比紫外—可见分光光度法可测定的物质范围广得多，这是它的一个优点。

但采用红外定量方法也有其局限性。例如，红外吸收谱带一般较窄，按理应使用较窄的狭缝宽度，但红外区域光源的低强度和检测器的低灵敏度又要求采用较宽的单色器狭缝宽度。实际所用的谱带宽度常和吸收峰宽度具有相同的数量级，这样导致吸光度和浓度间的非线性关系。所以，红外定量分析对朗伯—比尔定律的偏差要比紫外—可见分光光度法来得大。由于红外光谱要比紫外与可见光谱复杂得多，故峰相互重叠的可能性大，因此常利用解联立方程的方法加以求解。

另外，对于灵敏度和测定误差，红外光谱法不如紫外-可见分光光度法。一般说来，红外光谱的摩尔吸收系数小于 10^2，而紫外-可见分光光度法的摩尔吸收系数可达 $10^4\sim10^5$ 数量级。因此对于质量浓度很低的组分，红外光谱法难以检测出来。

【实验实训】

实验一 有机化合物红外光谱图解析

一、实验目的

（1）掌握试样的处理及红外光谱的测绘方法。
（2）学习红外分光光度计的使用方法。

二、实验原理

当红外光通过被测样品时，该样品就会对红外光能量产生特征吸收。物质对样品的吸收是量子化的。红外光能量被物质吸收以后，转变成分子的振动和转动能量。伴随发生分子振动能级的跃迁，红外分光光度计将物质对红外光的吸收情况记录下来，从而得到该物质的红外光谱图；由于红外光谱反映了分子振动能级的变化，因此，也叫"分子的振动光谱"。由于各种官能团的红外吸收峰均出现在特定的波长范围以内，这些特征吸收峰特征性强，不易受周围部分的影响；所以可以根据光谱中吸收峰的位置、形状来判断官能团的存在。进行红外光谱定性，通常有两种方法：

1. 用标准物质对照

在相同的制样和测定条件下（仪器条件、浓度、温度、压力等相同），分别测绘被测化合物和标准的纯化合物的红外光谱图，若两者吸收峰的频率、数目和强度完全一致，则可认为两者是相同的化合物。

2. 查阅标准光谱图

标准的红外光谱图集，常见的有萨特勒红外光谱图集。

三、仪器与试剂

1. 仪器

红外分光光度计；压片机；不锈钢铲；液体池；玛瑙研钵；样品夹持器。

2. 试剂

KBr、苯、甲苯、苯酚。

四、实验步骤

（1）将苯、甲苯分别注入液体池中，并立即用塞子塞住出口和入口，然后放入仪器测量光路中，以空气（或空白溶剂）作参比，测绘红外光谱图。

（2）称取 2 mg 苯酚及 250 mg 干燥溴化钾粉末；将它们在玛瑙研钵中充分混匀磨细（直径约为 2 μm），并将其在红外灯下烘 10 min 左右（温度不宜过高），用不锈钢铲取约 80 mg 混合物压于模内，在压片机上进行压片，得一直径约 13 mm

的透明薄片，将此薄片装于样品夹持器上进行测绘。

五、数据处理

（1）根据红外特征基团频率图，指出试样谱图上基团的频率；

（2）归纳各已知化合物中相同基团出现的频率范围；

（3）列表记录三种化合物明显的吸收峰位置，标出其可能的官能团。

六、思考题

（1）红外光谱法与紫外可见分光光度法在原理上有什么相同和不同之处？

（2）红外光谱图有什么用处？如何进行红外光谱图的解析？

（3）压片法有什么特殊要求？

实验二　苯甲酸的红外光谱测定

一、实验目的

（1）掌握红外光谱分析时固体样品的压片法样品制备技术。

（2）了解如何根据红外光谱图识别官能团，了解苯甲酸的红外光谱图。

二、实验原理

（1）将固体样品与卤化碱（通常是 KBr）混合研细，并压成透明片状，然后放到红外光谱仪上进行分析，这种方法就是压片法。压片法所用碱金属的卤化物应尽可能地纯净和干燥，试剂纯度一般应达到分析纯，可以用的卤化物有 NaCl、KCl、KBr、KI 等。由于 NaCl 的晶格能较大不易压成透明薄片，而 KI 又不易精制，因此大多采用 KBr 或 KCl 作样品载体。

（2）由于氢键的作用，苯甲酸通常以二分子缔合体的形式存在。只有在测定气态样品或非极性溶剂的稀溶液时，才能看到游离态苯甲酸的特征吸收。用固体压片法得到的红外光谱中显示的是苯甲酸二分子缔合体的特征吸收，在 $2\,400\sim3\,000\ cm^{-1}$ 处是 O—H 伸展振动峰，峰宽且散；由于受氢键和芳环共轭两方面的影响，苯甲酸缔合体的 C=O 伸缩振动吸收位移到 $1\,700\sim1\,800\ cm^{-1}$ 区（而游离 C=O 伸缩振动吸收是在 $1\,730\sim1\,710\ cm$ 区，苯环上的 C=O 伸缩振动吸收出现在 $1\,500\sim1\,480\ cm^{-1}$ 区和 $1\,610\sim1\,590\ cm^{-1}$ 区），这两个峰是鉴别有无芳环存在的标志之一，一般后者峰较弱，前者峰较强。

三、仪器与试剂

1．仪器
红外光谱仪及附件，KBr 压片器及附件，玛瑙研钵，烘箱，干燥器。

2．试剂
苯甲酸（分析纯）、KBr（分析纯）。

四、实验步骤

（1）在玛瑙研钵中分别研磨 KBr 和苯甲酸至 2 μm（颗粒直径）细粉，然后置于烘箱中烘 4～5 h。烘干后的样品置于干燥器中待用。

（2）取 1～2 mg 的干燥苯甲酸和 100～200 mg 干燥 KBr，一并倒入玛瑙研钵中进行混合直至均匀。

（3）取稍许上述混合物粉末倒入压片器中压制成透明薄片。然后放到红外光谱仪上测试。

（4）测定教师指定的未知样的红外光谱图。

五、数据处理

（1）指出苯甲酸红外光谱图中的各官能团的特征吸收峰，并做出标记。

（2）将未知化合物官能团区的峰位列表，并根据其他数据指出可能结构。

六、思考题

（1）测定苯甲酸的红外光谱还可以用哪些制样方法？

（2）影响样品红外光谱图质量的因素是什么？

实验三　红外吸收光谱法：正己胺的分析

一、实验目的

学习胺类化合物的红外吸收光谱鉴定方法。

二、实验原理

胺类化合物在 3 500～3 100 cm^{-1} 区，N—H 的伸缩振动谱带数目与氮原子上取代基多少有关：伯胺显双峰，两峰强度近似相等；仲胺显单峰，强度较弱；叔胺不显峰。这是鉴别伯、仲、叔胺的重要依据。另外，伯胺的 N—H 变形振动位于 1 650～1 580 cm^{-1}，弯曲振动位于 900～650 cm^{-1}（峰较宽而且是典型的伯胺振动，但有时在此也不出现吸收），仲胺和叔胺在这一区域没有吸收。

在用红外光谱法测定含胺基团时。由于伯、仲、叔胺的特征吸收常常受到干扰，或者缺少特征谱带，单凭样品谱图很难鉴别。这时可以借助简单的化学反应，将它们转变成胺盐。胺盐中的 N—H 的伸缩振动具有宽的强吸收，且吸收峰位置移向低波数：伯胺盐在 $\sim 3\,000\ cm^{-1}$，仲胺盐和叔胺盐在 $2\,700 \sim 2\,250\ cm^{-1}$，再根据 $1\,600 \sim 1\,500\ cm^{-1}$ 区的变形振动频率可将仲胺盐和叔胺盐分开（叔胺盐在该区无吸收）。

比如正己胺 $[CH_3(CH_2)_5NH_2]$ 不对称和对称伸缩振动谱带出现在 $3\,300\ cm^{-1}$ 和 $3\,240\ cm^{-1}$，面内弯曲振动出现在 $1\,610\ cm^{-1}$，面外弯曲振动出现在 $830\ cm^{-1}$。当形成胺盐时，NH_4^+ 伸缩振动吸收带移向 $3\,000\ cm^{-1}$，而且在 $1\,598\ cm^{-1}$ 和 $1\,500\ cm^{-1}$ 出现 NH_4^+ 不对称及对称弯曲振动吸收带；连接到 N 上的 CH_2 的弯曲振动，大约出现在 $1\,400\ cm^{-1}$ 处。

胺类物质的衍生化，一般是在惰性溶剂中通入干燥的氯化氢气体，使之生成氯化胺，然后记录氯化胺的红外光谱。

$$NaCl + H_2SO_4 == NaHSO_4 + HCl$$
$$HCl + RNH_2 == RNH_3Cl$$
$$HCl + R_2NH == R_2NH_2Cl$$
$$HCl + R_3N == R_3NHCl$$

三、仪器与试剂

1．仪器

红外光谱仪，氯化氢发生装置（支管烧瓶、分液漏斗、U 形管、接收瓶）；G4 砂芯漏斗，压片装置。

2．试剂

正己胺；氯化钠；浓硫酸，无水氯化钙；石油醚；玻璃棉（均为分析纯）。

四、实验步骤

（1）正己胺与石油醚按 1：5 配制正己胺的石油醚溶液，置于接收瓶中。

（2）取数克氯化钠置于支管烧瓶中，用盛有浓硫酸的分液漏斗将瓶口塞紧。再取装有玻璃棉和无水氯化钙的 U 形管，将其一端连接支管烧瓶，另一端通入接收瓶，注意接口要插入试样溶液的底部。

（3）控制分液漏斗的旋塞，使浓硫酸缓缓滴下，直至接收瓶内有适量气体生成。

（4）撤去氯化氢发生装置，取出接收瓶，将瓶内固体与液体过滤分离。

（5）待石油醚溶剂挥发后，将 $CH_3(CH_2)_5NH_3 \cdot Cl$ 与 KBr 按 1：300 的比例制成 KBr 锭片，记录光谱。

（6）将原样涂膜制片，用液膜法记录光谱。

五、数据处理

比较两张红外光谱，解释各吸收带的变化。

六、思考题

（1）测定红外光谱时，试样容器的材质常采用氯化钠和溴化钾，它们适用的范围各为多少？

（2）为什么红外分光光度法要采取特殊的制样方法？

【本章小结】

红外吸收光谱法是根据物质对红外辐射的选择性吸收特性而建立起来的一种光谱分析法。本章主要讲述了红外光谱法的基本原理、红外光谱仪、红外光谱与有机化合物分子结构的关系及其在有机化合物定性鉴定和结构分析中的应用。

分子吸收红外辐射必须满足两个条件：（1）辐射光子具有的能量与发生振动、转动能级跃迁所需要的能量相等；（2）分子振动必须伴随偶极矩的变化，具有偶极矩变化的分子振动称为红外活性振动；偶极矩不发生变化即分子振动不能产生红外吸收，称为红外非活性振动。

红外光谱仪有色散型红外光谱仪和傅里叶变换红外光谱仪。

振动能级跃迁时所吸收红外线的波数，由振动频率决定，而振动频率由分子结构决定。利用红外光谱法对已知物进行鉴定时，可采用与已知纯物质的红外谱图或文献上的标准谱图相比较的方法。如果两张谱图各吸收峰的位置和形状完全相同，峰的数目以及相对强度一致，即可认为该样品与该已知纯物质为同一化合物。对未知物结构的鉴定，主要依据图谱推测未知物分子的基团和结构单元，初步确定分子结构，最后用标准图谱核实。

【思考题】

1. 红外光谱是（   ）。

A. 发射光谱   B. 原子光谱   C. 吸收光谱

D. 电子光谱   E. 振动光谱   F. 分子光谱

2. 当用红外光激发分子振动能级跃迁时，化学键越强。则（   ）。

A. 吸收光子的能量越大   B. 吸收光子的波长越长

C. 吸收光子的频率越大   D. 吸收光子的数目越多

3. 红外吸收光谱法定性、定量分析的依据是什么？

4. 红外吸收光谱分析的基本原理和仪器与紫外—可见分光光度法有哪些相似和不同之处？

5. 碳—碳单键、双键、三键的伸缩和振动吸收波长分别为 7.0 μm、6.0 μm 和

4.0 μm。按照键力常数增加的顺序排列三种类型的碳—碳键。

6. 红外吸收光谱图横坐标、纵坐标各以什么为标度?

7. CO_2 分子应有 4 种基本振动形式。但实际上只在 667 cm^{-1} 和 2 349 cm^{-1} 处出现两个基频吸收峰。为什么?

8. 举例说明分子的振动形式。

9. 说明红外吸收产生的条件。

10. 某化合物 $C_9H_{10}O$,其 IR 光谱主要吸收峰位为 3 080 cm^{-1}、3 040 cm^{-1}、2 980 cm^{-1}、2 920 cm^{-1}、1 690 cm^{-1}(s)、1 600 cm^{-1}、1 580 cm^{-1}、1 500 cm^{-1}、1 370 cm^{-1}、1 230 cm^{-1}、750 cm^{-1}、690 cm^{-1},试推断分子结构。

11. 某液体化合物分子式 C_6H_{12},试根据其红外光谱图,推测其结构。

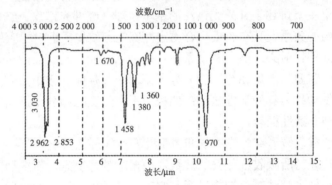

12. 某化合物分子式 C_3H_7NO,试根据其红外光谱图,推测其结构。

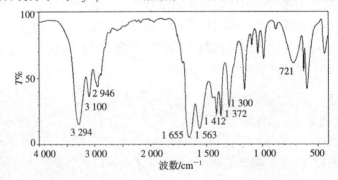

参考文献

[1] 石杰. 仪器分析. 郑州:郑州大学出版社,2003.

[2] 高向阳. 新编仪器分析. 北京:科学出版社,2004.

[3] 苗凤琴,于世林. 分析化学实验. 北京:化学工业出版社,2005.

[4] 邓珍灵. 现代分析化学实验. 长沙:中南大学出版社,2002.

[5] 张正奇. 分析化学. 北京:科学出版社,2006.

第五章 气相色谱分析

【知识目标】

通过本章的学习，掌握气相色谱分析的基本原理、气相色谱仪的组成、结构、工作原理以及操作规程，掌握定性、定量测定的方法以及实际操作技术要领，了解气相色谱技术的发展现状。

【能力目标】

操作气相色谱仪，根据测定的需要选择相应的流动相、固定相、检测器，确定测量条件以及选择合适的灵敏度，独立完成采用气相色谱法对物质进行定性、定量的测定任务。

第一节 气相色谱概述

一、气相色谱分析的形成

为了分析混合物中各组分的含量，首先要对各组分进行分离，分离是分析的前提。而如何实现混合物中各组分的分离，这是一个关键的问题。

1906 年，俄国植物学家 Michael Tswett 发表了一篇文章，首先提出了色谱法的概念。他将碳酸钙粉末紧密地填充在一根玻璃管中，然后将植物色素的石油醚提取液倒入管中，再加入石油醚使其自由流下。由于碳酸钙粉末对植物中各种色素的吸附能力不同，各种色素就以不同的速度从上向下移动，等到一定时间后，植物色素就在柱中彼此分离而形成不同的颜色谱带。继续以石油醚冲洗，就会在玻璃管下方出口处，依次得到不同色素的纯物质。这样就可以对各种纯物质进行分析了。

柱中得到的不同颜色谱带称为色谱或色层，后来就将这种分离方法称为色谱法。因此，色谱法又称色层法、层析法、层离法，就是一种分离技术，将这种分离技术应用到分析化学上就是色谱分析。虽然后来色谱法并不再限于分离有色物质，而更多地用于无色物质的分离中，但"色谱"这个名称却一直沿用下来，并得到普遍承认。

在 Michael Tswett 的这个实验中，碳酸钙这一相是固定不变的，称为固定相，石油醚这一相是携带混合物流经固定相的流体，称为流动相，装有固定相的管子称为色谱柱。流动相可以为液体（液相色谱），也可以为气体（气相色谱）；固定相可以为固体，也可以是担体支持的固定液。色谱法之所以能够分离混合物中的各组分，是因为它利用了各组分在不同的两相中具有不同的作用性能，如溶解、挥发、吸附、脱附的差异，造成了各组分在色谱柱中保留时间发生差异而导致了分离。

气相色谱法是一种以气体作为流动相，使混合物在流动相和固定相之间产生不同的作用而实现分离，然后再将被分离了的物质进行定性和定量分析的方法。

二、气相色谱的分类

气相色谱的流动相是气体，从不同的角度出发可以有不同的分类法。

（一）按固定相的类型分

（1）气固色谱法（固定相是固体吸附剂）；

（2）气液色谱法（固定相是涂在担体表面的固定液）。

（二）按固定相的使用形式分

（1）柱色谱（固定相装在色谱柱中）；

（2）纸色谱（滤纸做固定相）；

（3）薄层色谱（将吸附剂粉末做成薄层形式作固定相）。

（三）按分离过程机制分

（1）吸附色谱（利用吸附剂表面对不同组分的物理吸附性能的差异进行分离）；

（2）分配色谱（利用不同组分在两相中具有不同的分配系数来进行分离）；

（3）离子交换色谱（利用离子交换速度不同的原理来进行分离）；

（4）排阻色谱（利用多孔性物质对不同大小分子的排阻作用不同进行分离）。

三、气相色谱的分析特点

气相色谱分析是一种高效能、高选择性、高灵敏度的分析方法，而且具有操作简单、应用广泛、分析速度快等优点。

气相色谱分析的高效能、高选择性体现在甚至能够分离性质相近、结构非常相似的同分异构体、顺反异构体。只要混合物中各组分性质有微小的差异，就能够在适当的条件下比较顺利地进行分离。例如，用空心毛细管色谱柱，一次可以解决 100 多个组分的烃类混合物的分离和分析。

气相色谱分析的高灵敏度体现在甚至可以检测到 $10^{-11} \sim 10^{-13}$ g 的物质。因此，在痕量分析上，它可以检测到超纯气体、高分子单体、高纯试剂中百万分之一至十亿分之一的杂质成分。

气相色谱分析操作简单，分析快速。通常一个试样的分析在几分钟到几十分钟内完成，某些快速分析甚至一秒钟就可以分析多个组分。在应用方面，气相色谱分析不仅可以检测出大气中极痕量的污染物，而且在农药残留量的分析中，可以检测出农副产品、食品、水体中的超痕量级的卤素、硫、磷等。

四、常用专业术语

试样中的各组分在色谱柱内彼此分离以后，随载气依次流出色谱柱，再经检测器转换为电信号，然后用记录仪将各组分的浓度变化记录下来，即得到色谱图。图中，组分的浓度随时间变化的曲线称为色谱流出曲线。色谱图是色谱流出曲线图的简称。现以某一组分的色谱流出曲线图来说明有关色谱专业术语。

（一）基线

在没有组分进入检测器时，在当时的实验条件下，反映检测器系统噪声随时间变化的线，称为基线。稳定的基线应是一条直线。如图 5-1 中的 Ot 所示的直线。

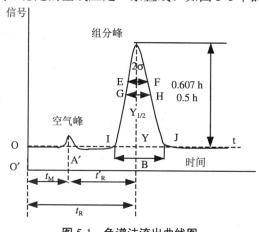

图 5-1　色谱法流出曲线图

（二）保留值

表示试样中各组分在色谱柱内滞留的时间称为保留值。通常用时间表示，当色谱柱内载气流速恒定时，也可用距离或用将组分带出色谱柱所需载气的体积来表示。它主要取决于组分在两相之间的分配情况。不同组分由于分配系数不同，因而有不同的保留值，但在一定的固定相和操作条件下，任何物质都有一个确定的保留值。色谱保留值是物质的定性参数。

（1）死时间 t_M（死距离 S_M、死体积 V_M）。指不被固定相吸附或溶解的气体（如空气、甲烷气体等），从进样开始到柱后出现浓度最大值时所需的时间。如图 5-1

135

中 O´A´ 所示的时间。

若记录纸速的倒数为 C_2（min/cm），载气的体积流速为 F_0（mL/min），死时间 t_M 用 min 做单位，则

$$S_M = \frac{t_M}{C_2}, \quad V_M = t_M \cdot F_0$$

死体积可以理解成：色谱柱在填充了固定相颗粒后，颗粒间的剩余空隙、色谱仪中管路和连接头间的空间，以及检测器空间的总和。若除了色谱柱以外，其他地方的空间都很小的话即可以被忽略，此时就有，$V_M = t_M \cdot F_0$ 了。

死时间也等于色谱柱的柱长 L（cm）除以载气的线性流速 u（cm/min）：

$$t_M = \frac{L}{u}$$

（2）保留时间 t_R（保留距离 S_R、保留体积 V_R）。指被测组分从进样开始到柱后出现浓度最大值时所需的时间。如图 5-1 中 O´B 所示。

同理：$\quad S_R = \dfrac{t_R}{C_2}, \quad V_R = t_R \cdot F_0$

（3）调整保留时间 $t_R´$（调整保留距离 $S_R´$、调整保留体积 $V_R´$）。指组分扣除了死时间以后的保留时间。如图 5-1 中 A´B 所示。

同理：$\quad S_R´ = \dfrac{t_R´}{C_2}, \quad V_R´ = t_R´ \cdot F_0$

（4）相对保留值 r_{21}。指某组分 2 的调整保留值与另一组分 1 的调整保留值之比，这是一个无因次量。

$$r_{21} = \frac{t_{R2}´}{t_{R1}´}$$

显然，$\quad r_{21} = \dfrac{1}{r_{12}}$

相对保留值一般不等于 1，它反映了不同组分的性质不同，分配系数不同；也反映了色谱分离的选择性大小，故相对保留值 r_{21} 也称为选择性系数。r_{21} 越大，则色谱分离的选择性越好。

相对保留值的优点是：只要柱温和固定相的性质不变，即使柱径、柱长、柱内填充情况及流动相流速有所变化，相对保留值仍保持不变。

在同一操作条件下，两组分的调整保留值之比，也等于它们的分配系数之比，即：

$$r_{21} = \frac{K_2}{K_1}$$

式中：K_1 和 K_2 是组分 1 和组分 2 在两相中的分配系数。

（三）区域宽度

色谱峰的区域宽度是色谱分析的重要参数。通常有三种度量方法：

（1）标准偏差 σ。指 0.607 倍峰高处色谱峰宽度的一半。图 5-1 中 EF=2σ。

（2）半峰宽度 $Y_{1/2}$。又称半峰宽宽度，指色谱峰高一半处的宽度。如图 5-1 中的 GH，它与标准偏差的关系为：

$$Y_{1/2} = 2\sigma\sqrt{2\ln 2} \tag{5-1}$$

由于 $Y_{1/2}$ 易于测量，使用方便，所以常用它来表示区域宽度。

（3）峰底宽度 Y。自色谱峰两侧转折点所作的切线，与基线的两交点之间的距离。如图 5-1 中 IJ 所示。它与标准偏差的关系为：

$$Y = 4\sigma \tag{5-2}$$

由此，我们也可以得出这样的关系式：

$$Y_{1/2} = \frac{\sqrt{2\ln 2}}{2} \cdot Y \approx 0.588\ 7\ Y \tag{5-3}$$

第二节　气相色谱仪

气相色谱仪有多种类型，无论哪一种类型，它们在仪器的组成、结构方面都具有相似性。它有两个重大任务，即分离和分析。分离要选择性好，分辨率高；分析要准确度好，灵敏度高。

图 5-2 是气相色谱仪的单气路流程示意图。载气由高压钢瓶 1 供给，经减压阀 2 减压后，进入载气净化干燥管 3，到达针形阀 4 以控制载气的压力和流量，压力表 5 和流量计 6 用于指示柱前载气的压力和流量。对于氢焰检测器、氮磷检测器等则空气和氢气到达检测器 7，而载气氮气经过进样器（包括气化室）8，试样就在此被注射器注入（如为液体，则在气化室瞬间气化为气体）。气体试样或气化了的液体试样，由载气携带进入柱箱（色谱恒温室）9 中的色谱柱 10，使气体组分在两相中发生作用，由于作用性能的差异而实现分离。分离了的各组分依次进入检测器 7，将物质的含量或浓度转换成相应的电信号（检测后的组分最终在检测器出口处放空），通过检测器桥路 12 放大，将测得的信号再通过记录仪 13 记录下来，这就得到了混合物中各组分的色谱图。色谱图上每一个峰即代表了一种纯物质组分，根据色谱峰的位置可以进行定性分析，而峰面积的大小与待测物质的含量成正比，借此进行定量分析。

图 5-3 则是气相色谱仪的双气路流程示意图，作用情形和单气路流程差不多。

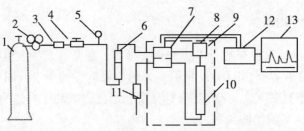

1—高压气瓶；2—减压阀；3—净化器；4—稳压阀；5—压力表；6—转子流量计；7—检测器；

8—气化室；9—色谱恒温室；10—色谱柱；11—皂膜流速计；12—检测器桥路；13—记录仪

图 5-2 气相色谱仪的单气路流程示意图

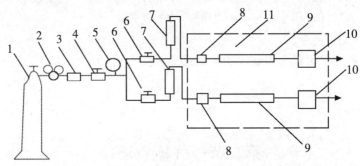

1—高压气瓶；2—减压阀；3—净化器；4—稳压阀；5—压力表；6—稳流阀；7—转子流量计；

8—净化室；9—色谱柱；10—检测器；11—色谱恒温室

图 5-3 气相色谱仪的双气路流程示意图

气相色谱仪可分为五大系统：

（1）载气系统。包括气源、气体压力的控制与显示、气体净化器、进入色谱柱载气流量的调节与显示、进入色谱柱载气压力的调节与显示装置等。

（2）进样系统。包括进样器、气化室、气化室的温度控制装置等。

（3）分离系统。包括色谱柱、柱箱、恒温控制装置等。

（4）检测系统。包括检测器、温度控制装置等。

（5）记录系统。包括放大器、记录仪等，现代仪器多数都配有数据处理机、色谱工作站等装置。

下面分别叙述。

一、载气系统

（一）气源

气源的作用是提供足够压力的气体，有载气、燃气、助燃气。各种气体钢瓶、空气泵、气体发生器等都可以作为气相色谱分析的气源。

钢瓶气因其纯度高、性能稳、容易获得、运输方便，多年来一直在色谱分析方面发挥作用。但近年来气体发生器由于使用便捷、投资成本低，在一些科研监测单位的使用正逐年增多。由气体发生器产生的气体中，氮气、氢气的纯度可以达到4～5个"9"，超纯氮气与超纯氢气的纯度甚至可以达到6～7个"9"；氢气和氮气的流量能够达到0～300 mL/min，空气达到0～3 000 mL/min，工作压力在0～0.4 MPa。

（二）气体净化装置

水的存在能够影响组分在柱中的分离，甚至使固定相破碎、降解；氧的存在能够氧化固定相，使金属柱发生锈蚀，并可能影响仪器的稳定性，导致基线不稳，对于电子捕获检测器甚至能够产生很大的干扰峰，影响测定工作的正常进行。所以，净化器的作用就是去除气体中的杂质成分，如水分、氧气、固态颗粒、空气中的烃类分子等，以保证色谱分析结果稳定，并借此延长柱子的使用寿命和减少仪器的噪声。其安装顺序如图5-4所示。

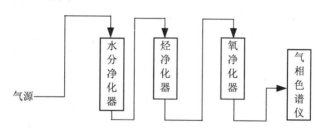

图5-4　气相色谱净化器的安装顺序

（三）阀件系统

为了得到稳定压力和流量的辅助气体，从气源出来的气体，需要经过减压阀、稳压阀、稳流阀（载气）、调流阀（辅助气）等。国外先进的色谱仪设计成：从气源出来的气体，经减压阀后直接进入电子气路控制系统，再转化成数字控制，只要设定了柱前压及总流量，输入柱参数（柱长、柱内径），则柱流量和分流量就自动调整，其精密度和准确度可以达到很高水平。

气相色谱仪的气路系统是一个密闭的连续运行系统。毛细管柱与填充柱的主要差异是：毛细管柱在进柱前有一路载气分流气路，这样可以避免色谱柱过载；柱后进检测器前有一尾吹气路，用于减少柱后的死体积（例如TCD），提供检测器所需的辅助气（例如FID中的空气）。分流的大小及稳定性直接影响测量结果，尾吹气及其他辅助气的大小及稳定性影响检测器的稳定性、柱后色谱峰的宽度。所以气相色谱的气路稳定性的设计非常重要。

（四）载气流量与压力

载气的流速对色谱保留值及检测器的灵敏度产生巨大影响，所以稳定的载气流速输出对于色谱分析显得尤其重要。流速一般通过稳压阀和稳流阀联合完成调节，流量一般通过柱出口处的皂沫流量计进行测定。因此，在气源源头必须要保证有足够高的压力以推进和保持气流的恒定，一般稳压阀和稳流阀的进出口压力差不应低于 0.05 MPa。

先进的气相色谱仪为了保证压力和流量的稳定，采用了电子压力控制，这种恒流操作极大地保证了流量的稳定性和重复性，节省了分析时间，提高了柱效。

二、进样系统

进样系统的主要作用是将试样通过注射器或进样阀瞬间压入色谱柱中，通过气化室产生的高温，使样品在极短的时间内变成气体，再由载气带入色谱柱中进行分离。

注射器的规格有多种，有毫升级的（气体样品进样），也有微升级的（液体样品进样），可以根据需要进行选用。为了使样品进入其中不致反向喷出，仪器的进样柱头上使用了惰性和柔韧性极强的硅橡胶垫，这种特殊橡胶垫可以反复穿刺 100～200 次，当色谱柱压力不能升上去的时候，说明橡胶垫可能漏气，必须更换。

气相色谱分析的进样方式有手动的，也有自动进样的。无论哪种进样，样品在柱内都是以气体形态在流动相和固定相之间进行分配，所以，样品的引入和气化是关键。在通常情况下，可以认为试样混合物进入色谱柱内气化的时候都是呈"塞子"状态运动的，因此进样量不可能很大，否则柱出口处将会产生很大的峰宽，使组分不能很好地分离。一般情况下，常量分析时的进样量大于 0.1 g 或大于 10 mL；而半微量分析的进样量在 0.01～0.1 g 或 1～10 mL；微量分析 0.1～10 mg 或 0.01～1 mL；超微量分析小于 0.1 mg 或小于 0.01 mL。气相色谱可以进行常量到痕量之间组分的定量分析。一般来说，填充柱的进样量不超过 10 μL，气体不超过 10 mL，这与气化室的体积有关，当然也与检测器的灵敏度、线性范围及色谱柱的柱容量有关；而毛细管柱的进样量在 2.3×10^{-7} g 以下，因此，填充柱可以直接进样，而毛细管柱必须要采用适宜的分流技术，使其进样量不会超过最大柱容量。

按照进样技术分类，可以将气相色谱的进样情形分为五种类型：

（一）分流进样

分流进样如图 5-5（a）所示，它是最经典的进样方式，样品在气化室内气化后，大部分从分流管内放空，只有很小一部分被载气带入色谱柱进行分配。它适用于分析高浓度的样品组分。

（二）无分流进样

进样时没有分流管，如图 5-5（b）所示。当大部分样品进入色谱柱后才打开分流阀，对样品进行吹扫。由于所有样品都进入柱子，所以对痕量组分分析能够满足其要求。但毛细管柱子由于进样时间长（30～90 s），容易引起峰扩张，导致柱效下降。

（三）直接进样

直接进样与无分流进样有些类似，如图 5-5（c）所示，其气化室与普通填充柱气化室类似，没有分流系统。它适合于气相色谱仪和 0.53 mm 的大口径毛细管柱直接相连，载气一般采用 10～25 mL/min 的高速，以减小色谱峰的变宽。这种进样方式具有很高的测定精密度和准确度，而且适用于痕量分析。

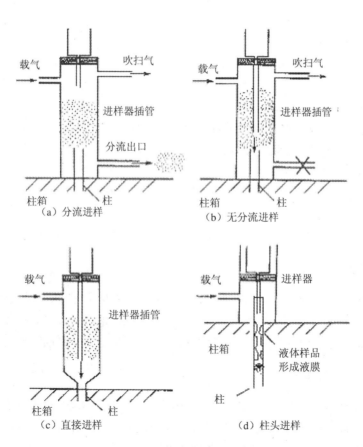

图 5-5　几种不同的进样方式

（四）柱头进样

如图 5-5（d）所示，样品直接进入未涂固定液的预处理柱或柱入口，进样部分的温度相当低，以防止溶剂在针头中气化，这样样品在冷的柱壁形成液膜，组分在液膜上实现气化。它适用于大口径的毛细管柱对高沸点和热不稳定样品的分离测定。

目前，人们公认样品失真较少的进样方式是冷柱头程序升温进样，它不仅可以降低分流和不分流所带来的歧视（或失真）、热降解和吸附效应，而且可以使许多复杂的样品（如宽沸程、组成复杂、含量差异大）都能够得到很好的分离和定量。

（五）顶空进样

在一个恒温的密闭容器中，溶液中的挥发性待测物质在气、液两相之间存在着平衡，抽取液上部分的气相样品进行色谱分析，这就是顶空进样或顶空进样技术，也称静态顶空技术。

顶空进样是采用气态进样方式，这样可以免除大量的样品基体对柱系统的影响。如分析食品、血液、土壤、水、泥浆、化妆品、肥皂、制药和包装物中的挥发物都可以采用这种进样方式。

应用顶空进样在分析测试过程中具有许多优点：

（1）可以非常有效地减少样品前处理时间，节省经费，无须从基体中提取被分析物以进行液体进样；

（2）测量样品中的挥发性组分要比测量整个液态样品干净，并且减少了进样系统维护的时间和费用；

（3）顶空方法中注入的样品因为没有溶剂，可以减少溶剂峰对待测组分的干扰。

三、分离系统

色谱柱是色谱仪的心脏，它对混合物在色谱柱中能否顺利实现分离起着关键作用。对于色谱柱，必须要满足待测物在其中有合适的保留值，并且和其他各组分能够达到满意的分离度。目前气相色谱柱主要有两种类型，即填充色谱柱和毛细管色谱柱。

（一）填充色谱柱

填充色谱柱是在柱中装入一定的固定相，当载气携带混合物组分进入其中时，混合物各组分就在固定相中发生多次分配，完成组分之间的分离。柱管质料通常是内径均匀的玻璃管、金属管或塑料管，直径尺寸在 2～4 mm、长度在 0.6～5 m，弯成 U 形或螺旋形。柱管中填装的固定相颗粒粒径在 0.2～0.4 mm。

玻璃柱的材质一般是硬质玻璃。使用前要用洗液浸泡，然后用水冲洗干净。优点是柱效高，填充情形容易观察，惰性好，而且价格低廉。缺点是容易折断。

金属管柱有铜柱和不锈钢柱。铜柱韧性好，可折可弯，但是会和乙炔发生作用，惰性不是很强，使用时要注意。不锈钢柱在使用之前要用 10% 的 NaOH 水溶液浸泡过夜，再用水冲洗到中性。也可用乙酸乙酯、甲醇、蒸馏水洗涤，然后用 10% 的热 HNO_3 浸泡 10 min，用水洗到中性后，再用甲醇、丙酮洗涤，然后在 N_2 中吹干。

塑料管柱用聚四氟乙烯做成，一般用于分析强腐蚀性组分，但是，由于有一定的吸附性能，其柱效不高。

（二）气固色谱固定相

气固色谱也称吸附色谱，一般用于分析永久性气体。其固定相一般都是具有活性的固体吸附剂。因为气体在固定液中的溶解度很小，导致分配系数也很小，不容易产生分离。而在固体吸附剂上，由于气体之间的吸附力有很大差异，使得它们在其上的分配系数差异加大，故能获得较好的分离。

气固色谱中常用的吸附剂有强极性的硅胶、中等极性的分子筛、弱极性的氧化铝和非极性的活性炭等。近年发展起来的高分子多孔微球是一类新型的合成有机固定相，既可以做气固色谱的固定相，也可以涂上固定液后成为气液色谱的固定相。

（三）气液色谱固定相

由担体表面涂上一层很薄的固定液组成。担体又称载体，是用来支持固定液的具有化学惰性的多孔性的固体微粒。而固定液是涂在担体表面的具有化学惰性的高沸点的有机化合物液膜。其中，担体的粒度、固定液的类型及液膜厚度，对色谱分离效能的影响非常显著。

1. 担体

气液色谱的担体大体可以分为硅藻土型和非硅藻土型两大类。

（1）非硅藻土型。主要有玻璃微球、高分子多孔微球、聚四氟乙烯担体这样几种类型。其性能列在表 5-1 之中：

表 5-1　非硅藻土型担体的性能

非硅藻土型担体	性　能
玻璃微球	耐高温，适合于分离高沸点的有机化合物
高分子多孔微球	具有气固色谱吸附剂及气液色谱担体的双重性能
聚四氟乙烯	耐腐蚀，适合于分离强腐蚀性组分

（2）硅藻土型。硅藻土型担体可以分为红色和白色担体两类。

红色担体（如 6201 型、201 型、C-22 保温砖等）是天然硅藻土经煅烧后研磨而成的。其特点是表面积大（比表面积可以达到 4.0 m^2/g），因而可允许涂布的固定液量很多,待测成分在其中的溶解度大,分配系数高,有利于提高色谱的分离能力。缺点是表面的活性点对组分的吸附比较强烈,分离极性组分会产生很大的拖尾峰,影响柱效。一般适合于分离非极性或弱极性组分。

白色担体是在天然硅藻土煅烧之前加入少量的助熔剂(如 Na_2CO_3)经煅烧后研磨而成,改变了表面结构,屏蔽了表面的部分活性作用点,表面积下降(比表面积在 $1.0 \ m^2/g$ 左右),吸附作用减弱。可用来分离极性物质。

2. 硅藻土型担体的预处理

红色担体表面的活性点很多,白色担体的表面活性点虽然受到一定程度的屏蔽,但是在分离极性组分时有时还是容易产生峰形拖尾的现象,因此,硅藻土型担体在很多情况下要进行预处理。

硅藻土型担体表面存在许多活性点,常见的如硅醇基团($—\overset{|}{\underset{|}{Si}}—OH$)、铝氧基团($>Al—O—$)、铁氧基团($>Fe—O—$)等,它们具有一定的极性和 pH 值,既有催化活性,又有吸附活性,分析极性试样时很容易造成色谱峰的拖尾。因此,担体预处理的目的就是要改进担体的表面结构,清除或屏蔽表面的活性中心,以提高柱效。担体预处理的方法通常是通过酸洗、碱洗、硅烷化等,使其活性点去除或减少到一定程度。酸洗的作用主要是除去氧化铁,碱洗主要是除去氧化铝,而硅烷化就是让硅藻土型担体与一些硅烷化试剂发生化学反应,使表面的硅醇基团连接上硅烷基团而产生钝化作用,如图 5-6 所示。若不这样处理,则表面的许多极性基团必然会对极性组分产生强烈的吸附作用,导致峰形拖尾甚至不出峰。图 5-7 是担体表面的硅醇基团结构在处理之前的情形。

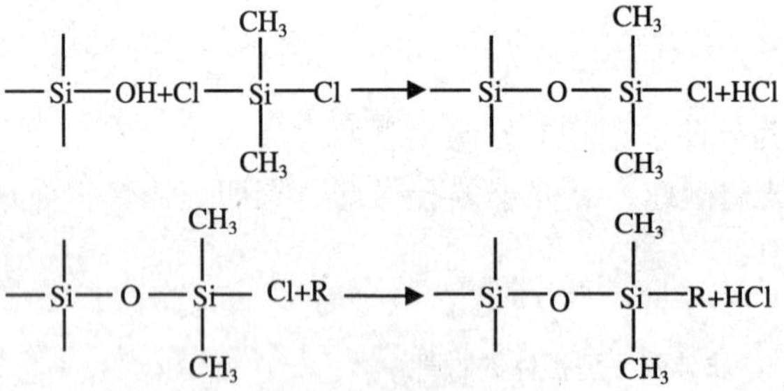

图 5-6 硅烷化处理情形 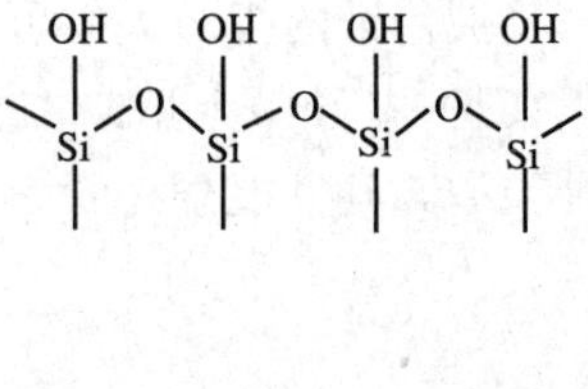   图 5-7 处理前的担体表面硅醇基团结构

除此以外,担体预处理的方法还有釉化法、涂上减尾剂等。

3. 固定液

固定液是一种有机化合物,要求其化学性质高度惰性,热稳定性强,沸点高,挥发度却要很低,不同组分在其上要有足够的溶解度,但是溶解度又不能太大,否则保留值就将会很大。不但如此,还要求不同组分在其上的溶解度不同,以满足具有不同的分配系数，使组分之间能够彼此产生分离。

部分气液色谱固定液分子的结构式见图 5-8。常用的气液色谱固定液列于表 5-2 中：

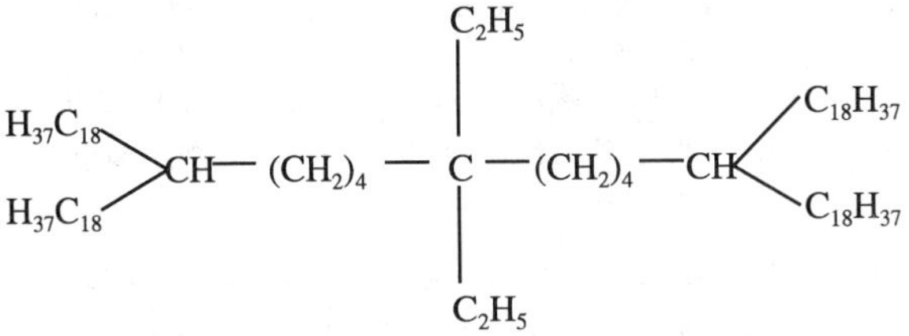

$$H_{37}C_{18}—CH—(CH_2)_4—\overset{\overset{\displaystyle C_2H_5}{|}}{\underset{\underset{\displaystyle C_2H_5}{|}}{C}}—(CH_2)_4—CH—\overset{\displaystyle C_{18}H_{37}}{\underset{\displaystyle C_{18}H_{37}}{}}$$

阿皮松—87

$$HO—CH_2—CH_2—(O—CH_2—CH_2)_n—OH$$

聚乙二醇

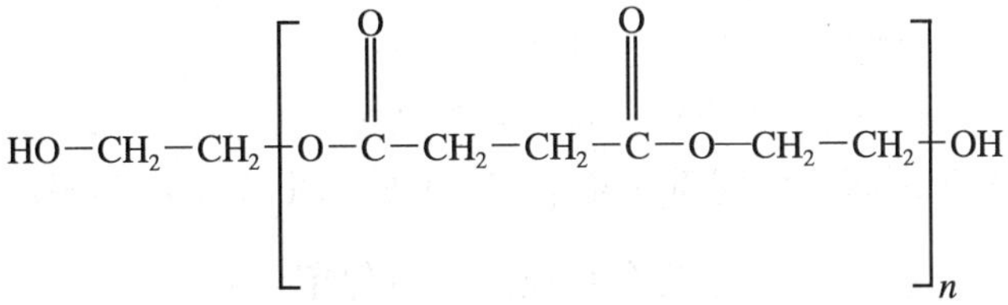

$$HO—CH_2—CH_2\left[O—\overset{\overset{\displaystyle O}{\|}}{C}—CH_2—CH_2—\overset{\overset{\displaystyle O}{\|}}{C}—O—CH_2—CH_2\right]_n OH$$

聚乙二醇丁二酸酯

$$\begin{array}{l} CH_2—O—CH_2—CH_2—CN \\ | \\ CH—O—CH_2—CH_2—CN \\ | \\ CH_2—O—CH_2—CH_2—CN \end{array}$$

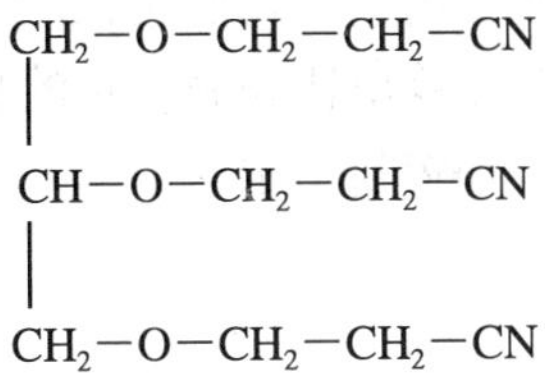

1，2，3—三—（2—氰乙氧基）—丙烷

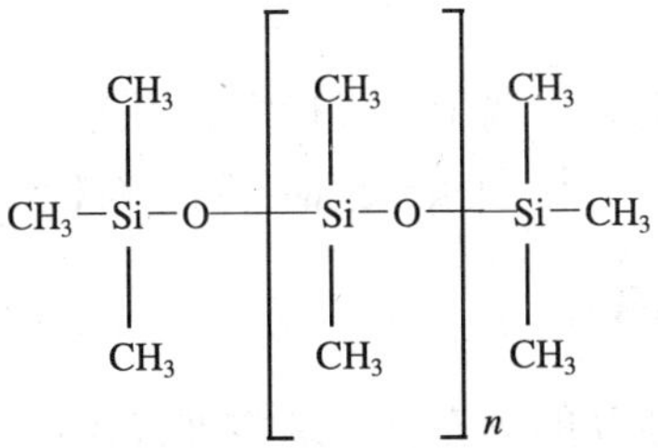

$$CH_3—\overset{\overset{\displaystyle CH_3}{|}}{\underset{\underset{\displaystyle CH_3}{|}}{Si}}—O\left[\overset{\overset{\displaystyle CH_3}{|}}{\underset{\underset{\displaystyle CH_3}{|}}{Si}}—O\right]_n \overset{\overset{\displaystyle CH_3}{|}}{\underset{\underset{\displaystyle CH_3}{|}}{Si}}—CH_3$$

聚二甲基硅烷

图 5-8　部分气液色谱固定液分子的结构式

表 5-2 常用气液色谱固定液

类 型	固定相	使用温度/℃	极性
烃 类	角鲨烷	20～150	非极性
	阿皮松－87	50～300	非极性
聚乙二醇类	聚乙二醇	50～225	极 性
酯 类	聚乙二醇丁二酸酯	100～200	强极性
	二异癸基己二酸盐	20～135	中等极性
含 N 的化合物	1，2，3－三－（2－氰乙氧基）－丙烷	110～220	极 性
硅 酮	聚甲基硅烷	20～300	非极性
	聚苯基硅烷		中等极性
	聚腈基硅烷		强极性

表中的极性程度是通过测定固定液分子之间的相对极性大小得出的。相对极性 P 是这样规定的：以非极性的角鲨烷的相对极性规定为 $P=0$，强极性的 β,β' -氧二丙腈的相对极性规定为 $P=100$，其他固定液的相对极性落在 0 和 100 之间，再将 0～100 分为 5 级，每 20 为 1 级，用 "+" 表示，其中，+1、+2 为弱极性，+3 为中等极性，+4、+5 为强极性，非极性用 "－" 表示。

测定相对极性 P 的大小时，选一对物质如正丁烷/丁二烯，或环己烷/苯，在一定条件下分别测定这一对物质在角鲨烷、β,β' -氧二丙腈、待测极性的固定液柱上的调整保留值 t'_R，计算出这两个物质的相对保留值 $r_{21} = \dfrac{t'_{R2}}{t'_{R1}}$，取 $q = \lg r_{21}$。假设上述某物质对在角鲨烷、β,β' -氧二丙腈、待测极性的固定液柱上的 q 值分别为 q_1、q_2、q_x，则采用内插法我们可以计算出待测固定液的相对极性为：

角鲨烷　　　　待测极性的固定液　　　β,β' -氧二丙腈

q_1　　　　　　　　q_x　　　　　　　　　q_2

$P_1=0$　　　　　　　P_x　　　　　　　　$P_2=100$

$$P_x = \frac{100(q_x - q_1)}{q_2 - q_1}$$

若得出 $P=56$，则等级为+3，属于中等极性的固定液；若得出 $P=78$，则等级为+4，属于强极性的固定液。这样，不同的固定液之间就有极性相对大小的衡量依据了。

（四）填充色谱柱的制备

要制备一根分离效能较高的填充柱，通常要经历如下一些步骤：

（1）选择色谱柱的材质，确定色谱柱的内径和长度，用一定的溶剂清洗其中的杂质；

（2）选择一定的固定液溶剂，量（称）取一定体积的固定液，将固定液倒入其中进行溶解；

（3）选择一定种类的担体并进行过筛，确定一定的粒度（如 80 目）及粒度范

围（如 80～100 目），称取一定质量的担体倒入溶解了的固定液中进行涂渍；

（4）待溶解固定液的溶剂自固定相表面挥发干净后，即可以将其填充到色谱柱中；

（5）将填充好了的色谱柱接上气路，后面和检测器断开，在高温下（小于固定液的最高使用温度）老化处理一昼夜，老化完毕后停机冷却，然后接上检测器重新开机，待仪器的基线走平后，即可进行进样试验。

（五）毛细管色谱柱

毛细管柱是一种高效、灵敏、快速测定复杂混合物的最有效的分离手段。普通填充柱的有效塔板数只有几千，而毛细管柱的柱效可以达到几十甚至百万以上。这样，即使物质的性质只有很细微的差异，也可以通过毛细管柱得到完好的分离，使色谱分离能力大大提高，为分离复杂难分离的有机化合物开辟了广阔的前景。

毛细管可以用不锈钢或玻璃拉制而成。不锈钢毛细管由于惰性差，并有一定的催化活性，加上不透明、不易涂渍固定液，现在已很少使用。玻璃毛细管表面惰性较好，透明易观察，长期以来一直在使用，但是容易折断，拧紧了易断，拧松了易漏气，安装比较困难。1979 年出现的以石英玻璃制作的毛细管柱，由于其具有化学惰性强、热稳定性能好、机械强度高等优点，目前在使用中已占据主导地位。

毛细管柱主要有壁涂开管柱（WCOT）、多孔层开管柱（PLOT）、载体涂渍开管柱（SCOT）、化学键合相毛细管柱及交联毛细管柱这样几类。

一些毛细管柱和填充柱的特性见表 5-3。

表 5-3   气相色谱毛细管柱与填充柱的特性

参　　数	填充柱	WCOT	SCOT
长度/m	1～5	10～100	10～100
内径/mm	2～4	0.1～0.75	0.5
柱效/（N/m）	500～1 000	1 000～4 000	600～1 300
样品容量/ng	10～10^6	10～1 000	10～1 000
柱　压	高	低	低

四、检测系统

检测器是色谱仪的眼睛，混合物中各组分经过色谱柱分离后，其浓度的大小要通过检测器才能检测出来。

检测器根据检测原理不同，可以分为浓度型和质量型两种。

浓度型检测器产生的信号大小，和单位时间内进入检测器中某组分的浓度成正比。热导池检测器、电子俘获（捕获）检测器、氮磷检测器都属于浓度型的检测器。

质量型检测器产生的信号大小，与单位时间内进入检测器中某组分的质量成正比。氢火焰离子化检测器、火焰光度检测器等属于质量型检测器。

（一）检测器的性能指标

1. 检测器的灵敏度

单位浓度（质量）的物质通过检测器时产生的响应信号的大小，称为检测器对该物质的灵敏度。若以响应信号的大小作纵坐标、进样量做横坐标作图的话，我们会得到一条直线，如图 5-9 所示，直线的斜率就是检测器的灵敏度，用 S 表示。

$$S = \frac{\Delta R}{\Delta Q}$$

图中的 Q_L 为最大允许进样量，超过此进样量时，R 与 Q 将不成直线关系。

不同类型的检测器，其灵敏度的表达式是不一样的。对于浓度型的检测器而言，其灵敏度表达式为：

$$S_c = \frac{C_1 C_2 F_0 A}{m}$$

式中：S_c——浓度型检测器的灵敏度；

C_1——记录仪的灵敏度，mV/cm；

C_2——记录仪纸速的倒数，min/cm；

F_0——载气的体积流速，mL/min；

A——色谱峰的面积，cm^2；

m——样品的质量，mg 或体积，mL。

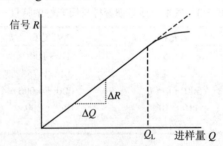

图 5-9　检测器的响应信号—R 关系图

因此，当 m 的单位为 mg（液体进样）或 mL（气体进样）时，S_c 的单位为 mV·mL/mg 或 mV·mL/mL。

对于质量型检测器，其灵敏度的表达式为：

$$S_m = \frac{60 C_1 C_2 A}{m}$$

式中：S_m——质量型检测器的灵敏度，mV·s/g；

　　　C_1——记录仪的灵敏度，mV/cm；

　　　C_2——记录仪纸速的倒数，min/cm；

　　　A——色谱峰的面积，cm^2；

　　　m——样品的质量，g。

必须指明的是，检测器对某种物质的灵敏度，在一定条件下是一个不变的常数，因此我们不能说灵敏度与这些因素成什么比例关系。相反，我们可以这么说，在其他条件不变的情况下，产生的色谱峰的面积与进入检测器中物质的质量或体积成正比关系，或者说产生的色谱峰的面积越大，混合物中待测物质的含量就越大，这是色谱定量分析的依据。

2. 检测限与最小检测量

检测限也称敏感度，用 D 表示。它是指检测器恰能产生和噪声相鉴别的信号时，单位体积或单位时间内需进入检测器的物质的量。通常认为这个恰能鉴别的信号至少应等于检测器噪声的两倍，因而定义为：

$$D = \frac{2N}{S}$$

式中：N——检测器的噪声，即基线在短时间内上下偏差的 mV 数；

　　　S——检测器的灵敏度。

检测限 D 越小，检测器的敏感度越高，亦即检测器对某物质的测定越灵敏。

最小检测量是指检测器恰能产生和噪声相鉴别的信号时，需进入色谱柱的最小的物质的量（或最小浓度），以 Q_0 表示。

最小检测量不仅与检测限有关，也与色谱柱中的固定相性质、分析方法及给定的操作条件有关。

3. 响应时间和线性范围

响应时间主要指被测组分从进入检测器开始到产生信号传递到记录仪上所需要的时间长短。检测器要迅速真实地反映通过其中的待测物质的浓度，因而响应时间要短，响应速度要快。一般要求响应时间小于 1 s。当然，记录仪的全行程时间也要尽可能短。

线性范围是指进样量与响应信号之间呈现直线关系的范围。通常用最大进样量 Q_L 与最小检测量 Q_0 的比值来表示。

不同类型检测器的一些性能指标的比较见表 5-4。

（二）热导池检测器

热导池检测器的代号为 TCD，是利用被检测组分与载气的热导率的差别来检测组分浓度的。它具有构造简单、测定范围广、稳定性能好、线性范围宽、样品不被破坏等优点,是一种通用类型的检测器,但灵敏度低。

表 5-4 气相色谱检测器的一些性能比较

检测器	检测种类	检测限	线性范围
TCD	通用型	$10^{-8}\,g \cdot mL^{-1}$	10^4
FID	含有 CH 的化合物	$10^{-13}\,g \cdot s^{-1}$	10^7
ECD	电负性基团	$5 \times 10^{-14}\,g \cdot s^{-1}$	5×10^4
NPD	P	$10^{-15}\,g \cdot s^{-1}$	10^5
	N	$10^{-14}\,g \cdot s^{-1}$	
FPD	P	$3 \times 10^{-13}\,g \cdot s^{-1}$	10^5
	S	$2 \times 10^{-11}\,g \cdot s^{-1}$	

　　热导池检测器的结构如图 5-10 所示,它由池体和热敏元件组成,它有两个池,一个是参比池(图中 2),只通载气,另一个测量池(图中 1),通载气或载气与组分的混合气体。两池中都有阻值、规格完全一致的热敏元件,将这些热敏元件接到电桥电路中,调节电桥处于平衡状态。

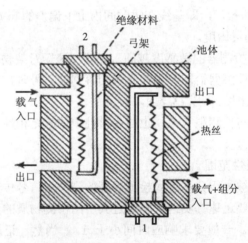

图 5-10　热导池检测器(TCD)的结构示意图

　　在通电通载气的情况下,钨丝被加热到一定温度,电阻的阻值也上升到一定值,由于没有组分进入,两池中气体的组成相同,带走的热量相同,引起电阻的改变相同,电桥处于平衡状态。一旦测量池中有组分进入,由于参比池中通入的只有载气,而测量池中通入的是载气和组分的混合气体,两池中带走的热能不同,引起电阻的改变不同,电桥不再处于平衡状态,两端就有信号输出,输出信号的大小,与进入检测器中组分的浓度成正比。

(三) 电子俘获检测器

电子俘获检测器的代号为 ECD，它的结构主要是一个离子室，包括载气入出口、β-放射源（^3H 或 ^{63}Ni）、一对电极、绝缘体和金属外罩。其中 β-放射源也起着负极的作用，在两极间施加直流或脉冲电压。ECD 利用电负性物质捕获电子的能力，通过测定电子流进行检测，具有灵敏度高、选择性好的特点。

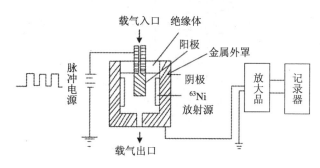

图 5-11　电子俘获检测器（ECD）结构示意图

ECD 以氮气作载气，进入检测器后就在 β-放射源的作用下，形成大量的氮气正离子和电子，在电场的作用下形成稳定的基流。一旦有电负性组分进入检测器，电负性组分便俘获电子形成分子负离子，由于其质量比电子大得多，其运动速度一下子受阻，这样就有足够的时间在空中和原来的氮气正离子结合为中性的分子，导致自由移动的电荷减少，使原来的基流下降，下降的量与进入检测器中待测物质的浓度成正比，由此实现了定量分析。

ECD 是一种具有专一选择性的检测器，目前，分析痕量电负性有机化合物如卤素、硫、氧、羰基、氨基等类的化合物都用 ECD，具有很高的信号响应。ECD 可检测出 CCl_4 的质量浓度为 10^{-14} g/mL。但对无电负性的物质如烷烃等几乎没有响应。ECD 的缺点是线性范围窄，分析重现性较差。

(四) 氢焰离子化检测器

氢焰离子化检测器的代号为 FID，它是利用有机物在氢焰的作用下，在高温下裂解成自由基，再发生进一步的反应形成离子，通过测定离子流强度进行检测的一种质量型检测器。FID 具有灵敏度高、响应快、线性范围宽等优点，是目前最常用的检测器之一。这种检测器一般只能测定含碳有机物，而且检测时样品被破坏。

FID 的主要结构是一个离子室，包括气体（载气、氢气、空气）入出口、火焰喷嘴、一对电极和金属外罩。它以氢气做燃气，空气做助燃气，燃烧形成高温（约 2 100℃）。有机物在此高温下形成自由基，如 CH·、CHO·等。与此同时，空气中的氧也在高温下形成激发态原子氧，它们进一步反应，形成大量的离子和电子，于是在电场的作用下形成电流（由于电流很小，需要进一步放大），其大小在一定条件下与进入检测器的待测物组分的质量成正比，因而 FID 是一种质量型检测器。

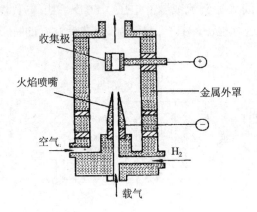

图 5-12　氢焰离子化检测器（FID）结构示意图

（五）氮磷检测器

氮磷检测器的代号为 NPD，它是利用含氮、含磷的有机物在氢焰的作用下，通过金属铷珠的催化作用而形成离子流，通过测定离子流强度进行检测的一种浓度型检测器。NPD 的结构和 FID 非常相似，只是在火焰喷嘴上方用一种金属铷盐做成的铷珠作为电离源。它也是以氢气作燃气，空气作助燃气，在低温下燃烧，含氮、含磷的化合物通过低温火焰时，裂解成自由基如 "·C≡N"、"·PO 或·PO₂"，自由基和玻璃珠周围的铷蒸气发生催化反应，生成离子：

$$\cdot C \equiv N + Rb \cdot \rightarrow CN^- + Rb^+$$

$$\cdot PO + Rb \cdot \rightarrow PO^- + Rb^+$$

$$\cdot PO_2 + Rb \cdot \rightarrow PO_2^- + Rb^+$$

大量的离子就在电场的作用下，形成电流，其大小在一定条件下与进入检测器中含氮、含磷的有机物浓度成正比。若将玻璃态铷珠接在负极，生成的 Rb^+ 就会回到铷珠上被吸收还原（而生成的 CN^- 向收集极运动），以维持电离源的长期使用。

（六）火焰光度检测器

火焰光度检测器代号为 FPD，是一种对含硫、含磷有机物具有专一选择性的质量型检测器。利用富氢燃烧条件，使含硫、含磷有机物产生化学发光，通过波长选择和光信号接收，经放大后将物质的质量浓度和信号的大小联系起来，建立了定量分析的依据。

FPD 的结构包括燃烧室、石英窗、单色器、光电倍增管（保护单色器）、电源和放大器等。图 5-13 是火焰光度检测器（FPD）的结构示意图。

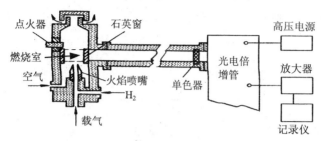

图 5-13　火焰光度检测器（FPD）结构示意图

FPD 以氢气做燃气，空气做助燃气，燃烧形成富氢焰。当含 S、含 P 化合物进入氢焰燃烧室时，在富氢焰中燃烧，含硫有机化合物在富氢焰中被还原成 S 原子，然后又生成激发态的 S_2^* 分子，当其回到基态时发射出波长为 350～430 nm 的特征光谱，最大发射波长为 394 nm。通过单色器（石英滤光片），由光电倍增管接收，经放大后由记录仪记录其色谱峰（信号）。此检测器的信号与含 S 化合物的质量不呈线性关系而呈对数关系，即信号大小与含 S 化合物的质量的对数成正比，由此实现定量分析的。

含磷化合物被氧化成磷的氧化物，在富氢焰中还原成激发态 HPO^* 分子碎片，同时发射出 480～600 nm 的特征光谱，最大波长为 526 nm。通过相应波长的滤光片可以得到选择性很好的信号。检测磷时，信号大小与进入检测器含磷有机物的质量成正比。

五、记录系统

（一）数据处理机

数据处理机在我国研究开发得比较晚，很多单位如上海科创、上海计算所、上海分析仪器总厂等色谱仪器生产厂家近年都研制开发了一些产品，它们的特点是处理机的面板、键、参数设定及数据的输入输出上都使用了汉字系统，比较适合于基层单位使用。这些数据处理机的基本功能与国外同类产品基本相同，一般都配备了波形存储器，部分产品还选配了 IC 卡或软盘等配件。

数据处理机一般可存储若干个文件，每个文件均包含一套分析参数、计算参数、记录参数等。其参数结构如图 5-14 所示。

（二）色谱工作站

进入 20 世纪 90 年代，由于计算机技术的发展日新月异，尤其是个人计算机的广泛普及，各种通用的或专用的色谱工作站逐渐取代了数字积分仪。色谱工作站可以很方便地进行数据资料的复制、传输及改编，使用户能够按自己的方式处理数据。

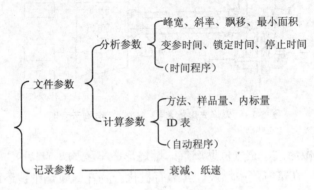

图 5-14　数据处理机的参数结构

色谱工作站包括两大部分：硬件系统和软件系统。硬件系统包括一台通用的个人计算机、数据采集接口以及打印机等。软件部分包括数据采集、谱图处理、定性定量分析以及色谱图和分析报告的打印等。色谱工作站和数据处理机的原理十分相似，它只是以软件系统代替了数据处理机的复杂电路，因此在功能上比数据处理机更加全面一些。

如果色谱工作站配备仪器控制功能，即可对色谱仪器的某些操作条件进行控制，如程序升温、自动进样、流路切换和阀控制等操作。

第三节　气相色谱的基本理论与操作条件选择

一、分离原理

气相色谱随固定相的不同，可以分为气-固色谱和气-液色谱两类，所以其分离原理也可以分为这样两类，即气-固色谱的分离原理与气-液色谱的分离原理。

（一）气-固色谱分离组分的原理

气-固色谱中，流动相是气体——载气，固定相是多孔性的、表面积较大的固体吸附剂。当载气携带混合物组分流经固定相表面时，混合物中的各种组分就在吸附剂表面产生吸附，由于载气的不断流入，吸附了的组分又被载气洗脱下来即发生脱附，脱附的组分随着载气的向前移动又被前面的吸附剂吸附，随着载气的不断流入，吸附了的组分又发生脱附。就这样，被测组分在吸附剂表面反复地发生着吸附、脱附、再吸附、再脱附。由于混合物中各组分的分子结构不同，性质不一样，较难吸附的组分易脱附，在柱中就移动得快一些，先流出色谱柱；而较易吸附的组分难脱附，在柱中就移动得慢一些，后流出色谱柱。这样，就在柱出口处得到分离了的组分。这就是气-固色谱分离组分的原理。

（二）气-液色谱分离组分的原理

气-液色谱中，流动相是气体，固定相是由担体表面涂上的固定液组成。当载气携带混合物流经固定液表面时，混合物中的各组分就在固定液表面发生溶解，由于载气的不断流入，溶解了的组分又从固定液中挥发到载气中去，挥发了的组分随着载气的向前移动，又被前面的固定液溶解，随着载气的不断流入，溶解了的组分又发生挥发。就这样，被测组分在固定液中反复地发生着溶解、挥发、再溶解、再挥发。由于混合物中各组分的分子结构不同，性质不一样，较难溶解的组分易挥发，在柱中就移动得快一些，先流出色谱柱；而较易溶解的组分难挥发，在柱中就移动得慢一些，后流出色谱柱。这样，只要色谱柱有足够长，就能在柱出口处得到分离了的组分。这就是气-液色谱分离组分的原理。

（三）分配过程

组分在流动相和固定相之间发生的吸附、脱附和溶解、挥发的过程，称做分配过程。

组分在流动相和固定相中相对分配量的多少可以用分配比或分配系数表示。

分配比也称分配容量或容量因子。它是指在一定条件下，组分在两相之间分配达到平衡时，组分在固定相与流动相中的质量比值。用 k 表示：

$$k = \frac{组分在固定相中的质量}{组分在流动相中的质量} = \frac{p}{q} = \frac{t_1}{t_g}$$

式中：p——组分在任一段液相中的质量分数或摩尔分数；

q——组分在该柱段气相中的质量分数或摩尔分数；

t_1——组分在该柱段液相中停留的时间；

t_g——组分在该柱段气相中停留的时间。

一般说来，组分在液相中的溶解度相对要大一些，故分配比通常大于 1。

分配系数也称分配平衡常数，是指在一定条件下，组分在两相之间分配达到平衡时，组分在固定相与流动相中的浓度比。用 k 表示：

$$k = \frac{\text{组分在固定相中的浓度}}{\text{组分在流动相中的浓度}} = \frac{\rho_s}{\rho_m}$$

式中：ρ_s——组分在固定相中的质量浓度，g/mL；

ρ_m——组分在流动相中的质量浓度，g/mL。

一定温度下，各物质在两相之间的分配系数是不相同的。显然，k 越大，则组分在固定相中分配的质量就越多，在色谱柱中就跑得越慢，保留时间就越长；反之，k 越小，则组分在固定相中分配的质量就越少，在色谱柱中就跑得越快，保留时间就越短。由此可见，气相色谱分离组分的原理是基于不同物质在两相之间具有不同的分配系数。只要混合物中各组分在两相之间具有不同的分配系数，在适当长的色谱柱内发生多次的分配，经过一定的时间、通入一定量的载气后，就可以使各组分彼此发生分离。

二、塔板理论与柱效

试样混合物在色谱柱中分离过程的基本理论包括两个方面，一是组分在色谱柱中的分配情况，这与组分在两相之间的分配系数、物质的分子结构、性质有关，各组分在色谱柱中的保留值就反映了分配情况。二是各组分在两相之间的运动情况，这与各组分在两相之间的传质阻力有关，各组分色谱峰的宽度就反映了组分运动速度的快慢。

塔板理论是将色谱柱分离比拟作蒸馏过程，因而引用了处理蒸馏过程的概念、理论、方法来处理色谱过程，即将连续的色谱过程看做是许多小段平衡过程的重复。这个半经验的理论将色谱柱假想为一个蒸馏塔，塔中存在着许多个微小的塔板，在每两块塔板之间，一部分空间被涂在担体上的液相占据，另一部分则被载气所占据。塔板理论假设各组分在这些微小的塔板上时刻在进行着气相与液相之间的分配，经过了多次分配平衡后，分配系数小的组分跑得快，首先离开了蒸馏塔，而分配系数大的组分由于跑得慢，就滞后离开蒸馏塔。每达到一次分配平衡所需的柱长称做理论塔板高度 H，当色谱柱长度为 L 时，柱内具有的理论塔板数 n 为

$$n = \frac{L}{H} \tag{5-4}$$

从上式可以看出，当柱长 L 固定时，每次分配平衡所需的理论塔板高度 H 越小，此柱内的理论塔板数 n 就越多，柱效率也就越高。

由塔板理论可以导出理论塔板数 n 与保留时间及区域宽度之间有如下关系式：

$$n = 16\left(\frac{t_R}{Y}\right)^2 \tag{5-5}$$

由于 $Y_{1/2} \approx 0.5887\, Y$，所以

$$n = 5.54(\frac{t_R}{Y_{1/2}})^2 \qquad (5-6)$$

式中：n——理论塔板数；

t_R——保留时间；

$Y_{1/2}$——半峰宽度；

Y——峰底宽度。

在应用上式时，必须要注意使分子、分母的单位通过记录纸速换算一致。

在实际应用中，常常出现计算出的 n 值很大，但色谱柱效能并不高的现象。这是由于 t_R 中的 t_M 的存在，t_M 只是惰性气体通过的时间，因而待测组分实际并没有在这个时间内参加塔板上的分配，因此提出了以扣除死时间后的 $t_R{'}$ 代替 t_R 进行计算，这样的理论塔板数称为有效理论塔板数，用 $n_{有效}$ 表示。$n_{有效}$ 或 $H_{有效}$ 也称为柱效能指标。

$$n_{有效} = 16(\frac{t_R'}{Y})^2 = 5.54(\frac{t_R'}{Y_{1/2}})^2 \qquad (5-7)$$

相应的，有

$$H_{有效} = \frac{L}{n_{有效}} \qquad (5-8)$$

式中：$n_{有效}$—— 有效理论塔板数；

$H_{有效}$—— 有效理论塔板高度；

t_R' —— 保留时间；

$Y_{1/2}$ —— 半峰宽度；

Y —— 峰底宽度；

L —— 色谱柱的柱长。

由于 $n_{有效}$ 和 $H_{有效}$ 消除了死时间的影响，因而能够较真实地反映柱效能的好坏。应该注意的是，同一色谱柱对不同物质的柱效能是不一样的，当用这些指标表示柱效能时，必须说明这是对什么物质而言的。另外，$n_{有效}$ 越大，说明组分在色谱柱内达到分配平衡的次数越多，固定相的作用越显著，因而对分离越有利。但还不能预言并确定是否有分离的可能。因为分离的可能性决定于试样混合物中各组分在两相之间分配系数的差别，而不是决定于分配次数的多少。因此，不应将 $n_{有效}$ 的大小看做有无实现分离可能的依据，而只能把它看做是在一定条件下柱分离能力发挥程度的标志。

三、速率理论与影响柱效因素

塔板理论是个半经验的理论，它的假设不完全符合色谱的实际过程，只能定性地给出塔板高度 H 的概念，而不能找出影响 H 的因素，也不能解释色谱峰为什么会变宽。1956 年，荷兰学者范弟姆特（Van Deemter）等在塔板理论的基础上，引入了影响板高 H 的因素，导出了速率理论方程式（也称范弟姆特方程式，简称范氏方程），可表示为：

$$H = A + \frac{B}{u} + Cu \qquad (5\text{-}9)$$

式中：H——理论塔板高度；

A——涡流扩散项；

$\dfrac{B}{u}$ ——分子扩散项；

B——分子扩散系数；

Cu——传质阻力项；

C——传质阻力系数；

u——载气的线流速，即单位时间里载气在色谱柱中流过的距离，cm/s，可由柱长 L（cm）和死时间 t_M（s）计算求得：

$$u = \frac{L}{t_M}$$

（一）涡流扩散项 A

涡流扩散也称多重路径效应。气体碰到填充物时，会不断改变方向，使试样中各组分在气相中的流动类似"涡流"的流动。由于涡流的产生，同一组分的不同分子走的路径不一样，有的走的路径多，花费的时间长；有的走的路径短，花费的时间就少，而绝大部分分子走的路径介于它们之间，因而呈现出较对称的色谱峰的形状。由于 $A = 2\lambda d_p$，说明 A 与填充物的平均颗粒直径 d_p（cm）的大小和填充物的不规则因子 λ 有关，而与载气的性质、线速度和组分无关。要提高柱效、减小 H，必须要减小 A，因而使用适当细粒度和颗粒均匀的担体，并尽量填充均匀，是减小涡流扩散，提高柱效的有效途径。对于空心柱，$A=0$。

（二）分子扩散项 $\dfrac{B}{u}$

分子扩散项也称纵向扩散，由于试样组分被载气带入色谱柱后，是以"塞子"的形式存在于柱的很小的一段空间中，在"塞子"的前后（纵向）存在着浓度梯度，因此使运动着的分子产生纵向扩散，导致同一组分的不同分子不能在同一时刻流出色谱柱。由于 $B = 2\gamma D_g$，说明分子扩散正比于弯曲因子 γ（因填充物的存在而引起气体扩散路径弯曲的因素）及组分在气相中的扩散系数 D_g（cm²/s）。

纵向扩散与组分在柱内的保留时间有关，保留时间越长，则分子的纵向扩散也就越显著，越易引起色谱峰的扩张。由于 D_g 与组分及载气的性质有关：一方面，

分子量大的组分其 D_g 小；另一方面，D_g 反比于载气分子量的平方根。因此，为了减小 H、提高柱效，分离分子量大的组分以及采用分子量大的气体（如 N_2、Ar）作载气，可以减小 D_g，减小纵向扩散。由于 D_g 随柱温的增加而增加，但反比于柱压，因而采用适当低的柱温，适当提高柱内压力，也可以提高柱效。

弯曲因子 γ 为与填充物有关的因素。它的物理意义可以理解为：由于固定相颗粒的存在，分子不能自由扩散，从而使分子扩散的程度下降。对于空心柱，由于没有填充物的阻碍，扩散程度最大，其 $\gamma=1$；而填充柱，通常 $\gamma=0.5\sim0.7$，故为了减小纵向扩散，选择填充柱要比空心柱好。

（三）传质阻力项 Cu

传质阻力项 Cu 中的 C 为传质阻力系数，它包括气相传质阻力系数 C_g 和液相传质阻力系数 C_l 两项。

气相传质过程是指试样组分从气相移动到固定相表面的过程。在这一过程中，试样组分将在两相间进行质量交换，即进行浓度分配。这个过程如果进行缓慢，则表示气相传质阻力大，就会引起色谱峰的扩张。

对于填充柱，气相传质阻力系数为

$$C_g = \frac{0.01k^2}{(1+k)^2} \cdot \frac{d_p^2}{D_g}$$

式中：k——分配比或容量因子；

$\quad\quad d_p$——填充物的平均颗粒直径；

$\quad\quad D_g$——组分在气相中的扩散系数。

由上式可见，气相传质阻力与填充物颗粒直径的平方成正比，而与组分在载气中的扩散系数成反比。因此，采用粒度小的填充物和分子量小的气体（如 H_2、He）作载气可使 C_g 减小，提高柱效。

所谓液相传质过程，是指试样组分从固定相的气-液界面移动到液相内部，并发生质量交换达到分配平衡，然后又返回到气液界面的过程。这个过程也需要一定的时间，在此时间内，气相中组分的其他分子仍随载气不断地向柱口运动，这也造成了峰形扩张。液相传质阻力系数 C_l 为

$$C_l = \frac{2}{3} \cdot \frac{k}{(1+k)^2} \cdot \frac{d_f^2}{D_l} \tag{5-10}$$

式中：d_f——固定相的液膜厚度；

$\quad\quad D_l$——组分在液相中的扩散系数。

D_l 与温度、组分及固定液的性质有关。选择液膜厚度薄的并和组分性质相似的固定液可使 D_l 减小，提高柱效。

将上述各项代入范氏方程可得：

$$H = 2\lambda d_p + \frac{2\gamma D_g}{u} + \left[\frac{0.01k^2}{(1+k)^2} \cdot \frac{d_p^2}{D_g} + \frac{2}{3} \cdot \frac{k}{(1+k)^2} \cdot \frac{d_f^2}{D_1}\right] \cdot u \qquad (5\text{-}11)$$

对于经典的填充柱，固定液含量较高（20%～30%），液膜较厚，中等线速时，塔板高度主要受液相传质阻力的影响，而气相传质阻力很小，可以忽略。但是随着快速色谱的发展，低固定液含量的色谱柱使用越来越广泛，气相传质阻力成为影响塔板高度的主要因素。

范氏方程对于选择合适的色谱分离操作条件具有指导意义。它可以说明：填充物的均匀程度、担体的粒度大小、载气种类、载气流速、柱温、固定相液膜厚度和性质等、对柱效和峰扩张的影响，可以指导我们如何选择或改变这些因素，以符合我们的分离要求。

四、气相色谱操作条件的选择

（一）总分离效能指标 R

柱效能指标 $n_{有效}$ 是衡量柱效率的标准，$n_{有效}$ 越大，说明该物质在色谱柱内分配到达平衡的次数就越多，柱效越高。但它不能判断一对物质在柱中的分离情况，因为不同物质有不同的分配系数 K，所以，当它们的分配系数很接近时，尽管它们的 $n_{有效}$ 很大，但是仍然不能得到分离。而选择性 r_{21} 只能代表固定液对难分离物质对的选择性保留作用，却无法说明柱效能的高低。因此，为了判断相邻两组分在色谱柱中的分配和分离情况，提出了用总分离效能指标来进行描述。

总分离效能指标也称分辨率、分离度，是指相邻两组分的色谱峰保留值之差与其平均峰底宽度的比值。用 R 来表示。公式为：

$$R = \frac{t_{R2} - t_{R1}}{\overline{Y}} = \frac{t'_{R2} - t'_{R1}}{\frac{1}{2}(Y_1 + Y_2)} \qquad (5\text{-}12)$$

注意：分子、分母的单位必须通过记录纸速换算一致。R 值越大，在峰底宽度一定的情况下，两组分的峰间距就越大；而在峰间距一定的情况下，两色谱峰的峰形越窄，相邻两组分分离得就越好。

理论和实践都证明，对于峰形对称、呈正态分布的色谱峰而言，$R=1$ 时，分离程度可达到 98%，当 $R=1.5$ 时，分离程度可达到 99.7%。一般就用 $R=1.5$ 作为相邻两色谱峰已经完全分开的指标。

在相邻两组分色谱峰的保留值相差不是很大的情况下，可以假设 $Y_1 = Y_2$，代入上式后可得：

$$R = \frac{t'_{R2} - t'_{R1}}{Y_1} = \frac{t'_{R2} - t'_{R1}}{Y_2} \tag{5-13}$$

$$Y_1 = Y_2 = \frac{t'_{R2} - t'_{R1}}{R} \tag{5-14}$$

代入公式 $n_{有效} = 16(\frac{t'_R}{Y})^2$ 得：

$$n_{有效2} = 16(\frac{t'_{R2}}{Y_2})^2 = 16\left(\frac{t'_{R2}}{\frac{t'_{R2} - t'_{R1}}{R}}\right)^2 \tag{5-15}$$

$$= 16R^2(\frac{t'_{R2}}{t'_{R2} - t'_{R1}})^2$$

$$= 16R^2(\frac{r_{21}}{r_{21} - 1})^2$$

$$n_{有效1} = 16(\frac{t'_{R1}}{Y_1})^2 = 16\left(\frac{t'_{R1}}{\frac{t'_{R2} - t'_{R1}}{R}}\right)^2 \tag{5-16}$$

$$= 16R^2(\frac{t'_{R1}}{t'_{R2} - t'_{R1}})^2$$

$$= 16R^2(\frac{1}{r_{21} - 1})^2$$

$$= 16R^2(\frac{r_{12}}{r_{12} - 1})^2$$

从上式可以看出，分辨率 R 将柱效能指标 $n_{有效}$ 及表示分离可能性的选择性指标 r_{21}（或 r_{12}）有机地联系了起来，这对于综合性地说明分离效能有非常概括的意义，因此，R 也称做总分离效能指标。

（二）操作条件的选择

1. 色谱柱的选择

色谱柱的柱管材料有玻璃管、金属管或塑料管，视样品的性质进行选用，对于腐蚀性强的样品，则不宜选择金属柱。选择的色谱柱要求内径均匀，填充柱的直径尺寸在 2～4 mm、长度在 0.6～5 m，可弯成 U 形或螺旋形，玻璃柱的材质一般是硬质玻璃；毛细管柱的直径在 0.1～0.5 mm，长度在 20～200 m，材质使用石英玻璃。

色谱柱的长度选择可以根据实验结果进行求算。

设在柱长为 L_1 的条件下分离某物质对，得到此物质对的分辨率为 R_1，则所需的最短柱长 L_2 为：

$$L_2 = \frac{1.5^2}{R_1^2} \times L_1$$

2. 担体的选择

一般填充柱管中填装的固定相颗粒粒径在 0.2～0.4 mm，包括了担体和涂渍的固定液形成的颗粒。选择担体要考虑被分离组分的性质及固定液含量的大小。固定液含量也称固定液的配比，指固定液与担体的质量比，常用质量分数表示。如固定液含量为 3%，即指 100 g 的担体表面，涂渍了 3 g 的固定液。选择担体时必须遵循以下原则：

当组分的性质不是很特别时选择硅藻土型担体。若固定液的含量比较高（大于 5%）时，选择没有处理的白色或红色担体即可以满足要求；当固定液的含量比较低（小于 5%）时，必须对硅藻土型担体进行处理以后才能使用；若组分的沸点很高，应选择玻璃微球担体；样品具有较大的腐蚀性时，则要选择氟担体。

3. 固定液的选择

固定液的含量大小与一系列因素有关。当样品的含量很低时，要求进样量比较多，以达到适宜的峰信号，此时就要求固定液的含量也比较大，因而担体的表面积也要求比较大才行。前面说过，固定液含量比较大时可以选择未处理的硅藻土型担体，因为高固定液含量足以阻挡进入液相进行分配的组分分子和担体进行接触。

选择固定液还要考虑组分的性质，尤其是组分的极性与固定液的极性之间的关系，所以要遵循"相似相溶原则"。相似相溶原则就是指极性相似者相互容易溶解，只有这样，才能使组分在固定液中维持较大的分配系数，使不同组分之间的分配系数的差异拉大，提高组分之间分离的可能性。因此，在选择固定液时要充分考虑以下几点：

（1）分离极性组分，选择极性固定液，此时分子之间产生静电力，试样中各组分将按照极性由小到大的次序，先后流出色谱柱。

（2）分离非极性组分，一般选择非极性固定液，此时分子之间产生色散力，试样中的各组分将按照分子量由小到大的顺序流出色谱柱，或者说是按照沸点由低到高的次序流出色谱柱。

（3）分离极性与非极性的混合物，一般选择极性固定液，此时分子之间产生诱导力，非极性组分先出峰，极性组分将按照极性由小到大的次序流出色谱柱。

（4）分离氢键类型的混合物（如醇、酚、胺和水等的分离），一般选择极性的或氢键型的固定液，不易形成氢键的先流出色谱柱，最易形成氢键的后流出色谱柱。

（5）分离复杂混合物，可以选择两种或两种以上的固定液，此时，组分与固定液之间作用力小的先流出色谱柱，而作用力大的后流出色谱柱。

4. 载气及其流速的选择

根据范弟姆特方程式 $H = A + \dfrac{B}{u} + Cu$ 可以知道，当 H 的一阶导数为 0 时，存在着最佳载气流速 u 为

$$u_{最佳} = \sqrt{\frac{B}{C}}$$

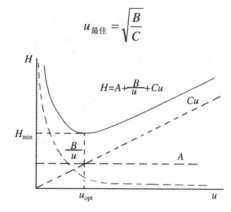

图 5-15　H-u 曲线

$u_{最佳}$ 可以从实验测得。只要计算出三种不同载气流速 u 下的 H 值，就可以求出范弟姆特方程式中的 A、B、C 三项，由此也就可以求出 $u_{最佳}$ 了。u 可由柱长 L（cm）和死时间 $t_{M\,(s)}$ 计算求得：

$$u = \frac{L}{t_M}$$

根据范弟姆特方程式，我们可以得出这样的结论：

（1）低载气流速下，Cu 项可以忽略不计，因而 $H = A + \dfrac{B}{u}$，若采用填充柱，则 A 的影响总是存在，但采用高分子量的气体作载气，可以减小 B 项；

（2）高载气流速下，$\dfrac{B}{u}$ 项可以忽略不计，此时 $H = A + Cu$，若采用低分子量的气体作载气可以减小 C 项，提高柱效；

（3）中等载气流速下，必须要考虑最佳载气流速。实验证明，在 H—u 曲线（图5-15）上最佳载气流速的右面，载气流速的增加不会显著导致柱效的下降，但却可以显著地缩短分析时间，因而实际工作中经常采用最佳载气流速的两倍流速，作为色谱分离时的载气流速。

5. 柱压的选择

大部分气相色谱仪的柱出口压力为 101.325 kPa，所以柱的内压都超过 101.325 kPa（绝对压力）。当柱压增大时，将可能导致内部气体产生湍流，使分子的纵向扩散变

得剧烈，峰形变宽，柱效下降。尤其在柱出口处更为严重，因为那里的柱压改变最大、线速特快，就有可能使得原来分离的组分在此发生混合，所以要采用低压力降（进出口压力差小）的柱子。为此，可以在柱出口处增加一段毛细管阻力，以增加柱出口的压力值，这样就能够达到柱内线速均匀。另外，我们在安装色谱柱时也要注意到，使色谱柱在装填固定相时的方向和接入色谱柱中载气的流向一致，这样就可以维持这种出口处填充比较紧密的状态，使柱出口处的阻力增加，提高柱效，也可以防止填充均匀的固定相再次出现过多集中的死空间。

6. 柱温的选择

柱温是一个复杂的参数，而且对分离的影响很大。在选择柱温时要遵循以下一些原则：

（1）柱温不能超过固定液的最高使用温度，否则会使固定液流失；

（2）要遵循柱温的选择原则：在使最难分离的组分能尽可能好地分离的前提下，选择较低的柱温，但以保留时间适宜、峰形不拖尾为度；

（3）柱温的高低既要使得待分离的组分在色谱柱中不会发生冷凝，又要使得其不会发生分解、能够保持待分离物质原来的性质。

柱温过高，将使组分在柱中几乎都以气体状态存在于气相，不能在液相中产生分配，导致分配系数严重下降。由于保留时间缩短，因而很容易在柱出口处产生不能分离的峰。

柱温过低，将使组分在柱中发生冷凝，组分几乎都以液体状态存在于固定相，不能在气相中流动，也不能在两相之间产生分配，导致分配系数严重加大。由于液相传质阻力加大、保留时间过长、纵向扩散剧烈，因此，色谱峰宽度变得很宽，也很容易发生进入的样品不能在柱出口处产生该组分的色谱峰，严重时甚至永远不出峰。

对于宽沸程试样，宜采用程序升温。所谓程序升温，是指柱温按照预定的加热速度做线性或非线性的增加。常用的是柱温随时间呈线性的增加来进行。它的好处是，在低温时，那些易挥发性物质能够产生较大的分配系数，提高了分离的可能性，因而能够很好地拉开距离而分离开来；对那些高沸点物质，由于在低温下在流动相中的溶解度非常大，导致分配系数过大，保留时间很长，但是程序升温到一定时候，就能够使这些物质在较高的温度下维持适当的分配系数，也能够在色谱柱中产生良好的分离。事实证明，程序升温无论是对于低沸点物质还是高沸点物质，都能够在各自适宜的柱温下产生良好的分离，因而在实际工作中使用很广。

7. 进样量的选择

气相色谱分析的进样量一般都比较少，液体在微升级，气体在毫升级。即液体进样在 $0.1 \sim 5\ \mu l$，气体进样在 $0.1 \sim 10\ mL$。

进样量若太大的话，将会使得样品来不及气化而滞留在柱入口处，滞留的样品再逐渐气化又干扰了分离的正常进行（许多峰产生重叠）。

进样量若太少，将会使得信号很小以至被忽略，导致检不出的后果；若提高增益，又面临着仪器噪声的加大，影响定量的准确性。

因此要控制适当的进样量。进样量的多少有时可以从主要组分峰的大小来估计或试验，一般以主要组分峰的大小占记录仪移动范围的 50%～90%为宜。

8. 气化温度的选择

气化温度一般选择在试样沸点或稍高于试样沸点处，以保证试样在极短的时间内快速、完全地气化。一般说，进样量多时，气化温度要适当高一些；进样量少时，气化温度可以适当低一些。在 0.1 μL 级进样时，即使气化温度比其沸点低，由于试样处于一种无限稀释状态，也能够快速气化完全。

经验上说，一般色谱分析，气化温度比其沸点高 5～20℃，比其柱温高 10～50℃；进样量很多时，气化温度比其沸点高 20～60℃，比其柱温高 30～70℃。理想的气化室温度应通过实验得出。

9. 检测器温度的选择

检测器温度太高，将会产生湍流，不利于分离了的组分的正常检测；检测器温度过低，有可能导致分离了的组分在此发生冷凝，同样不利于检测。检测器的温度通常等同于柱温或稍高一点。

第四节　气相色谱分析方法

一、定性分析

气相色谱定性分析的目的是确定试样的组成，也就是确定各个色谱峰分别代表了什么成分。气相色谱是一种非常有效的分离方法，其主要用途是用来分离和分析混合物中的各种组分。对于组分的定性，由于方法本身的限制，其优越性没有定量那么明显。尽管如此，经过色谱工作者的长期努力，目前也发展了不少定性方法。色谱定性分析离不了保留值，这是色谱定性的依据和基础。

（一）根据色谱保留值进行定性

利用保留值定性是色谱分析中最常用的定性方法，可以分为以下几种情形：

1. 利用绝对保留值 t_R（或 V_R、S_R）进行定性

在色谱柱（柱径、柱长、填充固定相等）和操作条件（主要是柱温、进样量、载气类型及流速等）严格保持不变的情况下，混合物中各组分的出峰时间次序是一定的，通过在同样的操作条件下比较已知纯物质和混合物中未知物质的流出时间，可以鉴别

出混合物中各个色谱峰可能代表了什么物质，为进一步缩小定性范围做准备。

为了得到重复可靠的结果，我们应在同一台仪器、同一根色谱柱、相同的柱温和载气流速下，将已知纯物质和未知物质进行反复比较。如果流速有波动，则选择保留体积 V_R 进行定性比较好，因为它不受柱长和固定液含量的影响。如果在这样的条件下比较，得到待测物和已知纯物质的保留值一样，我们也只能认为这种待测物质可能是或很可能是已知纯物质，为了得到确定的结果，我们还要改变色谱条件进行比较，甚至改变色谱柱、色谱仪进行反复比较。只有当经过多次反复比较后，两者仍然得出相同的保留值的时候，我们才能认为两种物质确实是同一物质。

2. 利用相对保留值 r_{21} 进行定性

采用绝对保留值定性对色谱操作条件的要求比较严格，因而使其定性受到一定的限制，若采用相对保留值 r_{21} 定性则可以避免这种缺陷。

前面我们已经说过，相对保留值 r_{21} 只与固定相类型和柱温的高低有关，当柱径、柱长、柱内填充情况及流动相流速发生变化时不会对其大小产生影响，它是组分性质的一种反映。

对某些二元、三元或比较简单的多元组分，如果样品的大概组成已知，可事先加入适当的标准物质，进样分离后测定其色谱图，将图上未知物的色谱峰相对于此标准物的色谱峰求出相对保留值 r_{21}，再和文献上的相对保留值进行对照。但是这种方法只适用于加入的标准物和待测物的色谱峰能够完全分开的情形，如果样品组成复杂，或者不能推测可能存在着哪些成分，又或者色谱峰之间的距离拉开很小，如果直接用这种方法定性，就可能会发生错误。同样，当我们得出了 r_{21} 相同，我们还不能一下子就得出两者是同一物质。但是不管怎样，这种方法仍然可以缩小我们的定性范围，使我们的定性又前进了一步。

3. 采用标准加入法进行定性

这种方法就是将未知物样品先进样分离，测定色谱图，然后加入我们怀疑的那种物质的纯标准物质到混合物中去，再进样分离测定色谱图，观察加入纯物质前后的色谱峰是否有差异。如果峰形分叉，则肯定不是同一物质；如果峰形没有分叉，而是在原来的色谱峰上有所增高，则表明样品中很可能含有该物质。可以进一步改变色谱条件进行实验，如果改变条件后峰形分叉，则肯定不是同一物质；如果峰形都只是增高，则再次改变条件（如换柱测定），只有经过多次改变条件后仍然得到肯定结论的，才能说是同一物质。

（二）利用保留指数 I 进行定性

绝对保留值易受实验条件的影响，相对保留值却又会随着选用标准物质的不同而不同，使得它们的定性都有所欠缺。采用保留指数进行定性，可以比较好地解决这个方面的问题。

保留指数 I 又称 Kovats 指数，这是一种重现性和准确性优于其他方法的定性参数，可以根据色谱固定相和操作柱温，直接与文献数据进行对照，而不需要标准物质。

保留指数是将物质的保留行为用两个紧靠近它的标准物质（一般是两个相邻碳原子数的正构烷烃）来标定，并用均一标度（不用对数）来表示。其计算公式为：

$$I = 100 \left(\frac{\lg X_{N_i} - \lg X_{N_z}}{\lg X_{N_{(Z+1)}} - \lg X_{N_z}} + Z \right)$$

式中：X_N——被测物质的调整保留值（可用时间、体积、距离表示，但要单位完全一致）；

i——被测物质；

Z、$Z+1$——具有 Z 和（$Z+1$）个碳原子数的正构烷烃。

测定时，必须要满足被测物质的调整保留值落在两个正构烷烃的调整保留值之间，即满足 $X_{N_z} \leqslant X_{N_i} \leqslant X_{N_{(Z+1)}}$。

当 $i=Z$ 时，$I=100\,Z$，即正构烷烃的保留指数为其碳原子数乘以 100。因而保留指数的物理意义可以理解为：某物质的保留指数若除以 100，其结果就相当于该物质具有 $\dfrac{I}{100}$ 个碳原子数目的正构烷烃。

测定保留指数时，先将待测物质在一定条件下做预备实验，选择调整保留值满足 $X_{N_z} \leqslant X_{N_i} \leqslant X_{N_{(Z+1)}}$ 的条件，寻找合适的正构烷烃；然后将待测物质与两个正构烷烃混合进样，在给定的条件下进行色谱实验，将得到的数据按照上式计算；再将保留指数 I 与文献数据核对，即可判断出待测物质是什么成分。

保留指数的有效数字为三位，其准确度和重现性都很好，定性误差小于 1%。因此可以根据文献提供的数据直接对照，无须纯物质做基准。各种色谱手册中都列有大量物质的保留指数，只要测定时的柱温和固定相性质与文献资料相同即可。

（三）其他定性方法

1. 利用化学反应定性

未知有机物质的特殊官能团能够与某些化学试剂发生反应，改变其结构，使其和固定相之间的作用力发生变化，从而改变色谱峰的位置，导致其色谱峰发生位移、消失、减小或产生新的色谱峰，以此确定未知物所属类型。在采用这一技术以前，必须对未知物的类型做出一定的估计，以选择、采用合适的试剂与之反应。例如：酚类（羟基化合物）与乙酸酐作用，生成相应的乙酸酯，导致色谱峰位置提前；卤代烷与乙醇—硝酸银发生反应，能够生成白色的沉淀，导致色谱图上卤代烷峰全部消失等。

2. 利用选择性检测器定性

不同类型的检测器对各种组分的选择性和灵敏度是不同的。例如：热导池检测器对无机物及有机物都有响应，但灵敏度较低；氢焰电离检测器对有机物的灵敏度很高，而对无机气体、水分、二氧化碳等的响应很小，甚至没有响应；电子捕获检测器对强电负性组分有非常高的灵敏度；而火焰光度检测器对含硫、磷的物质有信号，其他则不产生信号等。这样，我们就可以利用检测器的不同反应属性来对未知物进行大体分类。

3. 与质谱、红外光谱等仪器联用定性

气相色谱与质谱（GC—MS）、气相色谱与傅立叶变换红外光谱（GC—FTIR）、气相色谱与发射光谱（GC—AED）等仪器联用，利用色谱的高分离能力得到纯净物，再利用质谱、红外光谱或核磁共振等高鉴别能力的仪器进行定性鉴定，互相取长补短，能够将复杂样品中的各组分一一鉴定出来，这是解决复杂样品定性分析最有效的方法之一。目前色谱—质谱联用定性在定性分析中的使用已经比较普遍，它充分利用了各自仪器的高分离能力和高鉴别能力的特点，实现了仪器优势互补，在环境监测、农产品检验、食品分析、药物研究、卫生检疫等方面应用非常广泛。

二、定量分析

气相色谱定量分析的依据是：被测物质的含量（或其在载气中的浓度）与检测器的响应信号成正比。当色谱操作条件保持一定时，则表现为样品组分 i 的质量 m_i（或其在载气中的浓度）与检测器的响应信号呈正比。

响应信号可以用峰面积（也可以用峰高度）来度量。其表达公式可以写为：

$$m_i = f_i' A_i$$

式中：m_i——样品组分 i 的质量；

f_i'——组分 i 的定量校正因子；

A_i——组分 i 的色谱峰面积。

为了获得准确的定量结果，除了待测物质能够获得良好的分离以外，还必须要准确测出色谱峰的面积（峰高），知道组分含量与峰面积（峰高）之间的定量关系，选择合适的定量方法，另外，还要注意定量分析中的误差来源，尽量减小分析误差。

（一）峰面积的测量方法

面积的测量直接关系到色谱分析的准确度，不同的色谱峰之间，由于形状可能不一样，其面积测量要选择不同的方法。

1. 峰高乘以半峰宽法

对称形的色谱峰，理论上可以证明其面积为：

$$A = 1.065hY_{1/2}$$

做相对测量时，1.065 可以省去。即

$$A = hY_{1/2}$$

2. 峰高乘以平均峰宽法

不对称形的色谱峰，由于半峰宽失去了表示其宽度的意义，因而多采用峰高乘以平均峰宽法，即

$$A = \frac{1}{2}h(Y_{0.15} + Y_{0.85})$$

式中：$Y_{0.15}$，$Y_{0.85}$——峰高的 0.15 倍和 0.85 倍处的宽度大小。

3. 峰高乘以保留值法

在一定的操作条件下，同系物的半峰宽与其保留时间 t_R 成正比，即 $Y_{1/2} \propto t_R$，可以写为

$$Y_{1/2} = bt_R$$

因此，$A = hY_{1/2} = bht_R$

做相对测量时，比例系数 b 可以略去不写，于是

$$A = ht_R$$

对于同系物中比较狭窄的色谱峰，由于测量半峰宽比较困难，而保留值测定相对容易得多，因而用这种方法测量峰面积简单、快速，非常适合于工厂的快速分析。

4. 积分仪法

积分仪是快速测量色谱峰面积的有效工具。许多带电脑控制或带有数据处理机的色谱仪一般都具有这样的功能，测量精度可以达到 0.2%～2%，对面积较小、峰形不对称的色谱峰也能够得到比较准确的结果，非常方便、快速。

目前许多仪器还能够对测量数据进行自动计算、自动显示，并打印结果。较高级的仪器还能够实现自动控制操作过程，选择最佳方法和最佳操作条件，使得测定的精度、灵敏度、稳定性及自动化程度都大大提高。

（二）定量校正因子的测定

由于在一定的色谱操作条件下，进入检测器中组分的量正比于峰面积（或峰高），即

$$m_i = f_i' \times A_i \quad （或 \; m_i = f_i'' \times h_i）$$

上式可以改写为

$$f_i' = \frac{m_i}{A_i} \quad （或 \; f_i'' = \frac{m_i}{h_i}）$$

式中：m_i——组分的量，可以是质量，或者是物质的量，也可以是气体的体积等；

A_i——组分的峰高大小；

h_i——组分的峰面积；

f_i'——面积绝对定量校正因子；

f_i''——峰高绝对定量校正因子。

因此，定量校正因子可以理解为单位峰面积或单位峰高代表组分量的多少。

定量校正因子在色谱计算中起着关键的作用。但是不同的组分，其单位峰面积（峰高）所代表的组分的量是不一样的，即使是相同的组分，在不同的检测器上单位峰面积（峰高）所代表的组分的量也是不同的。当然，目前也有许多文献资料上有一些校正因子的数据可供查找，如果我们的分析条件和文献资料上条件是一样的话，完全可以使用现有的数据。但是事物总是一分为二的，任何分析中都有误差，而分析条件又总是会发生变化，这就使得我们在使用文献资料时有一定的局限性。因而实际工作中，常常需要我们测定定量校正因子。下面主要以测定面积校正因子为例对此加以说明。

由于峰面积的测量方法上的差异，绝对定量校正因子的测量受到很大限制。实际工作中，往往以相对定量校正因子 f_i 代替绝对定量校正因子 f_i'。

相对定量校正因子的定义为：样品中各组分的绝对定量校正因子与某标准物质的绝对定量校正因子之比。即

$$f_i = \frac{f_i'}{f_s'}$$

平常我们所说的以及文献上查得的定量校正因子，其实都是相对定量校正因子，又简称为校正因子。根据所使用的计量单位不同，校正因子又可分为质量校正因子、摩尔校正因子和体积校正因子。表 5-5、表 5-6 列出了部分有机物在 TCD 和 FID 上的校正因子。

1. 质量校正因子 f_m

如果组分的量以其质量（g）表示的话，即单位峰面积代表组分的质量的多少，则定量校正因子就是质量校正因子，用 f_m 表示。即

$$f_m = \frac{f_{i(m)}'}{f_{s(m)}'} = (\frac{m_i}{A_i})/(\frac{m_s}{A_s})$$

$$= \frac{A_s m_i}{A_i m_s}$$

式中：m_i、m_s——被测物和标准物的质量，g；

A_i、A_s——被测物和标准物的峰面积，cm^2。

2. 摩尔校正因子 f_M

如果组分的量以其物质的量（mol）表示的话，即单位峰面积代表组分的物质的量的多少，则定量校正因子就是摩尔校正因子，用 f_M 表示。即

$$f_M = \frac{f'_{i(M)}}{f'_{s(M)}} = (\frac{n_i}{A_i})/(\frac{n_s}{A_s})$$

$$= \left(\frac{\frac{m_i}{M_i}}{A_i}\right) / \left(\frac{\frac{m_s}{M_s}}{A_s}\right) = \frac{m_i M_s A_s}{m_s M_i A_i}$$

$$= f_m \times \frac{M_s}{M_i}$$

式中：n_i、n_s——被测物和标准物的物质的量，mol；

M_i、M_s——被测物和标准物的摩尔质量，g/mol。

3. 体积校正因子 f_V

如果组分的量是以其体积（L）表示的话，即单位峰面积代表组分的体积的多少，则定量校正因子就是体积校正因子，用 f_V 表示。即

$$f_V = \frac{f'_{i(V)}}{f'_{s(V)}} = (\frac{V_i}{A_i})/(\frac{V_s}{A_s})$$

$$= (\frac{n_i \times V_M}{A_i})/(\frac{n_s \times V_M}{A_s})$$

$$= (\frac{n_i}{A_i})/(\frac{n_s}{A_s})$$

$$= f_M$$

式中：V_i、V_s——被测物和标准物的气体体积，L；

V_M——测定条件下的气体摩尔体积，L/mol。

上式说明，体积校正因子在数值上等于摩尔校正因子。需要注意的是，f_V 只适用于气体组分，而对于液体或固体组分不适用。

4. 相对响应值 S

通过文献查找相对校正因子时，在表格中常常发现"S"值，它是表示该物质的相对响应值，定义为待测物 i 和标准物质 s 在相同测定条件时的响应值（灵敏度）之比。单位相同时，它与校正因子互为倒数关系，即

$$S_i = \frac{1}{f_i}$$

所以有：$S_m = \frac{1}{f_m}$，$S_M = \frac{1}{f_M}$，$S_V = \frac{1}{f_V}$。

相对响应值只与被测物、标准物的性质以及检测器的类型有关，而与操作条件（如柱温、固定液性质、柱径、柱长、载气流速等）无关，因而是一个能够通用的常数。

校正因子的测定方法是：首先配制一系列已知浓度的标准物质 s 和待测组分 i

的混合溶液，其中待测组分的浓度要与该组分在待测样品中的浓度相当；在最佳色谱条件下（标准物质和待测组分的色谱峰能够完全分离）进行色谱分析。在进入相同量的样品的条件下，以其质量的比值与对应峰面积的比值作图，得到通过原点的直线，直线的斜率就是该组分的相对质量校正因子，如图 5-16 所示。

表 5-5　部分有机物在 TCD 上的相对校正因子

（载气：氢气　基准物：苯）

化合物	S_m	S_M	f_m	f_M	化合物	S_m	S_M	f_m	f_M
甲烷	1.73	0.357	0.58	2.80	2-甲基-1，3-丁二烯	1.06	0.92	0.94	1.09
乙烷	1.33	0.512	0.75	1.96	苯	1.00	1.00	1.00	1.00
丙烷	1.16	0.645	0.86	1.55	甲苯	0.98	1.16	1.02	0.86
丁烷	1.15	0.851	0.87	1.18	乙苯	0.95	1.29	1.05	0.78
戊烷	1.14	1.05	0.88	0.95	萘	0.84	1.39	1.19	0.72
异丁烷	1.10	0.82	0.91	1.22	四氢萘	0.86	1.45	1.16	0.69
异戊烷	1.10	1.02	0.91	0.98	氩	0.82	0.42	1.22	2.38
新戊烷	1.08	0.99	0.93	1.01	氮	1.16	0.42	0.86	2.38
2,2-二甲基丁烷	1.05	1.16	0.95	0.86	氧	0.98	0.40	1.02	2.50
2,3-二甲基丁烷	1.05	1.16	0.95	0.86	二氧化碳	0.85	0.48	1.18	2.08
2-甲基戊烷	1.09	1.20	0.92	0.83	一氧化碳	1.16	0.42	0.86	2.38
乙烯	1.34	0.48	0.75	2.08	硫化氢	0.88	0.38	1.14	2.63
丙烯	1.20	0.65	0.83	1.54	水	1.42	0.33	0.70	3.03
异丁烯	1.14	0.82	0.88	1.22	丙酮	1.15	0.86	0.87	1.16
环戊二烯	0.81	0.68	1.23	1.47					

摘自《现代实用气相色谱法》（化学工业出版社，许国旺等编著）2004 年 6 月第 1 版，p.208.

表 5-6　部分有机化合物在 FID 上的校正因子

（基准物：苯）

化合物	S_m	f_m	化合物	S_m	f_m
甲烷	0.87	1.15	苯	1.00	1.00
乙烷	0.87	1.15	甲苯	0.96	1.04
丙烷	0.87	1.15	乙苯	0.92	1.09
丁烷	0.92	1.09	对二甲苯	0.89	1.12
戊烷	0.93	1.08	间二甲苯	0.93	1.08
2,2-二甲基丁烷	0.93	1.08	邻二甲苯	0.91	1.10
2,3-二甲基丁烷	0.92	1.09	1,2,3-三甲苯	0.88	1.14
2,4-二甲基戊烷	0.91	1.10	甲醇	0.21	4.76
3,3-二甲基戊烷	0.92	1.09	乙醇	0.41	2.43
3-乙基戊烷	0.91	1.10	1,3-二甲基丁醇	0.66	1.52
乙炔	0.96	1.04	丁醛	0.55	1.82
乙烯	0.91	1.10	庚醛	0.69	1.45
1-己烯	0.88	1.14	辛醛	0.70	1.43
1-辛烯	1.03	0.97	丙酮	0.44	2.27
环己烯	0.90	1.11	甲乙酮	0.54	1.85
乙酸甲酯	0.18	5.56	甲酸	0.009	111.11
乙酸乙酯	0.34	2.94	乙酸	0.21	4.76
乙酸异丙酯	0.44	2.27	甲基异丁基酮	0.63	1.59
乙酸仲丁酯	0.46	2.17	乙基丁基酮	0.63	1.59
环己烷	0.64	1.56	二异丁基酮	0.64	1.56
苯胺	0.67	1.49	乙基戊基酮	0.72	1.39

摘自《现代实用气相色谱法》（化学工业出版社，许国旺等编著）2004 年 6 月第 1 版，p.208.

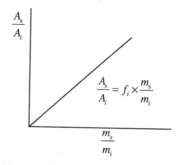

图 5-16　相对校正因子的测定曲线

若曲线不通过原点时，则可按照公式

$$f_m = \frac{A_s m_i}{A_i m_s}$$

进行计算。f_m 求出来了，则 f_M 及 f_V 也就很容易通过计算得到了。

（三）定量计算方法

1. 绝对定量法

根据检测器灵敏度的公式，如果能够准确测出公式中的各项参数，就可以计算出待测组分的质量分数了。计算公式为：

$$W_i = \frac{m_i}{m} \times 100\% = \frac{C_1 C_2 A_i F_0}{S_{Ci} \cdot m} \times 100\%$$

这种方法要求准确知道进样量 m、检测器对该组分的灵敏度 S_{Ci}、记录仪的灵敏度 C_1、记录纸速的倒数 C_2、该组分的绝对峰面积 A_i 以及载气的体积流速的绝对值大小，特别是 A_i 的绝对值得到比较困难，因而使这种方法的使用受到很大限制。

2. 归一化法

归一化法就是将待测物质的总量看做 1，其他各组分在这个 1 中所占的份额的多少。当样品中的所有组分都能够流出色谱柱，并全部表现出分离良好时，可用归一化法进行分析计算。

假设有 n 个组分存在于混合物中，每个组分的量为 m_1，m_2，…，m_i，…m_n 时，各组分的总和为 100%，则其中 i 组分的质量分数为：

$$W_i = \frac{m_i}{m} \times 100\% = \frac{m_i}{\sum_{i=1}^{n} m_i} \times 100\%$$

$$= \frac{A_i f_i}{\sum_{i=1}^{n} A_i f_i} \times 100\%$$

173

式中：当 f_i 为质量校正因子时，得到质量分数；当 f_i 为摩尔校正因子时，得到摩尔分数；当 f_i 为体积校正因子时，得到体积分数。

特别地，当各组分的校正因子比较接近时，则上式可以简化为面积归一化，即

$$W_i = \frac{A_i}{\sum\limits_{i=1}^{n} A_i} \times 100\%$$

对于狭窄的色谱峰，可用峰高代替峰面积进行计算，即

$$W_i = \frac{m_i}{m} \times 100\% = \frac{h_i f_i''}{\sum\limits_{i=1}^{n} h_i f_i''} \times 100\%$$

式中，峰高校正因子 f_i'' 需要自己测定，测定方法和面积校正因子的测定方法差不多。

采用峰高校正因子对狭窄的色谱峰进行定量分析，简单快速，特别适合于一些工厂和有固定分析任务的化验室使用。

例1 采用气相色谱法测定苯、甲苯、乙苯、对二甲苯的混合物，得到它们的色谱峰面积如下表，试计算此苯系物中各组分的质量分数。

组分	苯	甲苯	乙苯	对二甲苯
f_m	1.00	1.04	1.09	1.12
A/cm^2	5.42	3.51	4.66	4.23

解：$W_i = \dfrac{m_i}{m} \times 100\%$

$\qquad = \dfrac{m_i}{\sum\limits_{i=1}^{n} A_i f_i} \times 100\%$

$\sum\limits_{i=1}^{n} A_i f_i = 1.00 \times 5.42 + 1.04 \times 3.51 + 1.09 \times 4.66 + 1.12 \times 4.23$

$\qquad\qquad = 5.42 + 3.650\ 4 + 5.079\ 4 + 4.737\ 6$

$\qquad\qquad = 18.887\ 4$

所以，$W_{苯} = \dfrac{5.42}{18.887\ 4} \times 100\% = 28.7\%$

$\qquad W_{甲苯} = \dfrac{3.650\ 4}{18.887\ 4} \times 100\% = 19.3\%$

$\qquad W_{乙苯} = \dfrac{5.079\ 4}{18.887\ 4} \times 100\% = 26.9\%$

$$W_{\text{对二甲苯}} = \frac{4.737\,6}{18.887\,4} \times 100\% = 25.1\%$$

3. 外标法

在所有组分没有全部流出色谱柱并呈现出良好的分离时，我们就不能用归一化方法进行分析计算。但是，若待测组分色谱峰完好时，我们可以采用外标法进行计算。

外标法就是使用待测物质的纯物质作标准进行对照分析。经常使用的是标准曲线法。即：将待测组分的纯物质加稀释剂（液体样品用适当的溶剂稀释，气体样品用载气或纯净的空气稀释），配制成不同浓度的标准溶液 W_s，取固定量的进样量进行进样分析，从色谱图上测出各浓度溶液对应的峰面积 A_s 大小，以标准溶液的浓度做横坐标，以相应的峰面积做纵坐标，绘制标准曲线（图5-17）：

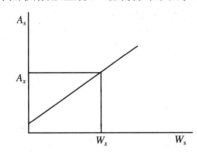

图 5-17　外标标准曲线法

分析试样溶液时，取和制作标准曲线时相同的进样量进样分析（固定进样量），测出峰面积 A_x，然后从标准曲线上查找出相对应的质量分数 W_x，就是待测溶液中被测物的含量大小。

外标标准曲线法特别适合于分析大量的同一类型的样品，简便、快速，可以节省许多工作量。

当待测样品中被测物的含量范围波动不是很大时，可以采用直接比较法进行分析。方法是：配制一个和待测物质量分数 W_i 十分接近的标准溶液 W_s，在相同的条件下定量进样分析，由待测物的峰高和标准物的面积或峰高之比，即可以求出待测物质的含量，即

$$\frac{W_i}{W_s} = \frac{A_i}{A_s}$$

$$W_i = \frac{A_i}{A_s} \times W_s$$

这种方法实际上是假定了标准曲线经过原点，因而可以通过一点来确定标准曲线的斜率，所示这种直接比较法，又叫单点校正法。

4. 内标法

当待测组分流出了色谱柱，并呈现出良好的色谱峰，却没有待测物质的纯物质作标准进行比较测定，我们是否就不能进行分析测量了呢？在这种情况下，我们可以采用内标法进行测定。

所谓内标法，就是采用待测试样中不存在的非待测物质的纯物质作标准，进行比较测定，以此求出待测组分含量的一种分析方法。为什么我们可以用非待测物作测定比较的标准？原因在于相对校正因子的作用，它将单位峰面积代表组分量的多少总是相对于某个标准物质，因而不管是哪个相对校正因子，都具有数据比值的传递功能。

采用内标法时，选择的内标物必须要满足以下要求：

（1）必须是试样中不存在的纯物质；

（2）结构、性质和待测物比较接近，以使得它们的色谱峰位置比较接近，并且当外界条件发生变化时，两者都能做相同的变化；

（3）和待测物质不发生化学反应，但能够互相混溶；

（4）加入量接近于待测组分的浓度，并且能和待测物的色谱峰完全分开。

内标法的计算方法如下：

设试样的质量为 m，待测物在试样中的质量为 m_i，质量分数为 W_i，可于试样中加入质量为 m_s 的内标物，混合测定后得到它们的峰面积分别为 A_i 和 A_s，假设它们的质量校正因子分别为 f_i 和 f_s，则有：

$$m_i = f_i A_i$$

$$m_s = f_s A_s$$

$$\frac{m_i}{m_s} = \frac{f_i A_i}{f_s A_s}$$

$$m_i = \frac{f_i A_i}{f_s A_s} \times m_s$$

$$W_i = \frac{m_i}{m} \times 100\% = \frac{f_i A_i}{f_s A_s} \times \frac{m_s}{m} \times 100\%$$

采用以上计算公式需要注意的是，公式中的 $f_s A_s$ 与 m_s 是不能相约分的，在数值上它们实际上是处于不相等的关系。只有质量的比值与面积和相对校正因子乘积的比值之间才具有相等意义，否则没有等值意义。

例 2 为分析某不含环己酮的试样中乙酸的质量分数，称取此试样 1.250 g，以环己酮做内标，称取 0.185 2 g 的环己酮加入到试样中去，混合均匀后，吸取此试样 5 μl 进样，得到如下数据，试计算出试样中乙酸的质量分数。

解：$W_i = \dfrac{m_i}{m} \times 100\% = \dfrac{f_i A_i}{f_s A_s} \times \dfrac{m_s}{m} \times 100\%$

将数据 A_i=1.74，A_s=3.58，f_i=1.78，f_s=1.00，m_s=0.185\,2，m=1.250 代入上式，得：

$$W_i = \frac{1.78 \times 1.74}{3.58 \times 1.00} \times \frac{0.185\,2}{1.250} \times 100\%$$

$$= 12.8\%$$

组分	环己酮	乙酸
峰面积 A/cm²	3.58	1.74
面积校正因子 f_m	1.00	1.78
内标物质量 m_s/g	0.185\,2	
试样质量 m/g	1.250	

【实验实训】

实验一　气相色谱气路连接、安装和检漏

一、实验目的

参观气相色谱仪主机面板及仪器内部结构，了解气相色谱仪的气路结构，学会气路连接方法，学会气路气密性的检查方法。

二、实验原理

气相色谱气路结构包括载气（氮气）、燃气（氢气）和助燃气（空气）三条气路的结构。无论是采用气体发生器还是钢瓶气，将它们连接到仪器主机时，都需要使用特殊的不锈钢管或聚四氟乙烯塑料管，还要用到一些不锈钢金属套管相连。从气源到主机之间还有气体净化管。净化管是不锈钢制成，可以用 10%的氢氧化钠热溶液浸洗，然后再水洗吹干，装上净化器内部相应的填料。

连接好后要检查气密性，一般在各个接口处涂上肥皂液，观察有无泡沫产生的方法，来判断装置连接的好坏。

三、实验仪器与试剂

1. 仪器

气相色谱仪，净化管，高压钢瓶（或气体发生器），减压阀，聚乙烯或聚四氟乙烯塑料管，不锈钢金属套管配件，不锈钢剪刀，扳手，改锥，铜碗、石墨碗和塑料垫圈配件。

2. 试剂

肥皂液，脱脂棉球、中性洗衣粉溶液等。

四、实验步骤

（1）参观气相色谱仪主机面板及仪器内部结构，了解气相色谱仪的气路结构，熟悉气路流程。对照仪器说明书，熟悉仪器气路的装置图。

（2）计算一下从气体发生器连接到净化器再到主机所需的管线长度，然后进行选取。必须要注意所选择的管线没有任何裂纹或折痕，否则就有可能造成在使用中发生爆裂的危险。

（3）若是从高压钢瓶供气，在钢瓶阀上还要装上减压阀（减压表），减压阀的接口螺母有顺丝和反丝两种，必须选择与钢瓶螺母纹相匹配的减压阀。安装时，先要将螺纹凹槽擦净，然后用手旋紧螺丝，确定入扣后，再用扳手旋紧。减压表有两个弹簧压力表，示值大的指示钢瓶内部的压力，示值小的指示输出压力。输出压力

的控制可以用 T 形阀杆调节，将调节阀杆反时针方向旋松，这样做是关闭阀门。开启钢瓶阀（反时针方向旋），高压表将指示钢瓶的气体压力，用肥皂水检查接口处是否漏气，必须要完全不漏气才能使用。

（4）选取适当长度的聚乙烯或聚四氟乙烯塑料管，用剪刀斜剪 45°角。

（5）在聚四氟乙烯塑料管中插入不锈钢金属内接套管，插入深度以使进入接口后，能够被螺丝和铜碗或石墨碗挤压至紧密为度（约 2/3 的深度）。必须注意，旋紧螺丝时不要旋得过紧，以防止铜碗或其他垫圈粉碎而影响气密性。

（6）在聚乙烯或聚四氟乙烯塑料管中插入不锈钢金属套管后，将适当大小的铜碗或塑料垫圈套在塑料管上。

（7）净化管的安装：净化器常用变色硅胶、分子筛、活性炭三种吸附剂。装入净化管之前要经过活化处理，硅胶在 120℃烘至蓝色，分子筛于 550℃灼烧 2～3 h，活性炭在 120℃烘 2 h。然后依次将三种吸附剂装入净化管，三者的数量大致相当，每种之间以玻璃棉相隔开，出入口处要塞上一段脱脂棉。如为不锈钢管连接的话，变色硅胶要装在可拆开的一端。气体应该是先走硅胶，然后是分子筛，最后是活性炭。对于高纯度的气源，净化管中可以只装硅胶或分子筛。

（8）在净化管的另一端也同样连接上管子，等待连接到仪器的主机上。

（9）卸下仪器主机后方的气路进（出）口螺丝，然后将此连接头插入仪器后方的气路进（出）口中。若是钢瓶气源，则在接入仪器之前要先开启气源，用气体冲洗一下管道，以防止有异物进入主机气路而堵塞管道，然后再将管子连接到相应的气路入口。

（10）确认管路连接完毕后，开启气源（气体发生器或钢瓶气），用气体冲洗一下管道，然后再接上色谱柱。

（11）主机前方气路管道的连接：根据气路流程图装接管道，装接时应注意保持接头和管道的清洁。若是高压钢瓶到色谱仪主机，气路连接管用 Φ3 mm×0.5 m 的不锈钢管（或尼龙管、聚乙烯管同样连接）。

（12）色谱柱两头分别连接至气化室和检测器的接头上。连接时要注意，在恒温室或其他近高温处的接管一般用不锈钢、紫铜垫圈，而不用塑料垫圈。通气之前要检查进样口处的螺丝帽是否拧紧。

（13）开启气源（气体发生器或钢瓶气），至压力和流量符合要求后才能开启仪器主机电源，让仪器在有气的环境下运行（同样，关闭仪器时也要让仪器在有气的环境下冷却）。

（14）气源至色谱柱之间的查漏：在连接色谱柱之前，做好这一步的检查。用垫有橡胶垫的螺帽封死气化室出口，打开仪器上的气路控制阀，开启气源。用中性洗衣粉溶液（或肥皂水）涂抹在各个管路接口处，观察是否有地方漏气，若漏气可以再进一步旋紧螺丝至不漏气。若不行的话，需要重新仔细连接。最好是在微小的压力下进行检查，若微压状态下，压力表能够维持很长时间的压力的话，说明气化室前的气路不漏气。

（15）气化室至检测器出口间的查漏：接好色谱柱，开启载气，将输出压力调节在 0.2～0.4 MPa，将转子流量计的流速调至最大，再堵死仪器外侧的载气出口，若转子能够下降到底，表明该段不漏气。否则，需用肥皂水溶液仔细检查各个接头，并排除漏气的故障，继续检漏，直到不漏气为止。

五、思考题

（1）为什么气相色谱仪要在有气的环境下才能升温加热？关闭仪器时也要让仪器在有气的环境下冷却？

（2）色谱柱老化时为什么不能将柱子接到检测器上进行？

（3）怎样进行气源至色谱柱之间的查漏？

（4）怎样进行气化室至检测器出口间的查漏？

实验二　载气流速及柱温变化对分离度的影响

一、实验目的

掌握分离度的概念及测定计算方法，学会顶空进样的方法，了解载气流速和色谱柱温度的改变对分离度有怎样的影响，同时找出这种影响规律。

二、实验原理

载气流速和色谱柱柱温是色谱分析中两个非常重要的操作参数，它们对色谱分离度都能够产生严重的影响。

分离度 R 也称分辨率，是相邻两组分的色谱峰保留值之差与其平均峰底宽度的比值，即：

$$R = \frac{t_{R2} - t_{R1}}{\overline{Y}} = \frac{t'_{R2} - t'_{R1}}{\frac{1}{2}(Y_1 + Y_2)}$$

在一定的色谱操作条件下，通过改变载气流速，计算在不同的载气流速下的分离度数据，观察载气流速对分离度有怎样的影响规律。

载气流速 u 可用柱长 L 除以死时间 t_M 来计算，即 $u = \dfrac{L}{t_M}$。

柱温的选择要充分考虑实际分离情况，要具体问题具体分析。选取适当的物质对，如苯和邻二甲苯，在适宜的固定相柱上产生分离，计算分离度的大小。然后改变柱温，再次测定此二物质对的分离度，如此往复测定多次，观察柱温对分离度的影响规律如何。

本实验采用顶空进样的方法进行。顶空进样的原理是：水中的苯系物具有挥发性，在恒温条件下经过一定时间，液上空间里的苯系物浓度将会达到饱和状态，用注射器抽取液上部分的气体进样，以达到分析的目的。

三、实验仪器与试剂

1. 仪器

气相色谱仪（附 FID），带有恒温水槽的振荡器（由康氏振荡器、超级恒温水浴等组成，或使用专用恒温装置），100 mL 的全玻璃注射器（或气密性注射器，配有耐油胶帽），5 mL 的全玻璃注射器，10 μL 的微量注射器，分液漏斗，移液管，烧杯，直尺等。

2. 试剂

有机皂土及色谱固定液；邻苯二甲酸二壬酯（DNP）及色谱固定液；101 白色担体（60～80 目）；苯、邻二甲苯的标准物（色谱纯试剂）；氯化钠，优级纯；高纯氮气，99.999%。

四、实验步骤

（1）用微量注射器配制苯和邻二甲苯混合标准水溶液，使浓度都是 50 μg/L。

（2）顶空样品的制备：称取 20 g 的氯化钠，放入 100 mL 的全玻璃注射器中，加入 40 mL 的苯和邻二甲苯标准水样，再吸入 40 mL 氮气，然后将注射器用胶帽封好。将其置于振荡器水槽中固定，在 30℃的恒温下震荡 5 min，用 5 mL 的全玻璃注射器抽取液上空间的气样 5 mL 做色谱分析。

（3）开启气源（气体发生器或钢瓶气），至压力和流量符合要求后才能开启仪器主机电源，让仪器在有气的环境下运行（同样，关闭仪器时也要让仪器在有气的环境下冷却）。

（4）开启气相色谱仪主机电源开关，调节气体流量和温度操作参数等，让仪器预热 30 min 以上。

（5）摸索色谱操作条件，选择适宜的色谱操作条件，必须要满足苯和邻二甲苯的色谱峰之间能够完全分开，以计算分辨率。

（6）以一定的次序改变载气流量，分别进样，测出不同载气流速下的分离度数值，重复测定 5 个以上的数据。

（7）再调节到当初进样时的色谱状态，使仪器记录纸走速平稳。然后，改变不同柱温，也分别进样分析，计算不同柱温下的色谱分离度指标（重复 5 个以上的测定数据）。

（8）寻找载气流速及色谱柱柱温对分离度的影响规律。

五、数据处理

（1）载气流速与分离度的关系列表。

指标测定次数	柱长/m	固定柱温/℃	改变载气流速/（cm/min）	死时间/min	分离度 R
1					
2					
3					
4					
5					
6					

（2）画出载气流速与分离度之间的相关曲线图。

（3）柱温与分离度的关系列表。

指标测定次数	柱长/m	固定载气流速/（cm/min）	改变柱温/℃	死时间/min	分离度 R
1					
2					
3					
4					
5					
6					

（4）画出柱温与分离度之间的相关曲线图。

（5）根据色谱图上的保留值数据及色谱峰宽度，计算各组分的柱效能指标。

六、思考题

（1）什么是顶空气相色谱法？

（2）如何选择进样量？

（3）根据以上实验结果，你认为选择什么样的柱温和载气流速比较合理？

实验三　二甲苯异构体混合物的分析

一、实验目的

了解二甲苯异构体之间的性质差异，学会顶空气相色谱法测定二甲苯异构体的方法，了解分析测定条件的摸索方法，掌握色谱分析中的注射器进样操作，学会分析结果的数据处理。

二、实验原理

二甲苯的异构体有邻二甲苯、对二甲苯、间二甲苯三种，尽管分子组成相同，但由于它们的分子结构不同，在性质上表现出一定的差异性。二甲苯异构体之间物理性质的差异见表 5-7。在化学性质上，它们也表现出一些差异，如对二甲苯的空间位阻最小，因而最易发生取代反应。

表 5-7　二甲苯的分子结构与部分物理性质

结构式	![邻二甲苯结构式] CH₃ CH₃	![间二甲苯结构式] CH₃ CH₃	![对二甲苯结构式] CH₃ CH₃
名称	邻二甲苯	间二甲苯	对二甲苯
沸点/℃	144.41	139.10	138.35
熔点/℃	−25.17	−47.40	13.26
密度/（g/cm³）	0.880	0.864	0.861
临界温度/℃	360.2	346.9	346.1

顶空气相色谱法的测定原理是：在恒温的密闭容器中，水样中的二甲苯异构体在气液两相之间分配达到平衡，用注射器抽取液上的气相样品进样，进行分析测定。

本实验的色谱操作条件如下（仅供参考）。

① 色谱柱：长 3 m，内径 4 mm 的螺旋形不锈钢柱或玻璃色谱柱。

② 柱填料：（3%有机皂土—101 白色担体）：（2.5%DNP—101 白色担体）=35：65。

③ 温度：柱温 65℃；气化室温度 200℃；检测器温度 150℃。

④ 气体流量：氮气 40 mL/min；氢气 40 mL/min；空气 400 mL/min。应根据仪器型号选择最合适的气体流速。

⑤ 检测器：FID。

⑥ 进样量：5 mL。

三、实验仪器与试剂

1. 仪器

气相色谱仪（附 FID）、带有恒温水槽的振荡器（由康氏振荡器、超级恒温水浴等组成，或使用专用恒温装置）、100 mL 的全玻璃注射器（或气密性注射器、配有耐油胶帽）、5 mL 的全玻璃注射器、10 μL 的微量注射器、分液漏斗、移液管、烧杯等。

2．试剂

有机皂土及色谱固定液；邻苯二甲酸二壬酯（DNP）、色谱固定液及 101 白色担体（60～80 目）；对二甲苯、间二甲苯、邻二甲苯的标准物（色谱纯试剂）；氯化钠，优级纯；高纯氮气，99.999％。

四、实验步骤

（1）顶空样品的制备。称取 20 g 的氯化钠，放入 100 mL 的注射器中，加入 40 mL 的水样，再吸入 40 mL 氮气，然后将注射器用胶帽封好。将其置于振荡器水槽中固定，在 30℃的恒温下振荡 5 min，抽取液上空间的气样 5 mL 做色谱分析。当水样中的二甲苯异构体浓度较高时，可适当减少进样量。

（2）标准曲线的绘制。用贮备液配制对二甲苯、间二甲苯、邻二甲苯的标准系列混合水溶液，其质量浓度分别为 5 µg/L、20 µg/L、40 µg/L、60 µg/L、80 µg/L、100 µg/L。然后取不同浓度的标准系列溶液，按"顶空样品的制备"方法处理，取 5 mL 液上气相样品进样分析，绘制浓度—峰高的标准曲线。

五、数据处理

（1）标准曲线的绘制：由样品色谱图上量得各组分的峰高，然后将浓度做横坐标，对应的峰高做纵坐标，画出各物质的标准曲线图。

（2）量出待测样品中二甲苯异构体各自的峰高，再从其标准曲线上，查得样品中各组分的质量浓度大小。

六、注意事项

（1）配制标准贮备液时，要在通风良好的状态下进行；

（2）分析中所给定的色谱条件只是参考值，不同的检测器或不同时间的分析，条件可能会有所不同；

（3）分析测定的条件要维持完全一致才行，否则测定结果将没有可比性；

（4）配制标准贮备液时，可将移取的色谱纯试剂（对二甲苯、间二甲苯、邻二甲苯）加入到少量的甲醇中，再配制成水溶液，以增加其溶解度。

实验四　程序升温毛细管柱分析苯系物

一、实验目的

了解毛细管色谱柱的性能和安装连接方法，了解程序升温的含义，学会程序升温操作，学会色谱操作条件的选择方法。

二、实验原理

苯系物是一类有毒的物质，包括苯、甲苯、二甲苯、乙苯、苯乙烯、异丙苯等，其毒性能作用于人的中枢神经系统和造血组织，使人免疫力下降，世界卫生组织已经确定它们为强烈致癌物质。长期吸入苯能导致再生障碍性贫血，若造血功能完全破坏，可引起白血病。苯会对皮肤、眼睛和上呼吸道有刺激作用，苯对女性的危害比对男性更多些，育龄妇女长期吸入苯会导致月经失调，孕期的妇女接触苯时，妊娠并发症的发病率会显著增高。甲苯还会导致胎儿畸形、中枢神经系统功能障碍及生长发育迟缓等，造成胎儿先天缺陷。苯系物如果扩散进入江河湖海，会引起鱼类等水生物死亡，而人如果吃了含苯的水产品，苯系物就会在体内积存。因此，苯系物的测定对于保护我们周围的环境具有重要意义。

许多行业都会产生苯系物，如合成纤维、塑料、橡胶、家居装修、汽车装潢、化工生产、石油炼制等。苯系物经常隐藏在油漆、各种涂料的添加剂以及各种胶黏剂、防水材料中，还可来自燃料和烟叶的燃烧。因为苯是一种无色并具有芳香气味的液体，所以专家们把它称为"芳香杀手"。家庭装修所用的涂料一般分为水性涂料和溶剂性涂料两种，产生污染的主要为后者，所以市民在装修时最好尽量选择水性涂料。

程序升温毛细管柱分析苯系物时，条件的选择非常重要。应着重于以下一些条件：

（1）载气种类选择。主要考虑对检测器的适应性，氢火焰检测器常用N_2或H_2做载气。当载气流速较小时，应采用分子量较大的N_2（或Ar），而且采用N_2做载气有利于充分发挥柱效，使难分离的物质对分离得更好，同时，N_2做载气也较经济，所以选用高纯N_2做载气。

（2）载气流速的选择。选择HP-INNOWAX色谱柱，苯系物中对二甲苯和间二甲苯为最难分离的物质对，已经有人做了实验，得到在不同载气流速下毛细管柱分析苯系物的出峰情况，见表5-8。

表 5-8　不同流速下的出峰情况（初始温度70℃）

载气流速/（mL/min）	线速/（cm/s）	分离情况
2.41	128	难分离物质对未能很好分离
0.7	37	分离效果好
0.33	18	分离出来的峰形不好，且时间过长

不同载气流速下苯系物的分离情形见图5-18。

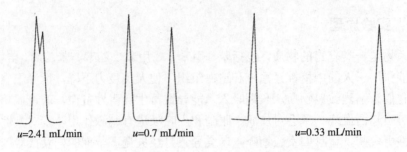

图 5-18　不同 N_2 流速对分离的影响

通过实验，选择载气流量为0.7 mL/min，线速为37 cm/s。

（3）温度的选择。通过实验，在不同的温度下考察苯系物的分离情况，结果如下：

① 50℃　苯、甲苯峰形不好；

② 55℃　乙苯、对（间）二甲苯分离效果好，但苯乙烯出峰时间过长（30多分钟）；

③ 70℃　苯、甲苯出峰情况好，苯乙烯出峰快一些，但乙苯、对（间）二甲苯分离效果不太好；

④ 85℃　乙苯、对（间）二甲苯分离效果不好，但苯乙烯出峰快（十几分钟）；

⑤ 90℃　苯、甲苯校正因子太大，出峰时间太接近。

综合考虑，既要把苯系物各物质分离开，尤其是乙苯与对（间）二甲苯分离开，又要使最后一个峰即苯乙烯出峰时间短，选择唯一的柱温是不能满足要求的，必须采用程序升温的方法。本实验的程序升温拟采用如下设定，见图5-19。

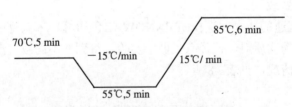

图 5-19　本实验拟采用的程序升温图

在上述条件下，苯系物分离情形将会得到如图5-20所示的结果。

（4）本实验选择的操作条件如下：气化室温度为 200℃，检测器温度为 200℃，柱温采用程序升温，初始温度 70℃；载气选择 N_2，流量为 0.7 mL/min（线速 37 cm/s）；分流比为 36∶1；燃气选择 H_2，流量为 35 mL/min；助燃气使用压缩空气，流量为 350 mL/min；进样量为 60 μL。

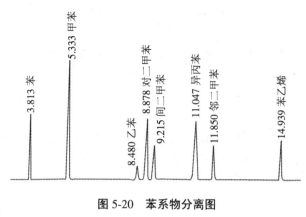

图 5-20　苯系物分离图

三、实验仪器与试剂

1．试剂

HP 5890 气相色谱仪（配HP 3395积分仪）；FID检测器；吹扫捕集器；色谱柱为25 m×0.20 mm×0.4 μm中等极性的HP-INNOWAX毛细管色谱柱；100 μL注射器，5 mL密封注射器（与吹扫捕集器配套使用）。

2．试剂

苯、甲苯、乙苯、邻二甲苯、间二甲苯、对二甲苯、苯乙烯、异丙苯均为色谱标准物；N_2为高纯氮气（纯度达到99.999%）。

四、实验步骤

（1）苯储备液（500 mg/L）的制备：称取 500 mg 苯，迅速注入盖有橡胶塞且充满水的 1 000 mL 容量瓶中，充分振荡，使苯在水中溶解平衡。此溶液放冰箱内保存，4℃时可保存一周（注意要密闭贮存，防止苯的挥发）。

（2）其他苯系物参照以上配制方法进行配制，都配制成浓度为 500 mg/L 的储备液。

（3）苯标准系列的配制：吸取苯储备液，配成浓度分别为 5 mg/L、10 mg/L、20 mg/L、50 mg/L、100 mg/L、150 mg/L、200 mg/L、300 mg/L、400 mg/L、500 mg/L 的标准系列溶液备用。

（4）其他苯系物标准系列的配制，也和苯一样配制同等浓度的标准系列溶液备用。

（5）分别吸取上述配得的苯系物标准溶液进行程序升温色谱分析。

（6）样品的测定：样品的分析要和标准曲线的测定条件一致，这样结果才有可比性。

① 高浓度样品（≥5 mg/L）的测定，吸取 60 μL 水样直接注入气相色谱仪，进行测定；

② 低浓度样品（0.005～5 mg/L）的测定，吸取 5 mL 水样经吹扫捕集器进入气相色谱仪，进行测定。

五、数据处理

（1）吸取配得的 5～500 mg/L 的苯系物标准系列溶液，进行色谱分析，同时测量相应的峰面积，采用峰面积进行定量分析。

（2）求出苯系物中各浓度对应的峰面积的回归方程及相关系数。

（3）以苯系物的浓度做横坐标，与之对应的峰面积做纵坐标，绘制出它们的标准曲线。

（4）根据样品的分析结果，看各自的峰面积大小，然后代入各自的回归方程，得出样品中苯系物的含量。

六、思考题

（1）叙述苯系物的来源和危害。

（2）毛细管色谱柱分离苯系物有什么特点？

（3）什么是程序升温？为什么要采用程序升温？

（4）程序升温有哪些优点？

【本章小结】

学习本章内容，着重要掌握以下几个方面：

1. 基本概念

色谱法	响应时间和进样范围
气相色谱法	分配过程
调整保留值	分配比与分配系数
相对保留值	总分离效能指标（分辨率）
分流进样	程序升温
顶空进样	保留指数
担体与固定液	校正因子
相对极性	归一化法
检测器灵敏度	外标法
敏感度	内标法
最小检测量	

2. 分离和检测原理

（1）气-固色谱分离组分的原理

（2） 气-液色谱分离组分的原理

（3） 热导池检测器的检测原理

（4） 电子捕获检测器的检测原理

（5） 氢焰离子化检测器的检测原理

（6） 氮磷检测器的检测原理

（7） 火焰光度检测器的检测原理

3．基本理论

（1） 塔板理论

（2） 速率理论

（3） 固定液相对极性理论

4．分离操作条件的选择

（1） 色谱柱的选择

（2） 担体的选择

（3） 固定液的选择

（4） 载气及其流速的选择

（5） 柱压的选择

（6） 柱温的选择

（7） 进样量的选择

（8） 气化温度的选择

（9） 检测器温度的选择

5．基本计算

（1） 调整保留值和相对保留值的计算

（2） 柱效的计算

（3） 总分离效能指标（分辨率）的计算

（4） 最短柱长的计算

（5） 相对极性的计算

（6） 校正因子的计算

（7） 浓度的计算

    1）归一化法。

    2）外标法。

    3）内标法。

【思考题】

1． 什么是色谱法？什么是气相色谱法？

2． 气相色谱法可以分为哪几类？

3. 什么是色谱保留值？有哪几种指标？

4. 什么是相对保留值？它有什么特点？

5. 标准偏差、半峰宽度及峰底宽度各是什么意思？三者之间有什么关系？

6. 气相色谱仪可分为哪几大系统？

7. 气源有什么作用？有哪些类型？

8. 进样系统的作用是什么？有哪几种进样技术？

9. 什么是顶空进样技术？有什么特点？

10. 什么叫担体？什么叫固定液？

11. 硅藻土型担体可以分为哪几类？各适合于分离什么类型的组分？

12. 硅藻土型担体为什么要进行预处理？有哪些预处理方法？

13. 对担体和固定液有什么要求？

14. 请叙述相对极性的概念和测定方法。

15. 制备色谱柱一般分为哪几个过程？

16. 色谱柱为什么要进行老化处理？老化时又为什么和后面的检测器之间要断开？

17. 毛细管色谱柱有什么特点？有哪几类？

18. 检测器的性能指标有哪些？如何衡量这些指标的好坏？

19. 试叙述 TCD、ECD、FID、NPD、FPD 几种检测器的结构与检测原理。

20. 试叙述气-固色谱和气-液色谱分离组分的原理。

21. 什么叫分配过程？什么是分配比和分配系数？

22. 什么是柱效能指标？在应用柱效能指标时需要注意哪些问题？

23. 试从范弟姆特方程出发，讨论采用哪些操作条件，能够提高柱效能？

24. 什么是总分离效能指标？在使用总分离效能指标时，需要注意哪些问题？

25. 如何选择适宜的色谱操作条件？从哪几方面进行努力？

26. 为什么可以采用色谱保留值进行定性分析？可以从哪些方面进行？

27. 什么是保留指数？其物理意义是什么？用它进行定性分析有什么好处？

28. 色谱定量分析为什么需要定量校正因子？如何测定定量校正因子？

29. 如何选择色谱峰面积的测量方法？

30. 色谱定量分析有哪些方法？请叙述分别在什么情况下可以用这些方法。

31. 采用 0.6 m 长的色谱柱分析某两个组分，已知记录纸速为 6 mm/min，其测定结果如下表：

	空气峰	组分 1	组分 2
保留值	18 秒	5 分 11 秒	5 分 47 秒
峰底宽度	—	3 mm	3 mm

（1） 计算各组分在此色谱柱上的柱效能指标；

（2） 计算此二组分的总分离效能指标；

（3） 通过计算，说明此二组分的色谱峰有没有完全分开；

（4） 若使它们能够完全分开，其所需的最短柱长是多少米？

32. 分析某种试样时，若已知两组分的相对保留值为 1.115，柱的有效塔板高度为 1 mm，若要在此柱上达到完全分离，其所需的最短柱长是多少？

33. 根据下表数据，计算苯的保留指数。

组分	惰性气体	正戊烷	正己烷	正庚烷	苯
t_R 值/s	74	126	205	405	274

34. 下列各组分在等量进样的情况下，测得各组分在色谱图上的数据如下，试以组分 a 为标准，计算出各组分的相对质量校正因子 f_m 值。

组分	a	b	c	d	e
峰面积（任意单位）	34	25	38	28	42

35. 为分析某甲苯、乙苯、对二甲苯三种物质的混合物，测得它们的峰面积（任意单位）和质量校正因子如下表：

组分	甲苯	乙苯	对二甲苯
峰面积	680	24	69
质量校正因子	0.93	0.97	1.00

试计算出各组分的质量分数。

36. 为测定某试样中苯酚的质量浓度，先配制苯酚的标准溶液质量浓度系列，然后在一定条件下进样分析，得到数据如下：

测定序号	1	2	3	4	5	6	7	8	试样
浓度/（μg/L）	1	2	5	10	20	50	100	200	x
峰面积（任意单位）	5.2	8.6	18.2	30.4	51.0	70.9	121	189	42.5

试根据以上数据，求出试样中苯酚的质量浓度。

37. 为分析某不含环己酮的试样中乙酸的含量，称取试样 1.025 g，同时称取 0.215 5 g 的环己酮做内标加入其中，混合均匀后，吸取此混合试样 5 μL 进样分析，测得色谱图上各物质的峰面积分别为（任意单位）：乙酸 75，环己酮 125；并已知它们的相对响应值分别为：乙酸 0.562，环己酮 1.00。求试样中乙酸的质量分数。

参考文献

[1] 许国旺，等. 现代实用气相色谱法. 北京：化学工业出版社，2004：35-41.

[2] 穆华荣，陈志超. 仪器分析实验. 2 版. 北京：化学工业出版社，2004：109-112.

[3] 朱明华. 仪器分析. 2 版. 北京：高等教育出版社，1992：5-78.

[4] 南开大学化学系《仪器分析》编写组.仪器分析. 下册. 北京：高等教育出版社，1978：511-632.

[5] 高向阳. 新编仪器分析. 2 版.北京：科学出版社，2004：189-230.

[6] 田丹碧. 仪器分析. 北京：化学工业出版社，2004：118-149.

[7] 国家环保总局. 水和废水监测分析方法. 4 版. 北京：中国环境科学出版社，2002：525-529.

[8] 中国石油化工总公司生产部质量处. 仪器分析基础. 北京：中国石油化工出版社，1993.

[9] 董敏茹，胡延光. 气相色谱毛细管柱测量废水中苯系物. 应用化工. 2004, 33（4）：44-48.

高效液相色谱法

【知识目标】

通过本章的学习，熟悉高效液相色谱法分析的基本原理，高效液相色谱仪的结构及工作原理；掌握高效液相色谱仪操作规程，实际操作技术要领，以及物质定性定量分析方法；了解常见高效液相色谱仪型号、功能及发展现状。

【能力目标】

能独立操作高效液相色谱仪，能根据测定要求选择流动相、固定相、分离方式和测量条件，能根据物质的性质选择合适的定性、定量方法。

第一节 高效液相色谱法概述

一、液相色谱法的产生与发展

液相色谱法就是以液体作为流动相的色谱法。1906年，俄国植物学家茨维特（Tswett）为了分离植物色素所采用的色谱法就是液相色谱法，但柱效极低，没有引起分析学家太多的注意力。一直到20世纪60年代后期，业已比较成熟的气相色谱的理论与技术被应用于经典液相色谱，经典液相色谱才得到了迅速的发展。填料制备技术的发展、化学键合型固定相的出现、柱填充技术的进步以及高压输液泵的研制，使液相色谱实现了高速化和高效化，产生了具有现代意义的高效液相色谱，而具有真正优良性能的商品——高效液相色谱仪一直到1967年才出现。

二、高效液相色谱法的特点

高效液相色谱法（HPLC）又称高压或高速液相色谱法，是一种以高压输出的液体为流动相的现代色谱技术。其分离原理与经典柱色谱原理相同，是由液体流动相将被分离混合物带入色谱柱中，根据各组分在固定相及流动相中吸附能力、分配系数、离子交换作用或分子尺寸大小的差异来进行分离。

HPLC除用于分离和分析外，还可用于制备，现已用制备色谱法生产出了许多高纯度的试剂和标准品，为此发展成了制备色谱；与质谱的联用，使样品的分离与鉴定达到了一个新的水平，并使物质的定性更加便捷。

三、HPLC 与 GC 的比较

HPLC是在GC高速发展的情况下发展起来的。它们之间在理论上和技术上有许多共同点，主要有：（1）色谱的基本理论是一致的；（2）定性定量原理完全一样；（3）均可应用计算机控制色谱操作条件和色谱数据的处理程序，自动化程度高。

与GC相比，HPLC具有以下三个方面的特点：

（1）使用范围更广。GC一般都在较高温度下进行分离和测定，其应用范围受到较大限制，只能分析气态、沸点较低、热稳定性强的化合物，可分析的有机物仅占有机物总数的20%。HPLC一般在室温下进行分离和分析，不受样品挥发性和高温下稳定性的限制，对于那些沸点高、热稳定性差、摩尔质量大的有机物，主要采用HPLC进行分离和分析。特别适用于分离和分析生物大分子、离子型化合物、不稳定天然产物和各种高分子，如蛋白质、氨基酸、核酸、多糖类、植物色素、高聚物、染料、药物等组分。

（2）流动相种类多，选择范围广，有利于提高柱效和分离效率。GC的流动相是惰性气体，仅起运载作用。HPLC中的流动相可以选择不同极性的液体，与固定相共同对组分起作用，使高效液相色谱增加了一个控制和改进分离条件的参数。因此，改变固定相和流动相都可以提高HPLC的分离效率。

（3）固定相吸附性好，色谱柱容量大，线性范围宽。GC固定相多是固体吸附剂和在担体表面上涂渍一层高沸点有机液体组成的液体固定相及近年来出现的一些化学键合相。GC固定相粒度粗，吸附等温线多是非线性的。HPLC固定相大都是新型的固体吸附剂及化学键合相，粒度小（一般为$3\sim5\ \mu m$），吸附等温线多是线性的，峰形对称。样品容量比GC高，分析型色谱柱最大容量可达50 mg以上。

另外，高效液相色谱仪和气相色谱仪在原理和结构上有较大差别。高效液相色谱仪具有高压输液系统，其检测器的检测原理和结构与GC有较大差异。

应该指出，高效液相色谱和气相色谱各有所长，相互补充。由于气相色谱法更快、更灵敏、更方便而且耗费低，因此凡能用气相色谱法分析的样品一般不用HPLC。在HPLC越来越广泛地获得应用的同时，GC仍然发挥着它的重要作用。

第二节　高效液相色谱的类型及选择

按组分在两相间分离机理分类，可分为十余种方法，以下主要介绍液-液色谱法、液-固色谱法、离子交换色谱法和凝胶色谱法。

一、液-液色谱法

液-液色谱法的流动相和固定相都是液体，它是利用样品组分在固定相和流动相中溶解度的不同，而在两相间进行不同的分配，从而实现分离的方法。分配系数大者，保留值大。过去液-液色谱的固定相是通过物理吸附的方法将液相固定液涂在担体表面，由于流动相的溶解作用或机械作用，很容易引起固定液的流失，且不能用于梯度洗脱。现多用化学键合的固定相，它是通过化学反应将有机分子键合在担体（一般为硅胶）表面，形成单一、牢固的单分子薄层而构成的柱填充剂。化学键合相具有以下特点：① 固定相不易流失，柱的稳定性和寿命较高；② 耐受各种溶剂，可用于梯度洗脱；③ 表面较为均一，没有液坑，传质快，柱效高；④ 能键合不同基团以改变其选择性，是HPLC较为理想的固定相。

可见，化学键合相不仅解决了固定液的流失问题，也改善了固定相的功能，而且也能用于梯度洗脱。

按照固定相和流动相的极性差别，液-液分配色谱可分为正相色谱法和反相色谱法两类。

（1）正相色谱法。正相色谱法的流动相极性小于固定相。在正相色谱中，固定相是极性填料（如含水硅胶），而流动相是非极性或弱极性的溶剂（如烷烃）。因此，样品中极性小的组分先流出，极性大的后流出，正相色谱法适于分析极性化合物。

现用得较多的是正相键合相色谱法，常以氰基或氨基化学键合相为固定相。氰基键合相以氰乙基取代硅胶的羟基，极性比硅胶小，选择性与硅胶相似，主要用于可诱导极性的化合物和极性化合物的分析。氨基键合相以丙氨基取代硅胶中羟基，其选择性与硅胶有很大的不同，主要用于分析糖类物质。正相键合相色谱法适用于分析中等极性的化合物，如脂溶性维生素、甾族、芳香醇、芳香胺、脂和有机氯农药等。

（2）反相色谱法。反相色谱法的流动相极性大于固定相，极性大的组分先流出色谱柱，极性小者后流出，适用于分析非极性化合物。反相键合相色谱法常将十八烷基、辛烷基或苯基键合在硅胶上构成反相键合相色谱的固定相，流动相是以在水为底溶剂，再加入一种能与水混溶的有机溶剂如甲醇、乙腈或四氢呋喃等以改变溶液的极性、离子强度和pH等。典型的反相键合相色谱是在十八烷基键合硅胶柱（简称ODS或C_{18}）上，采用甲醇-水或乙腈-水作流动相，分离非极性或中等极性的化合物如同系物、稠环芳烃、药物、激素、天然产物及农药等。

二、液-固色谱法

液-固色谱法也称液-固吸附色谱法，它是以固体吸附剂如硅胶、各种微球硅珠、氧化镁、氧化铝、活性炭、聚酰胺等作为固定相。一般吸附剂粒度为20～50 μm或35～75 μm，比液-液色谱固定相粒度大。

液-固色谱法分离物质的机理是溶质分子中官能团在吸附剂表面的吸附与解吸的相互作用不同，是溶质分子和溶剂分子对固定相的竞争吸附的结果。因此，溶剂的极性强弱对分离和分析速度影响很大。液-固色谱主要是用来分析具有极性官能团而极性不太强的化合物，它的特点在于具有特殊的选择性。对同系物的选择性很小，而对不同族化合物具有极好的选择分离能力。因此，液-固色谱有利于按族分离化合物。此外，由于溶质分子在吸附剂活性中心上的吸附能力与分子的几何形状有关，因而液-固色谱对异构体有较高的选择性，能分离几何异构体（顺、反异构体）和同分异构体（不同取代位）。

液-固吸附色谱的主要缺点是重复性差，故对流动相的含水量必须严格控制，方能获得有重复性的保留值。因此，每次分析后，特别是做梯度洗脱时，色谱柱再生的时间很长，耗费溶剂多。

三、离子交换色谱法

离子交换色谱法的固定相为离子交换树脂，流动相为水溶液，它利用待测样品中各组分离子与离子交换树脂的亲和力不同进行分离。

离子交换树脂分为阳离子交换树脂和阴离子交换树脂，其交换过程可表示为

$$阳离子交换 \quad M^+ + Y^+R^- \rightleftharpoons Y^+ + M^+R^-$$
$$阴离子交换 \quad X^- + R^+Y^- \rightleftharpoons Y^- + R^+X^-$$

式中：R——树脂；

Y——树脂上可电离的离子；

M^+、X^-——流动相中溶质的正负离子。

组分离子对离子交换树脂的亲和力越大，交换能力就越大，越易交换到树脂上，保留时间就越长；反之，亲和力小的离子，保留时间就越短。

常用的离子交换色谱固定相有以交联聚苯乙烯为基体的离子交换树脂和以硅胶为基体的键合离子交换剂，流动相常为缓冲溶液。离子交换色谱主要用于分离离子和可离解的化合物如有机酸碱、氨基酸、核酸和蛋白质等。

四、凝胶色谱法

凝胶色谱法也称空间排阻色谱法，是采用一定孔径的凝胶（一种多孔性物质）作固定相，其流动相可以是水溶液，也可以是有机溶剂。前者称为凝胶过滤色谱，后者称为凝胶渗透色谱，但二者的分离机制相同。

与其他色谱法不同的是，凝胶色谱不是靠被分离组分在固定相和流动相之间的相互作用力的不同来进行分离，而是按被分离组分的分子尺寸与凝胶的孔径大小之间的相互关系进行分离。当样品由流动相携带流过色谱柱时，由于凝胶内具有一定大小的孔穴，体积大的分子不能渗透到孔穴中去而被排阻，因而较早地被淋洗出来；

小分子可完全渗透入内，最后洗出色谱柱；中等体积的分子部分渗透，介于二者之间洗出。这样将样品组分按分子体积的大小分离开来。

凝胶色谱要求流动相黏度低、沸点比柱温高25～50℃，能溶解样品，与凝胶本身非常相似以便能润湿凝胶并防止吸附作用，此外还必须与检测器匹配。常用的流动相有四氢呋喃、甲苯、氯仿和水等。

凝胶色谱法具有分析时间短、谱峰窄、灵敏度高、试样损失小以及色谱柱不易失活等优点，但峰容量有限，不能分辨分子大小相近的化合物如异构体等。凝胶色谱法常用于测定高聚物的相对分子质量分布和各种平均相对分子质量，也可用于分离相对分子质量大的物质，如蛋白质、核酸、油脂、添加剂等，工业中主要用于分离纯化聚合物和蛋白质。

五、液相色谱的简单模型

上述各类液相色谱的分离机理可用图6-1表示。

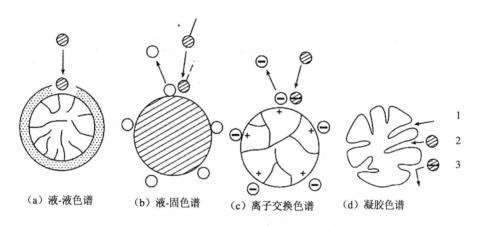

（a）液-液色谱　　（b）液-固色谱　　（c）离子交换色谱　　（d）凝胶色谱

○溶剂分子；⊘溶质分子；⊖平衡分子；⊗阳离子样品

1—全渗透；2—部分渗透；3—排阻

图6-1　各类液相色谱的分离机理示意图

六、分离类型的选择

在解决某一试样的分析任务时，色谱分离类型的选择，主要根据样品的性质，如相对分子质量高低，水溶性或是非水溶性，离子型或是非离子型，极性的或是非极性的，分子结构如何等来选择，选择方法可用图 6-2 表示。

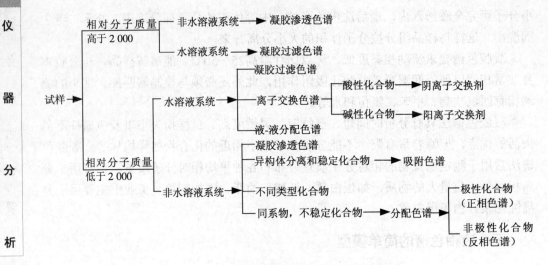

图 6-2　HPLC 分离类型选择方法示意图

第三节　高效液相色谱仪

　　高效液相色谱仪是由高压输液系统、进样系统、分离系统、检测系统和数据处理系统5个部分组成。此外，还配有梯度淋洗、自动进样器等辅助系统。装置示意图如图6-3所示。

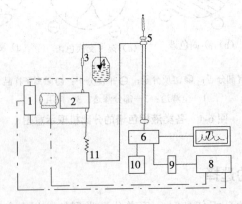

1—梯度洗脱装置；2—高压输液泵；3—过滤器；4—贮液罐；5—色谱柱；6—检测器；7—记录仪；
8—微处理机；9—检测器微处理机界面装置；10—自动收集器；11—压力脉动阻滞器

图 6-3　高效液相色谱装置示意图

其工作过程为：高压泵将储液器中的溶剂经进样器送入色谱柱中，然后从检测器的出口流出。当待测样品从进样器注入时，流经进样器的流动相将其带入色谱柱中进行分离，然后依次进入检测器，由记录仪将检测器送出的信号记录下来得到色谱图。

现将各部分分述如下：

一、高压输液系统

高压输液系统由贮液罐、脱气装置、高压输液泵及梯度洗脱装置组成。

（一）贮液罐

贮液罐是一个存放洗脱液的容器，其材料必须对洗脱液来说是化学惰性的，可为玻璃、不锈钢及氟塑料等，容积一般为 0.5～2 L，与脱气装置相配套。

（二）过滤与脱气装置

高效液相色谱仪所用的洗脱液和注入系统的样品应无固体微粒和纤维，以免堵塞管道。洗脱液上机前需用滤膜过滤。有的仪器在贮液罐和输液泵入口之间；有的在输液泵出口与进样器之间，配以多孔性氟塑料滤板，以阻止洗脱液中微粒、纤维进入泵体。

洗脱液进入高压泵前应充分脱气，这是因为：① 气泡留在泵中影响泵的正常工作，使洗脱液的压力不稳，造成基线的噪声增加；② 洗脱液中的氧能破坏样品，降低检测器的灵敏度；③ 当洗脱液流出色谱柱进入检测器时，由于洗脱液压力下降，产生气泡，会影响检测器正常工作。

常用的脱气方式有：吹氮脱气法、低压脱气法、超声波脱气法。

（三）高压输液泵

高压输液泵是将洗脱液在高压下连续不断地送入柱系统，并使样品在色谱柱中完成分离的装置，它是色谱仪的关键部件。输液泵的种类很多，按输出液体的情况可分为恒压泵和恒流泵。按工作方式恒压泵又分为液压隔膜泵和气动放大泵，恒流泵分为螺旋注射泵和往复柱塞泵。目前，绝大部分的高效液相色谱仪采用的都是往复柱塞泵（图6-4）。

往复柱塞泵柱塞向前运动，液体输出，流向色谱柱；向后运动，将贮瓶中的液体吸入缸体。如此往复运动，将流动相源源不断地输送到色谱柱。这种泵的容积只有几毫升，易清洗，易更换流动相。往复柱塞泵属恒流泵，流量不受柱阻影响。这种泵的缺点是输液的脉动性较大，目前多采用双泵补偿法克服这一缺点。高效液相色谱仪对泵的要求是：无脉动、流量恒定、流量范围宽、耐高压、耐腐蚀及适于梯度洗脱等。

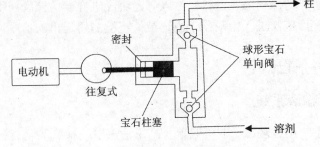

图 6-4　往复柱塞泵

（四）梯度洗脱装置

在液相色谱中常用的梯度洗脱技术是指流动相梯度，即在分离过程中改变流动相组成（溶剂极性、离子强度、pH等）或改变流动相的强度。梯度洗脱装置依据梯度装置所能提供的流路个数可分为二元梯度、三元梯度等，依据溶液混合的方式可分为高压和低压梯度。高压梯度是用2台高压泵将溶剂按程序混合，然后再送入色谱柱。低压梯度是在常压下先将溶剂按程序混合，然后再用1台泵增压送入色谱柱。

梯度洗脱技术不仅可以改进复杂样品的分离，改善峰形，减少拖尾并缩短分析时间，而且还能降低最小检测量和提高分离精度。梯度洗脱对复杂混合物、特别是保留值相差较大的混合物的分离是极为重要的手段。

二、进样系统

进样系统是将被分离的样品导入色谱柱的装置，在液相色谱中对进样装置的要求是：具有良好的密封性和重复性，死体积小，便于实现自动化。常用的进样器有以下两种。

（一）六通阀进样装置

六通阀的特点是耐高压、死体积小，其阀体用不锈钢材料，旋转密封部分由合金陶瓷制成，既耐磨，密封性又好，六通阀的进样示意图如图6-5所示。当进样阀手柄置"取样"位置，用平头注射器吸取比定量管体积稍多的样品从"6"处注入定量管，多余的样品由"5"排出，再将进样阀手柄置"进样"位置，流动相将样品携带进入色谱柱。用六通阀进样具有进样准确、重复性好及可带压进样等优点。

（二）自动进样器

自动进样器是由计算机自动控制定量阀，按预制的程序工作。取样、进样、复位、管路清洗和样品盘的转动，全部按预定程序自动进行。自动进样重复性高，适合大量样品分析，节省人力，可实现自动化操作。

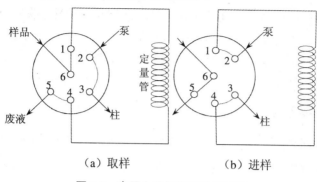

（a）取样　　　　　（b）进样

图 6-5　高压六通阀的进样示意图

三、分离系统

色谱分离系统包括色谱柱、恒温器和保护柱等。分离系统性能的好坏是色谱分析的关键。采用最佳的色谱分离系统，充分发挥系统的分离效能是色谱工作中重要的一环。

（一）色谱柱

色谱柱包括柱子和固定相两部分。柱子的材料要求耐高压，内壁光滑，管径均匀，无条纹或微孔等。最常用柱材料是不锈钢管。每根柱端都有一块多孔性（孔径 $1\mu m$ 左右）的金属烧结隔膜片（或多孔聚四氟乙烯片），用以阻止填充物逸出或注射口带入颗粒杂质。当反压增高时，应予更换（更换时，用细针剔出，不能倒过来敲击柱子），柱效除了与柱子材料有关外，还与柱内径大小有关。应使用"无限直径柱"以提高柱效。

（二）恒温器

柱温是液相色谱的重要操作参数。一般来说，在较高的柱温下操作具有三个好处：

（1）能增加样品在流动相中的溶解度，从而缩短分析时间。通常柱温升高 6°C，组分保留时间减少约 30%。

（2）改善传质过程，减少传质阻力，增加柱效。

（3）降低流动相黏度，因而在相同的流量下，柱压力降低。液相色谱常用柱温范围为室温至 65°C。

（三）保护柱

为了保护分析柱，常在进样器与分析柱之间安装保护柱。保护柱是一种消耗性的柱子，它的长度比较短，一般只有 5 cm 左右。虽然保护柱的柱填料与分析柱一样，但粒径要大得多，这样便于装填。保护柱应该经常更换以保持它的良好状态而使分析柱不被污染。

四、检测系统

HPLC 检测器是用于连续监测被色谱系统分离后的柱流出物组成和含量变化的装置。其作用是将柱流出物中样品组成和含量的变化转化为可供检测的信号，完成定性、定量分析的任务。

理想的高效液相色谱检测器应具备灵敏度高、重现性好、响应快、线性范围宽、对温度和流动相波动不敏感等特性。商品化的 HPLC 检测器有紫外吸收检测器（UVD）、荧光检测器（FD）、示差折光检测器（RID）、电化学检测器（ECD）、蒸发光散射检测器（ELSD）等多种类型。近年来发展的新型检测器有质谱检测器和傅里叶红外检测器，它们的使用使液相色谱定性功能大大增强。

（一）紫外吸收检测器

紫外吸收检测器是一种选择吸收性的浓度型检测器，是HPLC中应用最广泛的检测器之一，它通过测定物质在流动池中吸收紫外光的大小来确定其含量。可分为固定波长检测器（单波长检测器）、可变波长检测器（多波长检测器）和光电二极管阵列检测器（PDAD）。紫外吸收检测器不仅灵敏度和选择性高，而且对环境温度、流动相流速波动和组成变化不敏感，无论等度或梯度淋洗都可使用，对强吸收物质的检测下限可达1 ng。该法可以用来分析测定对紫外光（或可见光）有吸收的化合物，约有70%的样品可以使用紫外吸收检测器进行分析测定。

近年来发展起来的光电二极管阵列检测器（PDAD），可以在一次色谱操作中获得吸光度、时间和待测组分紫外吸收光谱图同时在一起的三维谱图，信息量更多，可同时进行定性和定量分析。

（二）荧光检测器

荧光检测器具有极高的灵敏度和良好的选择性，其灵敏度可达10^{-9}级，比紫外吸收检测器高10～1 000倍，所需试样少，可以检测具有荧光的物质或能形成荧光配合物的物质，在药物和生化分析中有着广泛的用途，适于稠环芳烃、甾族化合物、酶、氨基酸、维生素、色素、蛋白质中荧光物质的测定。

（三）电化学检测器

电导检测器和安培检测器都属于电化学检测器。电导检测器主要应用于离子色谱法，其作用原理是用两个相对电极测量水溶液中离子型溶质的电导，由电导的变化测定淋洗液中溶质浓度。电导检测器具有死体积小、敏感度高、线性范围宽的特点，但受温度影响大，pH＞7时不够灵敏；安培检测器是离子色谱中常用的又一种检测器，主要用于测定能氧化、还原的物质，灵敏度很高。

（四）其他检测器

示差检测器也称光折射检测器，是一种通用型检测器，按其工作原理分为偏转式和反射式。它是基于连续测定色谱柱流出物光折射的变化来测定样品的浓度。原则上凡是与流动相光折射指数有差别的样品都可以用示差检测器来测定，但示差检测器灵敏度低，折光率随环境温度变化大，不能用于梯度洗脱。

蒸发光散射检测器是一种通用型检测器，对所有固体物质有几乎相等的响应，检测限一般为8～10 ng，可用于挥发性低于流动相的任何样品组分的测定，并可用于梯度洗脱，但对有紫外吸收的样品组分灵敏度低。

五、数据处理系统

高效液相色谱的数据处理系统主要有记录仪、色谱数据处理机和色谱工作站，其作用是记录和处理色谱分析的数据。目前使用比较广泛的是色谱数据处理机和色谱工作站。

六、常见液相色谱仪的使用及日常维护保养

（一）使用方法

HPLC 仪器的型号虽然繁多，但实际操作步骤却几乎一致。以下以美国Agilent 1100 高效液相色谱仪为例，简单说明其使用方法。

Agilent 1100 高效液相色谱仪系列，配四元梯度泵、真空在线脱气机、紫外可变波长检测器或二极管阵列检测器、自动（或手动）进样器和Agilent 1100 化学工作站等。

（1）开机操作。打开主机和计算机电源，自上而下打开各个组件电源，启动化学工作站。

（2）进样前准备。先以所用流动相冲洗系统一定时间（如所用流动相为含盐流动相，必须先用水冲洗20 min以上再换上含盐流动相），正式进样分析前30 min左右开启D灯或W灯，以延长灯的使用寿命。

（3）建立色谱操作方法。设置分离条件，确定流动相流速及配比、检测器波

长等，并注意保存方法文件。

（4）运行样品分析。仪器稳定后进样分析，并注意观察样品分析、分离情况；手动进样时，注意清洗进样针筒，洗针液一般选择与样品液一致的溶剂，进样前须用样品液润洗进样针筒，并排除针筒中的气泡。

（5）运行结束操作。样品分析结束后，一般先用水或低浓度甲醇水溶液冲洗整个管路30 min以上，再用甲醇冲洗。冲洗过程中关闭D灯、W灯。

（6）关机操作。先关闭高压输液泵、检测器，再关闭工作站和计算机，自下而上关闭色谱仪各组件，关闭洗泵溶液的开关，最后关闭电源。

（7）盖上仪器防尘罩，填写仪器使用记录。

（二）日常维护

高效液相色谱仪是一种很精密的分析仪器，为保证其性能，使用时要求：第一，流动相必须用0.45 μm的滤膜过滤，用超声波清洗器脱气后才可使用；第二，保持仪器各部件的清洁，不让水或腐蚀性溶剂滞留在泵或进样器中；第三，进样前必须对样品进行必要的净化；第四，色谱柱应在要求的pH范围和柱温范围下使用，应避免突然变化的高压冲击等。

第四节　液相色谱固定相

一、液-固色谱固定相

液-固色谱用的固定相，大都是以硅胶为基体的各种类型的硅珠。最初使用的是粒度 30～70 μm 的全多孔硅珠，比表面积为 100～400 m²/g，孔径大而深。其优点是：粒度大，易于装柱；比表面积大则柱容量大，允许较大进样量；制作工艺简单，成本也低。但由于孔径深，传质阻力大，柱效不高。近年来，由于筛分工艺和装柱技术的进展，现已普遍采用粒度为 3～10 μm 的全多孔微粒型硅珠，无论在柱效还是柱容量方面都有很大提高。全多孔硅珠分为无定型和球形两种。

多孔层硅珠也称表面多孔硅珠或薄壳型硅珠。它是在粒度为 30～50 μm 的硅珠表面上，覆盖一层多孔性基质，厚度为 1～2 μm。这种多孔层硅珠的优点是：孔浅，传质阻力小，柱效较高。此外，流动性好，可用干法装柱。缺点是比表面积小，只有 1～20 m²/g，故样品容量小，易发生过载现象，只适用于高灵敏度检测器。

堆积型硅珠综合上述两类硅珠的优点，以约 50×10⁻¹⁰ m 的硅胶悬浮液经成珠凝聚工艺处理，堆积成 5～10 μm 的堆积硅珠。它的优点是粒度分布窄（4～6）μm，比表面积大，柱渗透性小，所以柱效高，压力低。缺点是制造工艺复杂，价格昂贵。

各种类型的硅珠如图 6-6 所示。

玻璃核

（a）薄壳型硅珠；（b）无定型全多孔硅珠；（c）球形全多孔硅珠；（d）堆积型硅珠

图 6-6　各种类型的硅珠

从速率理论公式的简化式可以看出，固定相的粒度对柱效的影响是很大的。因此，近年来发展的微粒型全多孔硅珠和堆积型硅珠具有传质快，柱效高，容量大的优点，已成为液-固色谱常用的固定相，普遍取代了多孔层硅珠。表 6-1 列出了两种固定相的性能比较。

表 6-1　两种固定相的性能比较

性　能	多孔层硅珠	微粒型硅珠
粒度/μm	30～50	5～10
最佳 H 值/mm	0.2～0.4	0.01～0.03
柱长/cm	50～100	10～25
柱内径/ mm	2	2～5
柱压	小	大
样品容量/（mg/g）	0.05～0.1	1～5
比表面/（m²/g）	10～25	400～600

除了上述各类硅珠外，还有氧化铝、分子筛、聚酰胺等，但目前已较少使用了。

二、液-液色谱固定相

在20世纪60年代末，液-液色谱采用的固定相主要是类似于气相色谱的涂渍固定相，只是粒度大大低于气相色谱固定相。常用的载体主要是液-固色谱的固定相用的全多孔型硅珠、薄壳型硅珠和堆积型硅珠。气相色谱用的其他担体也有应用，但不常用。常用的固定液只是极性不同的为数不多的几种，β，β'-一氧二丙腈、聚乙二醇、角鲨烷等，这类涂渍固定相最大缺点是：固定液容易流失，稳定性和重复性不易保证。因此，一般都需要在分析柱前加一根预饱和柱，即在普通担体上涂渍上高含量（一般为30%）的与分析柱相同的固定液，让流动相先通过预饱和柱，事先用固定液把流动相饱和，以保护分析柱中固定液不致流失。但是，经过这样的改进，并未完全解决问题。为了克服这个缺点，人们研究了化学键合固定相。化学键合固定相的出现，是高效液相色谱发展的一个重要里程碑，它兼有吸附和分配色谱两种机理，这种色谱称为键合相色谱或键合色谱，简称BPC。

化学键合固定相的优点是：① 由于表面键合了有机物基团，消除了表面的吸附活性点，使表面更均一；② 可以通过改变键合有机分子的各种不同基团来改变选择性；③ 柱效高；④ 固定液不易流失，提高了柱子的稳定性和使用寿命；⑤ 由于牢固的化学键能耐各种溶剂，有利于梯度淋洗和样品的回收。

化学键合相主要是以硅珠为基质，利用硅珠表面的硅酸基团与键合基反应而制成。按极性分为非极性、极性和中等极性3类。非极性键合相又称反相键合相，这类键合相表面基团为非极性烃基，如十八烷基、辛烷基、乙基、甲基和苯基等。十八烷基键合硅胶（octadecylsilane，ODS或C$_{18}$），简称十八烷基键合相，是最常用的非极性键合相。极性键合相指键合有机分子中含有某些极性基团，与空白硅胶相比其极性键合相表面能量分布均匀，可看成是一种改性过的硅胶，常用的极性键合相有氨基、氰基等，可用做正相色谱的固定相。

三、离子交换剂

经典的多孔型离子交换树脂很少用于高效液相色谱法，因为它们不能承受压力。目前已专门研制了粒度小而均匀，稳定性好，pH范围广，交换容量大，能耐高压的离子交换剂。常用离子交换剂的结构有两种类型：一种类型是以硅胶或玻璃微球为基质，表面涂覆一层离子交换树脂，或将离子交换基团键合在硅胶表面而成；另一类是苯乙烯与二乙烯基苯的共聚物，增加聚合物中二乙烯基苯的含量，可以提高机械强度和树脂的交联度，但树脂交联度过大、孔径小、渗透性低，不利于分离。最常用的是中等交联度3%～12%的树脂。两种结构类型的树脂见图6-7。

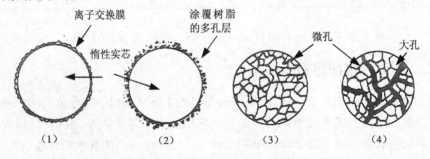

图 6-7　离子交换树脂的结构类型

按离子交换基团的性质将离子交换树脂分为强酸性或弱酸性阳离子交换树脂，强碱性或弱碱性阴离子交换树脂。常见的强酸性阳离子交换树脂的交换基为亚硫酸基（—SO$_3$H），弱酸性的为羧基（—COOH）。强碱性阴离子交换树脂的交换基为季铵盐（—CH$_2$N(CH$_3$)$_3$Cl），弱碱性的为—NH(R)$_2$Cl。

交换容量是指每克干树脂（或每毫升湿树脂）可以交换的离子的物质的量。它是离子交换树脂的重要特性指标。交换容量大，进样量大，有利于微量分析和制备分离。交换容量小，要求使用进样量小及灵敏度高的检测器。但是容量大的离子交换树脂往往能较牢固地保留离子，需要用浓度高的缓冲液（1～5 mol/L）当流动相，才能从柱上洗脱下来。此外，交换容量往往与pH有关。对于强酸和弱酸性阳离子交换树脂最适宜的pH分别为2～14和8～14；而强碱性和弱碱性阴离子交换树脂，最适宜的pH分别为2～10和2～6。

高效液相色谱常用的离子交换剂有薄壳玻珠（1）—苯磺酸、薄壳玻珠（1）—乙基苯磺酸、薄壳玻珠（1）—丙氨基丙酸、堆积硅珠—丙氨基丙酸、薄壳玻珠（3）—丙基辛基二甲胺氯等。

四、凝胶色谱固定相

常用的凝胶色谱固定相分为软性、半硬质和刚性凝胶三种。凝胶是含有大量液体、柔软而富有弹性的物质，是一种经过交联而具有立体网状结构的多聚体。

1. 软性凝胶

软性凝胶如葡聚糖凝胶、琼脂凝胶等。软性凝胶在高的流速下被压缩，只适用于低流速、低压下使用，不适用于高效液相色谱。

2. 半硬质凝胶

半硬质凝胶如苯乙烯—二乙烯基苯交联共聚凝胶、聚苯乙烯凝胶styragel系列、聚乙酸乙烯酯类merckogel系列等，可耐较高压力，但压力一般不能超过150 kg/cm^2，柱效高。

3. 刚性凝胶

刚性凝胶如多孔硅胶、多孔玻珠等。该凝胶具有恒定的孔径和较窄的粒度分布，因此色谱柱易于填充均匀，对流动相溶剂体系、压力、流速、pH和离子强度等都影响较小，适用于高效液相色谱操作。

第五节　液相色谱流动相

在液相色谱中，可作为流动相的溶剂很多，它们的极性、浓度、黏度等差别很大，因此，选择流动相对分离影响很大。

一、对流动相的要求

（1）应当与固定相互不相溶，并能保持色谱柱的稳定性。

（2）应有高纯度，以防所含微量杂质在柱中积累，引起柱性能的改变。

（3）应与所使用的检测器相匹配。如使用紫外吸收检测器，就不能选用在检测波长下有紫外吸收的溶剂；若使用示差折光检测器，就不能使用梯度洗脱。

（4）应对样品有足够的溶解能力，以提高测定的灵敏度。

（5）应具有低的黏度和适当低的沸点。低黏度溶剂，可减少溶质的传质阻力，有利于提高柱效。

（6）应尽量避免使用具有显著毒性的溶剂，以保证工作人员的安全。

二、溶剂强度与溶解度参数

流动相的极性在液相色谱中是一个很重要的因素。容量因子k'值可用选择固定相来改变，但往往是不方便的。在实际工作中，常常用改变流动相的极性来改变k'值。溶剂极性的大小，可以用表6-2所列的溶剂强度（E^0）来表示，这种溶剂强度的顺序称为洗脱序列，在柱色谱的洗脱中，溶剂强度的顺序与溶剂的洗脱能力大致相符。因此，可以用溶剂洗脱序列为依据，正确地选择一定强度的溶剂，以解决色谱分离问题。

表6-2　常用溶剂的溶剂强度与溶解度参数

溶剂	溶剂强度（E^0）	溶解度参数（d）
正戊烷	0.00	7.1
正己烷	0.01	7.3
环己烷	0.01	8.2
四氯化碳	0.18	8.6
苯	0.32	9.2
乙醚	0.38	7.4
氯仿	0.40	9.1
二氯甲烷	0.42	9.6
四氢呋喃	0.45	9.1
二氧六烷	0.56	9.8
丙酮	0.56	9.4
乙酸乙酯	0.58	8.6
乙腈	0.65	11.8
甲醇	0.95	12.9
水	最大	21

Hildebrand 的溶解度参数（d）是溶剂极性的另一个标度，利用这种溶解度参数可以建立一套定量的洗脱序列。因为d值是由静电力、诱导力、色散力和分子作用力的总和所决定的，它不仅能定量地表示溶剂的强度，而且能从分子作用力的角度正确地解释溶剂的选择性。

三、液-固色谱流动相的选择

液-固色谱流动相的选择主要从三个方面考虑：选择最佳的溶剂强度；选择适当的溶剂组成；控制溶剂的含水量。

首先应选择一个最佳的溶剂强度，使流出峰的容量因子均在1～10范围内。因此，如果一个初始溶剂太强，k'值太小，就可选择一个较弱溶剂来代替（较小的E^0值），相反亦然，使所有组分的容量因子在1～10。

如果流出峰的k'值位于1～10范围内，也就是说，溶剂强度已最佳化了，有一些组分未能分离的话，此时，为了改进分离的选择性可改变溶剂组成，采用混合溶剂来代替单一溶剂，但仍需保持原来的溶剂强度。

作为液-固色谱来说，固定相的含水量是很重要的，如何保持色谱系统的水分处于平衡状态是关键。因此，需要精确控制流动相的含水量，这点是不能忽视的。

四、液-液色谱流动相的选择

液-液色谱大致可分正相色谱、反相色谱和离子对色谱三种类型。

1. 正相色谱

在正相色谱中，极性化合物可在最佳的k'值时洗脱。因而，在非极性的流动相中，则需加入一些极性改性剂调节溶剂的强度，以达到适当分离的目的。典型的极性改性剂有甲醇、四氢呋喃、氯仿等。具体调节步骤是：先选择单一的非极性溶剂，使其k'值在1～10；然后，在已选择好的单一非极性溶剂基础上，加入极性改性剂，以使组分更好地分离；对k'值相差很大的复杂组分，可用梯度洗脱技术。

2. 反相色谱

在反相色谱中，非极性的组分可在最佳的k'值下洗脱，而且反相色谱具有分离极性范围较宽的极性组分的能力。水的极性最大，用强溶剂甲醇和乙腈以适当的比例与水混合作流动相，加上适当的其他溶剂，配合梯度洗脱技术就能很好地分离复杂组分。因此，反相色谱的应用范围很广。

3. 离子对色谱

它又分为正相和反相离子对色谱，反相离子对色谱适用性更广。反相色谱不能有效地分离电解质，若在流动相中加入适当的反相离子使之与样品离子形成疏水性离子对，就可以在反相系统中分配。因此，改变反相离子浓度，就可以控制样品的分配系数，得到最佳的k'值，从而达到分离的目的。

五、离子交换色谱流动相的选择

离子交换色谱过程是在含水介质中进行的，色谱峰的保留值主要是由流动相的pH和缓冲液类型来控制的，离子交换色谱流动相的选择主要从三个方面来考虑。

1. pH

pH对交换基团和样品的离解度有很大的影响。一般来说增加pH，样品的正电性降低，在阳离子交换色谱上样品保留值降低，在阴离子交换色谱上样品保留值增加。

2. 离子强度

流动相中离子强度对保留值的影响比pH变化所造成的影响大得多，流动相的离子强度越大，则洗脱能力越强，从而降低组分的保留时间越显著。

3. 缓冲液类型的选择

不同的离子具有不同的离子电荷、离子半径及离子的溶剂化特性，它们与离子交换基团的作用力也不相同，因而有不同的洗脱能力，如阴离子的相对交换能力是：氢氧根离子＞硫酸根＞柠檬酸根＞酒石酸根＞硝酸根＞磷酸根＞乙酸根＞氯离子；阳离子的相对交换能力是：$Ba^{2+}>K^+>NH_4^+>Li^+>H^+$，上述的顺序，对于不同型号树脂会有所不同。

另外，如所用流动相对某组分溶解度增加，则此组分在色谱柱上的保留时间将延长。

六、凝胶色谱流动相的选择

凝胶色谱的分离机理与其他色谱类型截然不同，它不是基于溶质分子与固定相间分子作用力的大小来分离，而是按分子大小进行分离。控制分离度要着重考虑两个问题。

（1）在分离温度下控制黏度。因为高黏度将限制扩散，损害分离度。对于具有相当低的扩散系数的大分子来说，这种考虑就更重要。

（2）考虑溶解样品的能力。凝胶渗透色谱所用的溶剂必须能溶解样品并必须与凝胶本身非常相似，这样才能润湿凝胶并防止吸附作用。

第六节　液相色谱分析方法

一、定性分析

液相色谱的定性分析方法与气相色谱有许多相似之处，可分为色谱鉴别法和化学鉴别法。

（一）色谱鉴别法

色谱鉴别法是利用纯物质和样品的保留时间或相对保留时间相互对照，进行定性分析，方法简便，但只能用于已知范围的未知物分析，鉴别方法类似气相色谱法。

（二）化学鉴别法

化学鉴别法是利用专属的化学反应对分离后的纯组分进行鉴别。官能团鉴别试剂与气相色谱的官能团试剂相同。

（三）两谱联用鉴别法

把高效液相色谱法作为分离制备手段，收集纯组分，然后用光谱仪定性。当相邻两组分的分离度足够大时，分别收集各组分洗脱液，除去流动相，制得纯组分。然后用红外光谱、质谱或核磁共振等仪器鉴定。

二、定量分析方法

液相色谱法的定量方法与气相色谱法相同：常用内标法和外标法进行定量分析。因为很难找到相同条件下各组分的定量校正因子，所以在高效液相色谱法中很少使用校正归一化法。

（一）内标法

内标法可分为工作曲线法、内标一点法（内标对比法）、内标两点法及校正因子法等，内标一点法是高效液相色谱法中最常用的定量方法。关于内标物的选择与气相色谱的要求完全相同。使用该法可消除仪器稳定性差、进样不准等因素带来的误差。

（1）工作曲线法。在各种浓度的标准溶液中加入相同量的内标物。分别测量 i 组分与内标物 s 的峰面积 A（或峰高），用峰面积比 A_i/A_s 与 $c_{i(标准)}$ 绘制工作曲线，或求出回归方程。先用内标物的标准溶液求出直线的斜率 b 与截距 a。只有当截距为零时，才可用内标一点法。

$$c_i = b\,A_i/A_s + a$$

（2）内标一点法（内标对比法）。这种方法不需知道校正因子，而且具有内标法的准确度和进样量无关的特点。定量公式如气相色谱一章所示：

$$c_{i(样品)} = \frac{(A_i/A_s)_{样品}}{(A_i/A_s)_{标准}} \times c_{i(标准)}$$

（二）外标法

外标法是以试样的标准品为对照物质，对比求算试样含量的方法。这种方法不需知道校正因子，被测组分出峰、无干扰即可定量，但要求准确的进样量。在高效液相色谱中，用六通阀进样的再现性好，进样误差小，因此该法是常用的定量方法之一。它分为外标工作曲线法和外标一点法。

（1）外标工作曲线法。配制一系列已知浓度的标准液，在相同条件下，按同量注入色谱仪，测峰面积或峰高，做出峰面积或峰高与浓度的标准曲线。然后，在相同条件下，注入同量的样品，测量待测组分的峰面积或峰高，根据标准曲线，计算待测组分的浓度。

（2）外标一点法。配制一个和被测组分含量接近的标准溶液，定量进样，由被测组分和外标组分峰面积或峰高比来求算被测组分的含量：

$$c_i = c_{i(标准)} \times A_i / A_{i(标准)}$$

式中：c_i，A_i——分别为样品的浓度和峰面积；

$c_{i（标准）}$，$A_{i（标准）}$——分别为标准品的浓度与峰面积。

【实验实训】

实验一　高效液相色谱法测定柑橘中噻菌灵的残留量

一、实验目的

（1）学会流动相的配制与过滤操作；
（2）学会标准溶液的配制和标准工作曲线的绘制；
（3）学会样品的前处理方法；
（4）了解 HPLC 仪器的基本构造和工作原理，学会 HPLC 仪器的基本操作。

二、实验原理

噻菌灵（thiabendazole，TBZ）是一种高效、广谱杀菌剂，具有抑制毒菌生长繁殖的作用，常用于水果的防腐保鲜。但水果中残留的噻菌灵对人体有一定的毒性，主要侵害人体的肝脏、神经系统和骨髓。因此，检测噻菌灵在水果中的残留量，对于安全施用这种保鲜剂，保证人体健康具有重要意义。

噻菌灵，化学名称为2-（噻唑-4-基）苯并咪唑，分子式为$C_{10}H_7N_3S$，具有较强的亲水性，本实验利用反相高效液相色谱法检测，在流动相中加入少量氨水调节pH，在碱性条件下，样品中基质的电离得到抑制，噻菌灵和基质亲水性不同，在色谱柱上保留强弱存在差别，使之分离。

三、仪器与试剂

1. 仪器

Agilent 1100 液相色谱仪：高压输液泵，紫外可变波长检测器，真空在线脱气机，化学工作站，手动进样器；岛津紫外-可见分光光度计；组织捣碎机；超声波发生器；抽滤装置；真空旋转蒸发仪；平头微量注射器

2. 试剂

噻菌灵标准品（99.5%）；甲醇（分析纯）；蒸馏水（二次蒸馏）；25%～28%氨水；乙酸乙酯（分析纯）；无水硫酸钠。

四、实验步骤

1. 准备工作

（1）流动相的预处理。用 1 000 mL 分析纯甲醇，用 0.45 μm 有机相滤膜减压过滤，脱气。取二次蒸馏水 1 000 mL，用 0.45 μm 水相滤膜减压过滤后备用。

（2）试样和标样的预处理。

① 标准溶液的配制。准确称取 0.01 g（精确至 0.000 1 g）噻菌灵标准品，用甲

醇定容至 100 mL，再逐级稀释，使其浓度分别为 10.0、5.0、1.0、0.5、0.2、0.1 µg/mL，是为噻菌灵标准系列溶液。

② 试样的预处理。称取用组织捣碎机捣碎后的样品 10.0 g，加无水硫酸钠 10.0 g，研匀，放入 250 mL 具塞三角瓶中，分别用 30、20、20 mL 的乙酸乙酯提取三次，每次用超声波发生器振荡 2 min。合并提取液，用抽滤装置透过无水硫酸钠过滤，再用旋转蒸发仪在 50℃减压蒸馏至近干，残渣用甲醇溶解并定容至 10 mL。

③ 色谱柱的安装和流动相的更换。将 C_{18} 色谱柱（5 µm，4 mmi.d.×250 mm）安装在色谱仪上，将流动相更换成已处理过的甲醇和氨水溶液。

④ 高效液相色谱仪的开机。

a．按仪器说明书依次打开高压输液泵、在线脱气机、紫外检测器等模块的电源。

b．打开电脑，进入色谱工作站。建立一个运行方法，运行时间设置为 10 min。

c．设定色谱条件。柱温为室温，流动相为甲醇+水+氨水，体积比为 70：30：0.6；流速为 1.0 mL·min^{-1}；检测波长 310 nm（用紫外-可见分光光度计确定）。

d．打开输液泵旁路开关，排出流路中的气泡，排气完毕后，按"stop"键将泵停止，确认流速设定值是否正确（1.0 mL·min^{-1}），然后再按"start"按钮启动输液泵。

2．标准溶液的分析测定

基线稳定后，用平头微量注射器分别进样上述系列标准溶液各 10 µL，记录检测结果，以峰面积或峰高为纵坐标，浓度为横坐标，绘制工作曲线。

3．柑橘样品的分析测定

预处理后的甲醇定容样液经 0.45 µm 的滤膜过滤后，用平头微量注射器进样 10 µL 三次，记录检测结果。

4．结束工作

（1）待所有样品分析完毕后，让流动相甲醇继续流动 10～20 min，以免色谱柱上残留强吸附的样品或杂质；再用甲醇冲洗管路和色谱柱。

（2）先关闭高压输液泵、检测器，再关闭工作站和计算机，自下而上关闭色谱仪各组件，最后关闭电源。

（3）盖上仪器防尘罩，填写仪器使用记录。

五、数据处理

根据结果记录，采用峰面积或峰高工作曲线法计算样品中噻菌灵质量分数。计算公式如下：

$$\omega_0 = \frac{w_1 V_1}{m}$$

式中：ω_0——柑橘样品中噻菌灵的质量分数，µg/g；

ω_1——甲醇定容样液中噻菌灵的浓度，$\mu g/mL$；

V_1——甲醇定容样液的体积（此为10 mL），mL；

m——所取柑橘样品的质量（此为10 g），g。

六、思考题

1．最小检测量和最低检出浓度

在本法HPLC条件下，将10 $\mu g/mL$的噻菌灵标准储备液进行连续稀释后，进样10 μL，试据2倍噪声响应值确定最小检出量，若最小检出量为1.0 μg，当柑橘取样量为10.00 g、定容10 mL、进样10 μL时，试计算本法的最低检出浓度。

2．回收率和精密度测定

在匀浆后的柑橘样品中添加噻菌灵标准液，使其质量分数分别为1 $\mu g/g$、5 $\mu g/g$、10 $\mu g/g$，依上述实验方法测定添加回收率，并计算精密度。

实验二　果汁（苹果汁）有机酸的分析

一、实验目的

（1）学会流动相的配制与过滤。

（2）学会超声波清洗器的使用。

（3）了解HPLC仪器的基本构造和工作原理，学会HPLC仪器的基本操作。

二、实验原理

在食品中，主要的有机酸是乙酸、乳酸、丁二酸、苹果酸、柠檬酸、酒石酸等。这些有机酸在水溶液中都有较大的离解度。食品中有机酸的来源主要有三个：一是从原料中带来的，二是在生产过程中（如发酵）生成的，三是作为添加剂加入的。有机酸在波长210 nm附近有较强的吸收。苹果汁中的有机酸主要是苹果酸和柠檬酸。有机酸可以用反相HPLC、离子交换色谱、离子排斥色谱等各种液相色谱方法分析。除液相色谱外，还可以用气相色谱和毛细管电泳等其他色谱方法分析，本实验按反相HPLC设计。在酸性（如pH 2～5）流动相条件下，上述有机酸的离解得到抑制，利用分子状态的有机酸的疏水性，使其在反相键合相色谱柱中保留。不同有机酸的疏水性不同，疏水性大的有机酸在固定相中保留强，疏水性小的有机酸在固定相中保留弱，以此得到分离。

本实验采用外标法中的外标一点法定量苹果汁中的苹果酸和柠檬酸。

三、仪器与试剂

1. 仪器

Agilent 1100 型高效液相色谱仪或其他型号液相色谱仪（普通配置，带紫外检测器）；化学工作站；色谱柱：C_{18}反相键合相色谱柱（5 μm，4 mmi.d.×250 mm）；25 μL平头微量注射器；超声波清洗器；1 000 mL容量瓶1个流动相过滤器；无油真空泵；50 mL烧杯3个；250 mL 容量瓶2个；50 mL容量瓶3个；5 mL移液管2支。

2. 试剂

优级纯苹果酸和柠檬酸标准溶液；优级纯磷酸二氢铵；蒸馏水；市售苹果汁1瓶。

四、实验步骤

（1）准备工作。

① 流动相的预处理　用 50 mL 干净小烧杯称取 460 mg（准确称至 0.1 mg）优级纯磷酸二氢铵，用蒸馏水溶解并定容至 1 000 mL 容量瓶中（浓度为 $4×10^{-3}$ mol·L^{-1}），然后用 0.45 μm 水相滤膜减压过滤，用超声波清洗器脱气。取二次蒸馏水 1 000 mL，用 0.45 μm 水相滤膜减压过滤后备用。

② 试样和标样的预处理。

a. 标准溶液的配制。用2个50 mL干净小烧杯准确称取优级纯苹果酸和柠檬酸250 mg，用上述处理过的备用蒸馏水溶解并分别定容于250 mL容量瓶中，是为苹果酸和柠檬酸的标准贮备液。用2支5 mL移液管，分别移取苹果酸和柠檬酸的标准贮备液各5 mL于50 mL容量瓶中，定容、摇匀，成为苹果酸和柠檬酸的混合标准溶液，其中苹果酸和柠檬酸的浓度均为100 mg·L^{-1}。

b. 试样的预处理。市售苹果汁用0.45 μm水相滤膜减压过滤后，置于冰箱中冷藏保存。

③ 色谱柱的安装和流动相的更换。将C_{18}色谱柱安装在色谱仪上，将流动相更换成已处理过的$4×10^{-3}$mol·L^{-1}磷酸二氢铵溶液。

④ 高效液相色谱仪的开机。

a. 按仪器说明书依次打开高压输液泵、在线脱气机、紫外检测器等模块的电源。

b. 打开电脑，进入色谱工作站。建立一个运行方法，运行时间设置为20 min，纵坐标满量程设置为500 mV，同时建立一个序列方法（序列数以当日要做实验的数目为准）。

c. 设定流动相流速为1.0 mL·min^{-1}，色谱柱柱温为30~40 ℃，检测波长210 nm（具体参数的设置，有的仪器在控制器上设置，有的仪器在工作站上设置，以仪器说明书为准）。

d. 打开输液泵旁路开关，排出流路中的气泡（有的仪器有专门的排气按钮

"purge"，流速一般设为 3～5 mL·min^{-1}），排气完毕后，按"stop"键将泵停止，确认流速设定值是否正确（1.0 mL·min^{-1}），然后再按"start"按钮启动输液泵。

（2）苹果酸、柠檬酸标准溶液的分析测定。

基线稳定后，用25 μL平头微量注射器分别进样苹果酸和柠檬酸标准溶液各20 μL，记录下样品名对应的文件名，并打印出优化处理后的色谱图和分析结果。

（3）苹果汁样品的分析测定。

重复注射苹果汁样品20 μL三次，分析结束后记录下样品名对应的文件名，并打印出优化处理后的色谱图和分析结果。

将苹果汁样品的分离谱图与苹果汁和柠檬酸标准溶液色谱图比较即可确认苹果汁中苹果酸和柠檬酸的峰位置。

注意：如果苹果酸和柠檬酸与邻近峰分离不完全，应适当调整流动相配比和流速，再重复（2）、（3）的步骤。

（4）混合标准溶液的分析测定。

进样100 mg·L^{-1}苹果酸和柠檬酸混合标准溶液20 μL，分析完毕后，记录好样品名对应的文件名，并打印出优化后的色谱图和分析结果。

（5）结束工作。

① 关机。

a. 待所有样品分析完毕后，让流动相继续流动 10～20 min，以免色谱柱上残留强吸附的样品或杂质；

b. 关闭化学工作站以及电脑；

c. 关闭接口电源和检测器电源开关；

d. 从泵和系统中除去有害的流动相；

e. 根据色谱柱说明书上的指导清洗柱子；

f. 用水冲洗系统中缓冲液盐类，以免溶剂蒸发留下盐结晶等有害沉淀；

g. 从系统中除去氯仿及其配成的溶液，以免在系统中分解，形成盐酸；

h. 除去有害流动相后，用异丙醇冲洗泵及系统。

② 清理台面，填写仪器使用记录。

五、注意事项

（1）如果检测器灵敏度较低，可以将标准溶液浓度变为 50 mg·L^{-1}、100 mg·L^{-1}和 500 mg·L^{-1}。

（2）如果已知在初设定的色谱条件下，苹果酸、柠檬酸与其他成分能完全分离，则可省去实验步骤（2）。

（3）各实验室的仪器不可能完全一样，操作时一定要参照仪器的操作规程。

（4）色谱柱的个体差异大，即使是同一厂家的同型号色谱柱，性能也会有差异，因此色谱条件应根据所用色谱柱的实际情况做适当的调整。

六、数据处理

参照下表整理出苹果汁中苹果酸和柠檬酸的分析结果。

成分	测定次数	保留时间/min	各次测定值/（mg·L^{-1}）	平均值/（mg·L^{-1}）
苹果酸	1			
	2			
	3			
柠檬酸	1			
	2			
	3			

七、思考题

（1）采用外标一点法的分析结果的准确性比外标工作曲线法好还是坏，为什么？

（2）如果用酒石酸作内标定量苹果酸和柠檬酸，对酒石酸有什么要求？

【本章小结】

1．高效液相色谱法概述

高效液相色谱法（HPLC）又称高压或高速液相色谱法，是一种以高压输出的液体为流动相的现代色谱技术。其分离原理与经典柱色谱原理相同，是由液体流动相将被分离混合物带入色谱柱中，根据各组分在固定相及流动相中吸附能力、分配系数、离子交换作用或分子尺寸大小的差异来进行分离。

与 GC 相比，HPLC 具有使用范围广、便于选择流动相、色谱柱容量大等特点。

2．高效液相色谱的类型及选择

HPLC 按组分在两相间分离机理分类，可分为液-液色谱法、液-固色谱法、离子交换色谱法、凝胶色谱法等。液-液色谱法的流动相和固定相都是液体，它是利用样品组分在固定相和流动相中分配系数不同而实现分离的方法。分配系数大者，保留值大。按照固定相和流动相的极性差别，液-液分配色谱法可分为正相色谱法和反相色谱法两类。正相色谱法的流动相极性小于固定相。样品中极性小的组分先流出色谱柱，极性大的后流出，适于分析极性化合物。反相色谱法的流动相极性大于固定相，极性大的组分先流出色谱柱，极性小者后流出，适用于分析非极性化合物。

液-固色谱是以固体吸附剂为固定相，分离物质的依据是吸附剂表面与溶质分子中官能团的吸附与解吸的相互作用不同，主要是用来分析具有极性官能团而极性不太强的化合物。

离子交换色谱法的固定相为离子交换树脂，流动相为水溶液，它利用待测样品中各组分离子与离子交换树脂的亲和力不同进行分离。

凝胶色谱是采用一定孔径的凝胶作固定相，按被分离组分的分子尺寸与凝胶的孔径大小之间的相互关系进行分离。其流动相可以是水溶液，也可以是有机溶剂。

在解决某一试样的分析任务时，色谱分离类型的选择，主要根据样品的性质，如相对分子质量高低、水溶性或是非水溶性、离子型或是非离子型、极性的或是非极性的、分子结构如何等来选择。

3. 高效液相色谱仪

高效液相色谱仪是由高压输液系统、进样系统、分离系统、检测系统和数据处理系统五个部分组成。此外，还配有梯度淋洗、自动进样等辅助系统。其工作过程为：高压泵将储液器中的溶剂经进样器送入色谱柱中，然后从检测器的出口流出。当待测样品从进样器注入时，流经进样器的流动相将其带入色谱柱中进行分离，然后依次进入检测器，由数据处理器将检测器送出的信号记录下来并得到色谱图。

高压输液系统由贮液罐、脱气装置、高压输液泵及梯度洗脱装置组成。高压输液泵是将洗脱液在高压下连续不断地送入柱系统，并使样品在色谱柱中完成分离的装置，它是色谱仪的关键部件。

进样系统是将被分离的样品导入色谱柱的装置，在液相色谱中对进样装置的要求是：具有良好的密封性和重复性，死体积小，便于实现自动化。常用的进样器有六通阀进样装置和自动进样器。

检测器是用于连续监测被色谱系统分离后的柱流出物组成和含量变化的装置。其作用是将柱流出物中样品组成和含量的变化转化为可供检测的信号，完成定性定量分析的任务。紫外吸收检测器应用广泛，是一种选择性的浓度型检测器，它通过测定物质在流动池中吸收紫外光的大小来确定其含量。

数据处理系统最基本的功能是将检测器输出的模拟信号随时间的变化曲线（色谱图）绘制出来。目前使用比较广泛的是色谱数据处理机和色谱工作站。

高效液相色谱仪的使用包括开机、进样前准备、建立操作方法、样品分析、结束操作、关机等几个步骤。日常维护注意使用脱气并过滤的流动相、保持仪器各部件清洁、对样品进行净化处理、保护色谱柱等几个方面。

液相色谱固定相种类较多，液-固色谱用的固定相，大都是以硅胶为基体的各种类型的硅珠，包括多孔层硅珠和堆积型硅珠。

4. 液相色谱固定相

液-液色谱采用的固定相主要是化学键合固定相。它主要是以硅珠为基质，利用硅珠表面的硅酸基团与键合基反应而制成。化学键合固定相克服了涂渍固定液容易流失的缺点，兼有吸附和分配色谱两种机理，是高效液相色谱发展的一个重要里程碑。按极性分为非极性、极性和中等极性三类。十八烷基键合硅胶（octadecylsilane，ODS 或 C_{18}），简称十八烷基键合相，是最常用的非极性键合相。

离子交换色谱的固定相是离子交换剂，其结构有两种类型：一种类型是以硅胶或玻璃微球为基质，表面涂覆一层离子交换树脂，或将离子交换基团键合在硅胶表面而成；另一类是苯乙烯与二乙烯基苯的共聚物。最常用的是中等交联度 3%～12% 的树脂。

凝胶色谱固定相分为软性、半硬质和刚性凝胶三种。凝胶是含有大量液体、柔软而富有弹性的物质，是一种经过交联而具有立体网状结构的多聚体。

5. 液相色谱流动相

在液相色谱中，可作为流动相的溶剂很多，它们的极性、浓度、黏度等差别很大，因此，选择流动相对分离影响很大。对流动相的要求是：选用的溶剂应当与固定相互不相溶，纯度高，黏度低，毒性小，与使用的检测器相匹配，且对样品有足够的溶解能力。

液-固色谱流动相的选择主要从三个方面考虑：选择最佳的溶剂强度；选择适当的溶剂组成；控制溶剂的含水量。在正相色谱中，极性化合物可在最佳的 k' 值时洗脱。因而，在非极性的流动相中，需加入一些极性改性剂调节溶剂的强度，以达到适当分离的目的。在反相色谱中，非极性的组分可在最佳的 k' 值下洗脱，而且反相色谱具有分离极性范围较宽的极性组分的能力。

离子交换色谱过程是在含水介质中进行的，色谱峰的保留值主要是由流动相的 pH 和缓冲液类型来控制，离子交换色谱流动相的选择主要从 pH、离子强度和缓冲液类型三个方面来考虑。

凝胶色谱的分离机理与其他色谱类型截然不同，它不是基于溶质分子与固定相间分子作用力的大小来分离，而是按分子大小进行分离。控制分离度要着重考虑流动相溶剂黏度和溶解能力两个问题。

6. 液相色谱分析方法

液相色谱的定性分析方法与气相色谱有许多相似之处，可分为色谱鉴别法和化学鉴别法两类。色谱鉴别法是利用纯物质和样品的保留时间或相对保留时间相互对照，进行定性分析，方法简便，但只能用于已知范围的未知物分析，鉴别方法类似气相色谱法。化学鉴别法是利用专属的化学反应对分离后的纯组分进行鉴别。官能团鉴别试剂与气相色谱的官能团试剂相同。

液相色谱法的定量方法与气相色谱法相同：常用内标法和外标法进行定量分析。因为很难找到相同条件下各组分的定量校正因子，所以在高效液相色谱法中很少使用校正归一化法。

【思考题】

1. 在正相键合相色谱中，固定相的极性_____流动相的极性；而在反相键合相色谱中，固定相的极性_____流动相的极性。

2. 高效液相色谱仪最基本的组件是_____、_____、_____和_____。

3. 水在下述（   ）中洗脱能力最弱（作为底剂）。

A. 正相色谱法   B. 反相色谱法   C. 吸附色谱法   D. 空间排斥色谱法

4. 分离结构异构体，最适当的选择是（   ）。

    A. 液-固色谱　　　　　　　　　B. 离子交换色谱

    C. 液-液色谱　　　　　　　　　D. 凝胶色谱

5. 分离下列物质，宜用何种液相色谱方法？

① CH_3CH_2OH 和 $CH_3CH_2CH_2OH$

② C_4H_9COOH 和 $C_5H_{11}COOH$

③ 高相对分子质量的葡萄糖苷

6. 简述高效液相色谱法对流动相的要求。

7. 与气相色谱相比，高效液相色谱有何特点？

8. 什么是梯度洗脱？如何实现梯度洗脱？

9. 试比较各种类型高效液相色谱法的固定相和流动相及其特点。

10. 试述高效液相色谱流动相的选择原则，并举例说明。

11. 正相色谱中常用的固定相和流动相是什么？适合分离哪些类化合物？

12. 正相色谱中如何判断各组分的出柱顺序和与流动相极性大小的关系？

13. 反相色谱中常用的固定相和流动相是什么？适合分离哪些类化合物？

14. 用外标法测黄芩药材中有效成分黄芩苷的质量分数。

先配制标准溶液：精称黄芩苷标准品 25.00 mg 于 100 mL 容量瓶中，以 50%乙醇溶液溶解，定容为标准储备液。精取标准储备液 2.00 mL、4.00 mL、6.00 mL、8.00 mL 和 10.00 mL，分别置于 100 mL 容量瓶，定容为系列标准溶液。

其次配制样品溶液：药材经干燥，粉碎，过筛。精称 25.6 mg 于碘瓶中，精加100.00 mL 50%乙醇溶液，密塞，超声振荡 30 min 提取，过滤得样品溶液。

各溶液进样 20 μL，三次进样取均值。标准溶液的峰面积（μV·s）分别为 31 582、69 355、106 311、142 196 和 177 714。样品溶液的峰中对应为黄芩苷的面积为 70 214 面积单位，计算药材中黄芩苷的质量分数。

参考文献

[1] 黄一石. 仪器分析技术[M]. 北京: 化学工业出版社，2000.

[2] 吴谋成. 仪器分析[M]. 北京: 化学工业出版社，2003.

[3] 杜斌，张振中. 现代色谱技术[M]. 郑州: 河南医科大学出版社，2001.

[4] 高向阳. 新编仪器分析[M]. 2 版. 北京: 科学出版社，2004.

[5] 刘密新，罗国安，张新荣，等. 仪器分析[M]. 2 版. 北京: 清华大学出版社，2002.

[6] 朱明华. 仪器分析. 北京: 高等教育出版社，1993.

[7] 穆华荣. 分析仪器维护. 北京: 化学工业出版社，2000.

[8] 孙毓庆，胡育筑，李章万. 分析化学习题集. 北京: 科学出版社，2004.

离子色谱分析法

【知识目标】

通过本章的学习，掌握离子色谱法分析的基本原理，离子色谱仪的基本结构、使用及维护技术、实验分析技术，了解常见离子色谱仪的型号、功能及发展现状。

【能力目标】

根据测定需要独立调试离子色谱仪，独立完成分析实验任务。

第一节 基本原理

一、离子色谱法概述

离子色谱法（IC）是以离子型化合物为分析对象的液相色谱法，与普通液相色谱法的不同之处是：它通常使用离子交换剂固定相和电导检测器。20 世纪 70 年代中期，在液相色谱高效化的带动下，为了解决无机阴离子和阳离子的快速分析问题，由 Small 等人发明了现代离子色谱法（或称高效离子色谱法）。即采用低交换容量的离子交换柱，以强电解质做流动相分离无机离子，然后用抑制柱将流动相中被测离子的反离子除去，使流动相电导降低，从而获得高的检测灵敏度。这就是所谓的双柱离子色谱法（或称抑制型离子色谱法）。1979 年，Gjerde 等用弱电解质做流动相，因流动相自身的电导较低，不必用抑制柱，因此称做单柱离子色谱法（或称非抑制型离子色谱法）。

二、离子色谱法特点

离子色谱法因其灵敏度高，分析速度快，能实现多种离子的同时分离，而且还能将一些非离子型化合物转变成离子型化合物后再测定，所以在环境化学、食品化学、化工、电子、生物医药、新材料研究等许多科学领域都得到了广泛的应用。

可以用离子色谱的分离方式分析的物质除无机阴离子（包括阳离子的配阴离子）和无机阳离子（包括稀土元素）外，还有有机阴离子（有机酸、有机磺酸盐和有机磷酸盐等）和有机阳离子（胺、吡啶等），以及生物物质（糖、醇、酚、氨基酸和核酸等）。

三、离子色谱法的类型

离子色谱法按分离机理分类可分为离子交换色谱法（IEC）、离子排斥色谱法（ICE）、离子抑制色谱法（ISC）和离子对色谱法（IPC）。

（一）离子交换色谱法

（1）分离原理。离子交换色谱以离子交换树脂作为固定相，树脂上具有固定离子基团及可交换的离子基团。当流动相带着组分通过固定相时，组分离子与树脂上可交换离子基团进行可逆交换，根据组分离子对树脂亲和力的不同而得到分离。例如，强酸性阳离子交换树脂与阳离子的交换可用下式表示：

$$R^--SO_3^-\cdot H^+ + M^+ \rightleftharpoons R-SO_3^-\cdot M^+ + H^+$$

凡是能在溶剂中进行电离的物质都可以用离子交换色谱法进行分离。组分离子对交换树脂亲和力越大，其保留时间也就越长。

（2）固定相。离子交换色谱法中常用的固定相是离子交换剂。离子交换剂一般可分为有机聚合物离子交换剂、硅胶基质键合型离子交换剂、乳胶附聚型离子交换剂以及螯合树脂和包覆型离子交换剂等，其中用得最广泛的是有机聚合物离子交换剂，也就是通常所说的离子交换树脂。

（3）流动相。离子交换色谱分析阴离子时一般选用具有季铵基团的离子交换树脂，常用的流动相是弱酸的盐，如 $Na_2B_4O_7$、$NaHCO_3$、Na_2CO_3 等，也可以是氨基酸或本身具有低电导的物质如苯甲酸、邻苯二甲酸、对羟甲基苯甲酸和邻磺基苯甲酸等。

离子交换分析阳离子时，一般使用表面磺化的薄壳型苯乙烯-二乙烯基苯阳离子交换树脂。对碱金属、铵和小分子脂肪酸胺的分离而言，常用的淋洗液是矿物酸，如 HCl 或 HNO_3；对二价碱土金属的分离而言，常用的淋洗液是二胺基丙酸、组胺酸、乙二酸、柠檬酸等，较好的选择是用 2,3-二氧基丙酸和 HCl 的混合液做淋洗液。

（4）应用。离子交换色谱的应用范围极广，不仅可用于各种类型的阴离子和阳离子的定性、定量分析，而且广泛用于有机物质和生物物质，如氨基酸、核酸、蛋白质等的分离。

（二）离子排斥色谱法

（1）方法原理。典型的离子排斥色谱柱是全磺化高交换容量的 H^+ 型阳离子交换剂，其功能基为磺酸根阴离子。树脂表面的这一负电荷层对负离子具有排斥作用，即所谓的 Donnan 排斥。实际分析过程中，可以将树脂表面的电荷层假想成一种半透膜，此膜将固定相颗粒及其微孔中吸留的液体与流动相隔开。由于 Donnan 排斥，完全离解的酸不被固定相保留，在孔体积外被洗脱；而未离解的化合物不受 Donnan

排斥，能进入树脂的内微孔，从而在固定相中产生保留，而保留值的大小取决于非离子性化合物在树脂内溶液和树脂外溶液间的分配系数，这样，不同的物质（指未离解化合物）就得到了分离。

（2）固定相。排斥色谱中所用的固定相是总体磺化的苯乙烯—二乙烯基苯 H$^+$ 型阳离子交换树脂。二乙烯基苯的质量分数，即树脂的交联度对有机酸的保留是非常重要的参数。树脂的交联度决定有机酸扩散进入固定相的大小程度，因而导致保留强弱。一般来说高交联度（12%）的树脂适宜弱离解有机物的分离，而低交联度的树脂适宜较强离解酸的分离。表 7-1 列出了几种典型离子排斥柱的结构和性质。

表 7-1 几种典型离子排斥柱的结构和性质

色谱柱	基质	功能基	柱尺寸/（内径/mm）×（长度/mm）	粒径/μm	应用
IonPac ICE-ASI	PS/DVB	—SO$_3$H	9×250	7	有机酸、无机酸、醇、醛
IonPac ICE-ASS	PS/DVB	—SO$_3$H	4×250	6	羧酸
SHim-Pack SCR-101H	PS/DVB	—SO$_3$H	7.9×300	10	硅酸、硼酸
SHim-Pack SCR-102H	PS/DVB	—SO$_3$H	8×300	7	羧酸
PRP-X300	PS/DVB	—SO$_3$H	4.1×250	10	各种有机酸
ORH-801	PS/DVB	—SO$_3$H	6.5×300	8	各种有机酸
Ionpack KC-811	PS/DVB	—SO$_3$H	8×300	7	有机酸、砷酸、亚砷酸
Aminex HPX87-H	PS/DVB	—SO$_3$H	7.8×300	9	有机酸
TSKgel SCX	PSA/DVB	—SO$_3$H	7.8×300	5	脂肪羧酸、硼酸、糖、醇
Develosil30-5	硅胶	—SiOH	7.8×300	5	脂肪羧酸、芳香羧酸
TSKgel OA Pak A	聚苯烯酸	—COOH	7.8×300	5	脂肪羧酸

（3）流动相。离子排斥色谱中流动相的主要作用是改变溶液的 pH，控制有机酸的离解。最简单的淋洗液是去离子水。由于在纯水中，有机酸的存在形态既有中性分子型也有阴离子型，因而半峰宽大而且拖尾，酸性的流动相能抑制有机酸的离解，明显地改进峰形。对碳酸盐的分离常用的淋洗液是去离子水；对有机酸的分析，常用的淋洗液是矿物质，如 HCl、H$_2$SO$_4$ 或 HNO$_3$ 等；若用 Ag$^+$型阳离子交换剂作抑制柱填料，则 HCl 是唯一可选的淋洗液；若直接用 UV 检测，H$_2$SO$_4$ 则是最好的淋洗液。

（4）应用。离子排斥色谱法主要用于无机弱酸和有机酸的分离，也可用于醇类、醛类、氨基酸和糖类的分析。

（三）离子抑制色谱法和离子对色谱法

（1）方法原理。无机离子以及离解很强的有机离子通常可以采用离子交换色谱法或离子排斥色谱法进行分离。有很多大分子或离解较弱的有机离子需要采用通常用于中性有机化合物分离的反相（或正相）色谱来进行分离分析。然而，直接采用正相或反相色谱又存在困难，因为大多数可离解的有机化合物在正相色谱法的硅胶固定相上吸附太强，致使被测物质保留值太大，出现拖尾峰，有时甚至不能被洗脱；而在反相色谱法的非极性（或弱极性）固定相中的保留又太小，致使分离度太差。

在这种情况下，可以采用下列两种方法来解决这个问题。

第一种方法：由酸碱平衡理论可知，如果降低（或增加）流动相的 pH，可以使碱（或酸）性离子化合物尽量保持离子状态，然后可以利用离子色谱的一般体系来进行分析测定。这种方法便是离子抑制色谱法（ISC）。

第二种方法：如果被分析的离子是较强的电解质，单靠改变流动相的酸碱性不能抑制离子性化合物的解离，这时可以在流动相中加入适当的具有与被测离子相反电荷的离子，即离子对试剂，使之与被测离子形成中性的离子对化合物，此离子对化合物在反相色谱柱上被保留，从而达到被分离的目的。这种方法便是离子对色谱法（IPC），离子对色谱法中保留值的大小主要取决于离子对化合物的离解平衡常数和离子对试剂的浓度。离子对色谱法也可采用正相色谱的模式，即可以用硅胶柱，但不如反相色谱模式应用广泛，所以离子对色谱法常称做反相离子对色谱。

（2）应用。离子抑制色谱法的一个主要应用是分离分析长链脂肪酸，采用有机聚合物为固定相，以低浓度盐酸为流动相；若在流动相中加入有机溶剂，则既可使脂肪酸全部溶解，还能减少色谱峰的拖尾。离子抑制色谱法的另一个典型应用是分离酚类物质，通常用含磷酸缓冲液的乙腈水溶液或甲醇水溶液作流动相。

离子对色谱法主要可用于表面活性剂离子、非表面活性剂离子、药物成分、手性对映体和生物分子的分析。在离子对色谱分析中，最重要的是离子对试剂的选择。一般来说，对阴离子的分离一般选用氢氧化铵、氢氧化四乙基铵等作为离子对试剂，对阳离子的分离一般选用盐酸、己烷磺酸等作为离子对试剂。

第二节　离子色谱仪

一、离子色谱仪的基本构造

与一般的 HPLC 仪器一样，现在的离子色谱仪一般也是先做成一个个单元组件，然后根据分析需要将各个单元组件组合起来。最基本的组件是流动相容器、高压输液泵、进样器、色谱柱、检测器和数据处理系统。此外，也可根据需要配置流动相在线脱气装置、梯度洗脱装置、自动进样系统、流动相抑制系统、柱后反应系统和全自动抑制系统等。图 7-1 是离子色谱仪最常见的两种配置的构造示意图。

图 7-1（a）没有流动相抑制系统，是通常所说的非抑制型离子色谱仪；图 7-1

（b）带流动相抑制系统，是通常所说的抑制型离子色谱仪。离子色谱仪的基本构造及工作原理与高效液相色谱仪基本相同，所不同的是离子色谱仪通常配制的检测器不是紫外检测器，而是电导检测器；通常所用的分离柱不是高效液相色谱所用的吸附型硅胶柱或分配型 ODS 柱，而是离子交换剂填充柱。另外，在离子色谱中，特别是在抑制型离子色谱中往往用强酸性或强碱性物质作流动相。因此，仪器的流路系统耐酸耐碱的要求更高一些。

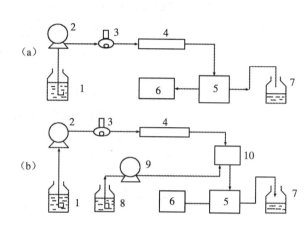

1—流动相容器；2—高压输液泵；3—进样器；4—色谱柱；5—电导检测器；6—色谱数据处理系统；
7—废液瓶；8—再生液容器；9—再生液输液泵；10—抑制器

图 7-1　非抑制型（a）与抑制型（b）离子色谱仪的结构示意图

（1）仪器工作流程。离子色谱仪的工作流程是：高压输液泵将流动相以稳定的流速（或压力）输送至分析体系，在色谱柱之前通过进样器将样品导入，流动相将样品带入色谱柱，在色谱柱中各组分被分离，并依次随流动相流至检测器。抑制型离子色谱则在电导检测器之前增加一个抑制系统，即用另一个高压输液泵将再生液输送到抑制器。在抑制器中，流动相背景电导被降低，然后将流出物导入电导池，检测到的信号送至数据处理系统记录、处理或保存。非抑制型离子色谱仪不用抑制器和输送再生液的高压泵，因此仪器结构相对比较简单，价格也相对较便宜。

（2）高压输液泵和进样器。离子色谱仪的高压输液泵和进样器与高效液相色谱仪中的完全类似，可参考液相色谱仪相关部分。

（3）色谱柱。色谱柱是实现分离的核心部件，要求较高、柱容量大和性能稳定。国产柱内径多为 5 mm，国外柱最典型的内径是 4.6 mm，另外，还有 4 mm 和 8 mm 的内径柱。柱长通常在 50～100 mm，比普通液相色谱柱要短，管内填充 5～10 μm 粒径的球形颗粒填料。内径为 1～2 mm 的色谱柱通常称为微型柱。在微量离子色谱中也用到内径为数十纳米的毛细管柱（包括填充型和内壁修饰型）。与高效液相色谱柱一样，离子色谱柱也是有方向的，安装和更换色谱柱时一定要注意这个问题。

与液相色谱仪一样，离子色谱仪也需用一根保护柱，也有恒温装置。

（4）检测器。在离子色谱中应用最多的是电导检测技术，其次是紫外检测、衍生化光度检测、安培检测和荧光检测技术等。表 7-2 列出了几种常见检测技术和应用范围。

表 7-2　离子色谱中常见的检测技术和应用范围

检测方法	检测原理	应用范围
电导法	电导	pK_a 或 pK_b<7 的阴、阳离子和有机酸
安培法	在 Ag/Pt/Au 和 GC 电极上发生氧化/还原反应	CN^-、S^{2-}、I^-、SO_3^{2-}、氨基酸、醇、醛、单糖、寡糖、酚、有机胺、硫醇
紫外/可见光检测（有或无柱后衍生）	紫外/可见光吸收	在紫外或可见光区域有吸收的阴、阳离子和在柱前或柱后衍生反应后具有紫外或可见光吸收的离子或化合物，如过渡金属、镧系元素、二氧化硅等离子
荧光（结合柱后衍生）	激发和发射	铵、氨基酸

二、离子色谱仪的使用方法及日常维护

（1）使用方法。目前国内外的离子色谱仪虽然型号繁多，但实际操作步骤却几乎都是一致的。因此，下面以美国 PE 公司 LC200 型离子色谱仪为例说明其使用方法。

PELC 200 系列离子色谱仪主要由 LC 200 高压输液泵、离子交换柱（或其他离子色谱柱）、电导检测器、NCI 900 智能型接口与 TC4 色谱工作站组成。实际应用时，先依次打开高压输液泵、电导检测器、智能型接口和色谱工作站，设置分析用的分离条件（如流动相流速、检测器灵敏度等）；待仪器部分稳定后进行分析，并打印出分析结果；分析结束后，清洗仪器各部分，依次关闭检测器、接口与泵，并盖上仪器罩，填写仪器使用记录。

（2）日常维护。离子色谱仪的日常维护在很多方面都与高效液相色谱仪的维护类似，普通的离子色谱柱能承受的压力比较小，因此，使用时要特别小心。此外，由于离子色谱柱的填料很容易被有机溶剂或其他极性物质所破坏，因此使用时也要特别当心，对不确切的未知样品应弄清楚以后再进样分析。另外，为防止电导池被玷污，应当使用二次重蒸去离子水或高纯水（由与离子色谱仪相配套的纯水机过滤制得）配制流动相、标样与试样。

第三节　离子色谱分析技术

一、去离子水的制备技术

用石英蒸馏器制得的蒸馏水的电导率在 $1\ \mu S\cdot cm^{-1}$ 左右，对于高含量离子的分析，或在分析要求不高时可以使用。作为一般性要求，离子色谱中的纯水的电导率应在 $0.5\ \mu S\cdot cm^{-1}$ 以下。通常用金属蒸馏器制得的水的电导率在 $5\sim 25\ \mu S\cdot cm^{-1}$，反渗透法（RO）制得的纯水电导率在 $2\sim 40\ \mu S\cdot cm^{-1}$，均难满足离子色谱的要求。因此需要用专门的去离子水制备装置制备纯水，一般是将以自来水为原水的去离子水再用石英蒸馏器蒸馏，即通常所说的重蒸馏去离子水，也可将反渗透法制得的纯水作原水引进去离子水制备装置。精密去离子水制备可以制得电导率在 $0.06\ \mu S\cdot cm^{-1}$ 以下的（比电导 $17\ M\Omega$ 以上）的纯水。

二、分离方式和检测方式的选择

在选择分离方式和检测方式之前，应首先了解待测化合物的分子结构和性质以及样品的基体情况，如是无机还是有机离子，是酸还是碱，亲水性还是疏水性，离子的电荷数，是否为表面活性化合物等。

待测离子的疏水性和水合能是决定选用何种分离方式的主要因素。水合能高和疏水性弱的离子，如 Cl^- 和 K^+，最好选用离子交换色谱分离。水合能低和疏水性强的离子，如高氯酸（ClO_4^-）或四丁基铵，最好选用亲水性强的离子交换色谱或离子对色谱分离。有一定疏水性，也有明显水合能的 pK_a 值在 $1\sim 7$ 的离子，如乙酸盐或丙酸盐，最好用离子排斥色谱分离，有些离子，既可用阴离子交换分离，也可用阳离子交换分离，如氨基酸、生物碱等。

对无紫外或可见吸收以及强离解的酸和碱，最好用电导检测器；具有电化学活性和弱离解的离子，最好用安培检测器；对离子本身或通过柱后衍生化反应的络合物在紫外或可见光区有吸收的最好用紫外-可见光检测器，能产生荧光的离子和化合物最好用荧光检测器。

表 7-3 总结了对各种类型离子可选用的离子分离方式和检测方式。

三、定量方法

离子色谱法的定量方法完全与高效液相色谱法类似，常用的方法也有归一化法、外标法和内标法等。

表 7-3　分离方式和检测器的选择（阳离子）

分析离子				分离（机理）方式	检测器
无机阴离子	亲水性	强酸	F^-、Cl^-、NO_2^-、Br^-、SO_3^{2-}、NO_3^-、PO_4^{3-}、SO_4^{2-}、PO_2^-、PO_3^-、ClO^-、ClO_2^-、ClO_3^-、BrO_4^-、低相对分子质量有机酸	阴离子交换	电导、UV
			SO_3^{2-}	离子排斥	安培
			砷酸盐、硒酸盐、亚硒酸盐	阴离子交换	电导
		弱酸	亚砷酸盐	离子排斥	安培
			BO_3^-、CO_3^{2-}	离子排斥	电导
			SiO_3^{2-}	离子交换、离子排斥	柱后衍生，VIS
	疏水性		CN^-、HS^-（高离子强度基体）、I^-、BF_4^-、$S_2O_3^{2-}$、SCN^-、ClO_4^-	离子排斥、阴离子交换、离子对	安培、电导
	缩合磷酸盐 多价螯合剂		未配位	阴离子交换	柱后衍生，VIS 电
			已配位	阴离子交换	导
	金属配合物		$Au(CN)_2^-$、$Au(CN)_4^-$、$Fe(CN)_6^{4-}$、$Fe(CN)_6^{3-}$、EDTA-Cu	离子对 阴离子交换	电导 电导
有机阴离子	羧酸	一价	脂肪酸，C<5（酸消解样品，盐水，高离子强度基体）	离子排斥	电导
			脂肪酸，C>5 芳香酸	离子对/离子排斥	电导，UV
		一价至三价	一元、二元、三元羧酸+无机阴离子、羟基羧酸、二元和三元羧酸+醇	阴离子交换 离子排斥	电导 电导
	磺酸		烷基磺酸盐，芳香磺酸盐	离子对，阴离子交换	电导，UV
	醇类		C<6	离子排斥	安培
无机阳离子			Li^+、Na^+、K^+、Rb^+、Cs^+、Mg^{2+}、Ca^{2+}、Sr^{2+}、Ba^{2+}、NH_4^+	阳离子交换	电导
	过渡金属		Cu^{2+}、Ni^{2+}、Zn^{2+}、Co^{2+}、Cd^{2+}、Pb^{2+}、Mn^{2+}、Fe^{2+}、Fe^{3+}、Sn^{2+}、Sn（IV）、Cr、V（IV）、V（V）、UO_2^{2+}、Hg^{2+}、Al^{3+}、Cr^{6+}（CrO_4^{2-}）	阴离子交换/阳离子交换 阴离子交换 阴离子交换	柱后衍生 VIS 电导 柱后衍生 VIS 柱后衍生 VIS
	镧系金属		La^{3+}、Ce^{3+}、Pr^{3+}、Nd^{3+}、Sm^{3+}、Eu^{3+}、Gd^{3+}、Tb^{3+}、Dy^{3+}、Ho^{3+}、Er^{3+}、Tm^{3+}、Yb^{3+}、Lu^{3+}	阴离子交换、阳离子交换	电导、安培
有机离子			低相对分子质量烷基胺、醇胺、碱金属和碱土金属	阳离子交换	电导、安培
			高相对分子质量烷基胺、芳香胺、环己胺、季胺、多胺	阳离子交换，离子对	电导、紫外、安培

第四节 离子色谱在环境分析中的应用

环境样品分析是离子色谱的重要应用领域，所涉及的样品有工业废水、饮用水、酸沉降物、大气颗粒物等。样品中阴、阳离子以及其他对环境有害物质的分析，特别是价态和形态的分析，例如 As（III）与 As（V），Cr（III）与 Cr（VI），Fe（II）与 Fe（III）等。利用这一手段对于研究污染物在环境中迁移、转化的过程有很大的帮助。

离子色谱的应用对象主要是环境样品中各种阴、阳离子的定性和定量分析。例如大气，干、湿沉降物，地表水等样品中的各种阴、阳离子的测定，如 Cl^-、NO_2^-、Br^-、NO_3^-、PO_4^{3-}、SO_4^{2-} 等阴离子和 Li^+、Na^+、NH_4^+、K^+、Mg^{2+}、Ca^{2+} 等阳离子。目前我国各级环境监测部门已广泛应用离子色谱于酸雨的测定。较其他方法，离子色谱法分析空气污染物样品中的阴、阳离子要更简单、准确。

一、饮用水、生活污水和工业废水的分析

（一）饮用水分析

1. 卤素含氧酸的测定

饮用水常用氯气消毒，在使用氯气消毒的过程中可能会产生致癌的副产物。目前发达国家常使用二氧化氯和臭氧作为饮用水和水箱贮水的消毒剂，在使用过程中也会产生少量对健康不利的副产物，如亚氯酸根（ClO_2^-）、氯酸根（ClO_3^-）和溴酸根（BrO_3^-）。使用化学抑制型离子色谱法可测定消毒剂的副产物，包括卤素含氧酸、氯化物、溴化物等。

2. 亚硝酸盐、硝酸盐的测定

亚硝酸钠和亚硝酸钾在食品生产中广泛用作防腐剂和颜色的固定剂。在工业上，亚硝酸盐用来抑制工业用水的腐蚀作用。近年来人们已经注意到亚硝酸盐在胃里可与胺类和酰胺类化合物生成致癌性很强的亚硝胺化合物。饮用水中亚硝酸盐、硝酸盐是必测项目之一。常见的测定亚硝酸盐的方法有滴定法、分光光度法和电位滴定法等。近年来，离子色谱法正逐渐代替上述湿化学法而成为一种常规的分析方法。

因为亚硝酸盐易被氧化为硝酸盐，因此，测定亚硝酸盐的样品不应放置时间过长。在样品分析中，亚硝酸盐的质量浓度一般较低，如饮用水中通常仅为几个 μg/L，而其他的阴离子如 Cl^- 和 SO_4^{2-} 等的质量浓度往往高出 4～5 个数量级，特别是保留时间小于亚硝酸盐的氯离子如质量浓度高时会使低质量浓度的亚硝酸盐保留时间提前并会对其有"遮盖"作用，而自来水中由于消毒等原因，氯离子的质量浓度通常

大大高于亚硝酸盐浓度。因此，要定量测定水中微量的亚硝酸盐除了选用柱容量较大的分离柱外，还可以采用化学抑制型离子色谱法，使用紫外检测器。由于氯离子在紫外区域吸收较弱而亚硝酸盐和硝酸盐在 210 nm 有较强的吸收，因此可以使用紫外检测器测定亚硝酸盐和硝酸盐。另外，还可以采用 Ag 型离子交换树脂先除去样品中的氯离子，再进行测定。

（二）生活污水和工业废水分析

1. 多聚磷酸盐的测定

有机磷和多聚磷酸盐是常用的化学添加剂。由于 Ca^{2+}、Mg^{2+} 与多聚磷酸盐有较强的络合能力，所以工业中广泛应用多聚磷酸盐作为循环水中的阻垢剂和防蚀剂。日用化学品如洗涤剂、牙膏等常加入多聚磷酸盐以软化硬水。大量的磷酸盐排入水体，极易引起水体的富营养化，使得水生植物大量繁殖，消耗氧分，导致水生生物的死亡。目前许多发达国家已禁止使用多聚磷酸盐做化学添加剂。

对多聚磷酸盐的分析如 $P_2O_7^{4-}$、$P_3O_{10}^{3-}$，一般是先将其转化为 PO_4^{3-} 用光度法测定总磷，此法不仅要作样品前处理，而且不能进行形态分离。采用抑制型离子色谱法、阴离子交换分离、氢氧化钠淋洗液和甲醇有机改进剂、梯度淋洗分离多聚磷酸盐（正磷酸盐 PO_4^{3-}、焦磷酸盐 $P_2O_7^{4-}$、三聚磷酸盐 $P_3O_{10}^{3-}$），电导检测器检测，最低检出限可达 15～50 μg/L，而且简便快速。

2. 铬的测定

铬在环境中主要是以三价 Cr（Ⅲ）和六价 Cr（Ⅵ）的形式存在。其中三价铬由于其配位体交换动力学缓慢，反应活性较低，对生物体的毒性轻微。对于哺乳类动物，三价铬是维持其体内葡萄糖、脂类和蛋白质代谢的基础。六价铬的毒性大，其存在形式依据 pH 的不同主要为铬酸（H_2CrO_4）及其盐（$HCrO_4^-$）和铬酸根离子（CrO_4^{2-}）3 种。六价铬对动物的肺、肝和肾等内脏器官有伤害作用，并对皮肤有刺激性，可以使皮肤发生溃疡，且能在体内蓄积，已确认为致癌物。

含铬化合物广泛用于电镀、制革、纺织、造纸、染料工业中，这些企业排放的工业废水中可能会含有对环境有污染的铬类化合物。因为 Cr（Ⅲ）对环境的影响远没有 Cr（Ⅵ）那样大，因此人们对铬的关注主要集中在 Cr（Ⅵ）的测定方面。测定铬的最经典方法是二苯碳酰二肼比色法。二苯碳酰二肼在酸性条件下与六价铬作用，生成一个紫红色的络合物，在可见光区有强的吸收。

离子色谱法是近年来新发展的一种灵敏度高、选择性好的测定铬的分析方法，一次进样可同时测定 Cr^{3+} 和 Cr^{6+}。这种测定环境样品中铬的研究工作已有报道，并且一些机构已将此法作为标准方法或推荐方法供使用执行，例如测定大气颗粒物中和废弃物焚化炉排放的气体中的六价铬。

3. 水体中重金属离子和氰化物的测定

离子色谱法分析金属离子时，其突出的优点是可检测元素的不同氧化态，例如：Fe^{2+}/Fe^{3+}、$Cr(III)/Cr(VI)$ 和 $Sn(II)/Sn(IV)$ 等，以及一次进样同时分析多元素。离子色谱在线浓缩富集和基体消除技术有力地解决了基体干扰和检测灵敏度等关键问题。因此，离子色谱对于研究金属的生物利用度及其对环境的影响是一种非常有用的手段。

氰化物作为一种添加剂，许多工业的生产过程都需要使用，例如金属电镀、钢和贵金属的淬火等。氰化氢常用于聚丙烯腈塑料的生产。对矿石中的黄金进行湿法冶金萃取时需要使用氰化钠（氰化作用）。氰化作用的过程，将会使许多金属离子与氰离子生成金属氰络合物。所生成的这些络合物大部分是非常稳定的，浓度也比氰化金高。在高温下，聚丙烯腈塑料分解会产生致命的氰化氰。氰化过程中排放的废水如果没有经过处理而直接排放，将会对环境和水生生物造成严重的危害。为保护环境资源并进行可持续利用，各国对环境各种载体中氰化物的浓度都有严格的规定。

测定氰化物的方法有比色、滴定、气相色谱、原子吸收和红外吸收光谱法。近年来，离子色谱法应用于各种复杂基体中氰化物测定的报道正在增加，与其他分析手段相比，在样品有较高浓度的基体存在时，离子色谱在消除干扰、定量的准确性方面具有优势。测定氰化物的方法可分为直接法和间接法两种。直接法多使用安培检测器直接测定溶液中的氰化物；间接法则多使用 UV 检测器。相比较而言，安培检测器的灵敏度要高一些。

二、大气飘尘与降水的分析

在评估酸沉降对地球上的生命、水体影响时，测定被污染介质中 Cl^-、NO_3^-、SO_4^{2-}、Na^+、K^+、NH_4^+、Ca^{2+}、Mg^{2+} 等离子的浓度是必不可少的。离子色谱作为一种研究空气污染，特别是研究酸沉降的工具已得到了广泛的应用。

空气中的 SO_2 主要源于使用含硫燃料所排放的废气。空气中 SO_2 浓度增加的直接后果是导致降水的 pH 下降，使地表的生态环境受到破坏。大气中的 SO_2 浓度较低，用常规的分析方法如品红法常常无法检出。采用离子色谱法，其灵敏度可满足要求，准确性较高。空气中的 SO_2 多采用吸收瓶法采集，常用的吸收液是 H_2O_2。

空气中氮氧化物包括 NO 及 NO_2 等。测定氮氧化物的方法通常是先用三氧化铬将 NO 氧化成 NO_2，然后用盐酸萘乙二胺分光光度法测定 NO_2 的浓度。

离子色谱法可同时测定样品中的 NO_2^- 和 NO_3^-，方法较湿化学法快速，因而被广泛接受。如同 SO_2 一样，确定合适的采样方法是准确测量的第一步。由于 NO 和 NO_2 难以用吸收液收集。因此，常用一支吸收管或装有稀硫酸的真空瓶采集氮氧化物，再经氧气或臭氧氧化后用离子色谱测定。

【实验实训】

离子色谱法测定自来水中阴离子的含量

一、实验目的

（1）学会非抑制型离子色谱仪的基本操作方法。

（2）学会配制离子色谱的流动相与分析试样。

二、实验原理

分析无机阴离子通常用阴离子交换柱，其填料通常为季铵盐交换基团，样品阴离子由于静电相互作用进入固定相的交换位置，又被带负电荷的淋洗离子交换下来进入流动相。不同阴离子交换基团的作用力大小不同，因此在固定相中的保留时间也就不同。从而彼此达到了分离。自来水中主要是 Cl^-、NO_3^- 和 SO_4^{2-} 等常见无机阴离子，这些阴离子在一般的阴离子交换柱上均能得到良好的分离。

本实验采用峰面积标准曲线法（1 点）定量。

三、仪器与试剂

1. 仪器

PE200 型离子色谱仪或其他型号离子色谱仪，阴离子交换柱 Shodex IC-1-524A（5 μm，4.6 μm×100 mm），电导检测器；流动相过滤器、无油真空泵、超声波清洗器；50 mL 容量瓶 7 个；5 mL 移液管 6 支，50 mL 小烧杯 2 个；100 mL 试剂瓶 1 个；100 mL 平头微量注射器 1 个。

2. 试剂

邻苯二甲酸，三-（羟基甲基）氨基甲烷（均为色谱纯），优级纯的钠盐（F^-、Cl^-、NO_2^-、Br^-、NO_3^- 和 SO_4^{2-}）；二次重蒸去离子水；自来水样品（实验室当场取样）。

四、实验步骤

1. 准备工作

（1）流动相的预处理用 50 mL 的小烧杯称取 0.416 g 的邻苯二甲酸和 0.292 g 的三-（羟基甲基）氨基甲烷（TRIS），用蒸馏水溶解后定容至 1 000 mL，此流动相的 pH 约为 4.0。

注意：在配置过程中，要求 TRIS 一定要在烧杯中完全溶解（必要时可小火加热）后方可转移至容量瓶中。

将配置好的流动相用 0.45 μm 的水相滤膜过滤后，装入流动相贮液器内，用超声波清洗器脱气 10～20 min。

（2）试样和标样的预处理。

① 标准溶液的配制。称取一定量的优级纯钠盐，用蒸馏水分别配置浓度为 1 000 mg·L⁻¹ 的 F^-、Cl^-、NO_2^-、Br^-、NO_3^- 和 SO_4^{2-} 的标准储备溶液。

用 6 支 5 mL 移液管分别移取 6 种标准储备溶液各 5 mL 于 6 个 50 mL 容量瓶中，用蒸馏水定容、摇匀，配制成浓度为 100 mg·L⁻¹ 的 6 种阴离子的标准溶液。

用不同的移液管分别移取 100 mg·L⁻¹ 的 F 标准溶液 2.5 mL、Cl^- 标准溶液 2.5 mL、NO_2^- 标准溶液 5.0 mL、Br^- 标准溶液 5.0 mL、NO_3^- 标准溶液 10 mL、SO_4^{2-} 标准溶液 10 mL 于一个 50 mL 的容量瓶中，用蒸馏水定容，是为 6 种离子的混合溶液，其浓度分别为 F^-（5 mg·L⁻¹）、Cl^-（5 mg·L⁻¹）、NO_2^-（10 mg·L⁻¹）、Br^-（10 mg·L⁻¹）、NO_3^-（20 mg·L⁻¹）、SO_4^{2-}（20 mg·L⁻¹）。

② 自来水样品的制备。打开自来水管放流 10 min 后，用洗净的试剂瓶接约 100 mL 水样，用 0.45 μm 水相滤膜过滤后，即制成自来水样品（如果自来水样品中离子浓度过高，可用蒸馏水稀释 5～10 倍）。

（3）离子色谱仪的开机。

① 按仪器说明书依次打开高压输液泵、电导检测器和接口的电源。

② 打开电脑，进入色谱工作站。将运行时间设置为 10 min，纵坐标量程设置为 5 mV，同时建立一个序列方法（序列数以当日要做实验的数目来定）。

③ 设置流动相流速为 0.20 mL·min⁻¹，检测器温度为 45℃，同时设置检测器合适的灵敏度、增益等参数。

④ 接上本次实验用的 Shadex IC-1-524A 阴离子交换柱，打开输液泵旁路开关，排气。排气完毕后，确认流动相设置是否正确（0.20 mL·min⁻¹），然后再按"start"按钮启动高压输液泵。

⑤ 流动相流速慢慢升至 1.2 mL·min⁻¹。

2. 标准溶液和试样的分析

（1）混合标准溶液的分析。待检测器温度恒定至 45℃、基线稳定后，用 100 μL 平头微量注射器吸取 20 μL 阴离子混合标准溶液，进样分析，记录好样品名对应的文件名，并打印出色谱图和分析结果。

注意：注射器应事先用蒸馏水洗 10 次，再用混合标准溶液洗 10 次，而且不能带入气泡。

（2）Cl^-、NO_3^- 和 SO_4^{2-} 标准溶液的分析。用 100 μL 平头微量注射器分别吸取 100 mg·L⁻¹ 的 Cl^-、NO_3^- 和 SO_4^{2-} 标准溶液 20 μL，进样分析，记录好样品名对应的文件名，并打印出色谱图和分析结果，然后从 Cl^-、NO_3^- 和 SO_4^{2-} 的保留时间即可确认混合标准溶液的分析谱图中这 3 种离子色谱峰的位置。

重复进样 3 次。

3. 自来水样品的分析

用 100 μL 平头微量注射器吸取 20 μL 自来水样品，按分析测定标准溶液的方法进行分析测定，重复测定三次，记录好样品名对应的文件名，并打印出色谱图和分析结果。

4. 结束工作

（1）所有的分析完毕后，让流动相继续清洗 10～20 min，以免色谱柱上残留样品或杂质；

（2）关掉色谱工作站和电脑；

（3）关闭接口，检测器电源；

（4）依次降低流动相的流量至 0 后，关闭高压输液泵和电源；

（5）周末停用仪器，可用本次实验配制的流动相冲洗泵、柱子和电导池（柱子要和流动相兼容）。

如果仪器长期停用，除完成上述步骤外，还应完成下述步骤。

a. 卸下色谱柱，套上两头螺帽，确保泵头内灌满流动相溶液；

b. 从系统中拆下泵的输出管，套上套管；

c. 从溶剂贮液器中取出溶剂入口过滤器，放入干净袋中；

d. 把泵放在台面清洁干燥的地方。

5. 清理台面，填写仪器使用记录

五、注意事项

（1）离子交换柱的型号、规格不一样时色谱分析条件会有很大的差异，一般可按商品离子色谱柱说明书上所附的分析条件进行测定。

（2）不同厂家的仪器，在分析条件的设置及工作站的软件操作方面差异较大，应仔细阅读仪器操作说明书后再开始实验。

（3）在样品离子的色谱峰之前有一个很大的水峰，之后才是样品离子的色谱峰；在样品离子的色谱峰之后往往还有一个较大的系统峰，一定要等到系统峰出完之后，才能进行下一个试样的分析。

六、数据处理

（1）从 6 种阴离子混合标准溶液的色谱图和分析结果中计算出各种离子的保留时间，确认各个色谱峰的归宿。

（2）计算出 Cl^-、NO_3^- 和 SO_4^{2-} 的单位浓度峰高和峰面积的平均值。

（3）参照下表整理自来水中无机阴离子的分析结果。

阴离子	保留时间/min	测定值/（mg·L^{-1}）	平均值/（mg·L^{-1}）
Cl$^-$			
NO$_3$$^-$			
SO$_4$$^{2-}$			

七、思考题

流动相流速增加，离子的保留时间是增加还是减小？为什么？

【本章小结】

1. 基本原理

离子色谱法（IC）是以离子型化合物为分析对象。抑制型离子色谱法采用低交换容量的离子交换柱，以强电解质做流动相分离无机离子，然后用抑制柱将流动相中被测离子的反离子除去，使流动相电导降低，从而获得高的检测灵敏度。

离子色谱法按分离机理分类可分为离子交换色谱法（IEC）、离子排斥色谱法（ICE）、离子抑制色谱法（ISC）和离子对色谱法（IPC）。

离子交换色谱以离子交换树脂作为固定相，流动相中组分离子与树脂上可交换离子基团进行可逆交换，根据组分离子对树脂亲和力的不同而得到分离。

离子排斥色谱利用阳离子交换树脂上所谓的 Donnan 排斥作用，完全离解的酸被洗脱；未离解的化合物进入树脂的内微孔，从而在固定相中产生保留，不同的物质就得到了分离。

离子抑制色谱法是通过调节流动相的 pH，使酸（或碱）性离子化合物尽量保持离子状态，然后利用离子色谱的一般体系来进行分析测定。离子对色谱法是在流动相中加入离子对试剂，使之与被测离子形成中性的离子对化合物，在反相色谱柱上得以保留，从而达到分离的目的。

2. 离子色谱仪

离子色谱仪最基本的组件是流动相容器、高压输液泵、进样器、色谱柱、检测器和数据处理系统。离子色谱仪不同于高效液相色谱仪，通常配制电导检测器和离子交换剂色谱柱。工作流程是流动相将样品带入色谱柱，在色谱柱中各组分被分离，并依次随流动相流至检测器。抑制型离子色谱则在电导检测器之前增加一个抑制系统。

离子色谱仪色谱柱是实现分离的核心部件，要求较高、柱容量大和性能稳定，其填料容易被有机溶剂或其他极性物质所破坏，对不确切的未知样品应弄清楚以后再进样分析。离子色谱柱的安装具有方向性。离子色谱中应用最多的是电导检测器，其次是安培检测器、紫外检测器和荧光检测器等。

3. 离子色谱分析技术

为防止电导池被玷污，应当使用二次重蒸去离子水或高纯水配制流动相、标样与试样。一般离子色谱中的纯水的电导率要求在 $0.5~\mu S \cdot cm^{-1}$ 以下，需要用专门的去离子水制备装置制备纯水。

根据待测化合物的分子结构和性质以及样品的基体情况来选择分离方式和检测方式。水合能高和疏水性弱的离子，最好选用离子交换色谱分离。水合能低和疏水性强的离子，最好选用亲水性强的离子交换色谱或离子对色谱分离。有一定疏水性，也有明显水合能的离子，最好用离子排斥色谱分离。

对无紫外或可见吸收、强离解性的酸和碱，最好用电导检测器；具有电化学活性和弱离解性的离子，最好用安培检测器；离子本身或柱后衍生的络合物，在紫外或可见光区有吸收的最好用紫外-可见光检测器；能产生荧光的离子和化合物最好用荧光检测器。

离子色谱法的定量方法有归一化法、外标法和内标法等。

4. 离子色谱在环境分析中的应用

环境样品分析是离子色谱的重要应用领域，所涉及的样品有工业废水、饮用水、酸沉降物，大气颗粒物等样品中的阴、阳离子以及其他对环境有害物质的分析，特别是价态和形态的分析，例如 As（Ⅲ）与 As（Ⅴ），Cr（Ⅲ）与 Cr（Ⅵ），Fe（Ⅱ）与 Fe（Ⅲ）等。

离子色谱的应用对象主要是环境样品中各种阴、阳离子的定性和定量分析。例如大气，干、湿沉降物，地表水等样品中的各种阴、阳离子的测定，如 Cl^-、NO_2^-、Br^-、NO_3^-、PO_4^{3-}、SO_4^{2-} 等阴离子和 Li^+、Na^+、NH_4^+、K^+、Mg^{2+}、Ca^{2+} 等阳离子。

【思考题】

1. 离子交换色谱中用于阴离子分析的分离柱一般选用具有_____基团的离子交换树脂，用于阳离子分析的分离柱一般选用具有_____基团的离子交换树脂。

2. 离子色谱仪最基本的组成部件是_____、_____、_____、_____和数据处理系统。

3. 根据不同的分离机理，离子色谱法可分为_____、_____、_____、和_____。

4. 在离子色谱仪中，使用最多的检测器是（　　　　）。

A. 电导检测器　　　B. 紫外检测器　　　C. 安培检测器　　　D. 荧光检测器

5. 简述离子色谱仪的工作流程。

6. 待测离子的一般信息主要包括哪些内容？

7. 为下列离子化合物选择合适的分离方式和检测器。

（1）金属配合物。

（2）碳数小于 5 的脂肪酸。

（3）磷酸盐。

（4）镧系金属阳离子。

参考文献

[1] 黄一石. 仪器分析技术[M]. 北京: 化学工业出版社， 2000.

[2] 牟世芬，刘克纳. 离子色谱方法及应用[M]. 北京: 化学工业出版社， 2000.

[3] 丁明玉，田松柏. 离子色谱原理与应用[M]. 北京: 清华大学出版社， 2001.

[4] 高向阳. 新编仪器分析[M]. 2 版. 北京: 科学出版社， 2004.

[5] 刘密新，罗国安， 张新荣，等. 仪器分析[M]. 2 版. 北京: 清华大学出版社， 2002.

[6] 朱明华. 仪器分析. 北京: 高等教育出版社， 1993.

[7] 穆华荣. 分析仪器维护. 北京: 化学工业出版社， 2000.

[8] 孙毓庆，胡育筑，李章万. 分析化学习题集. 北京: 科学出版社， 2004.

第
八
章

电位及电导分析法

【知识目标】

通过本章的学习，掌握电位及电导分析法的测定依据、离子选择性电极的一般作用原理；掌握酸度计、电导率仪的结构、工作原理、操作规程以及电位滴定的操作技术要领，了解常见酸度计、电导率仪的型号、功能及发展现状。

【能力目标】

根据测定需要独立调试酸度计、电导率仪，独立完成对溶液 pH、电导率的测定以及电位滴定任务。

第一节　电位分析概述

电位分析法是电化学分析法的重要分支，它的实质是通过在零电流条件下测定由指示电极和参比电极所构成的原电池的电动势，利用电极电位与溶液中某种离子的活度（或浓度）之间的关系来测定物质活度（或浓度）的一种电化学分析方法。电位分析法根据其原理不同可分为直接电位法和电位滴定法两大类。直接电位法是通过测定原电池电动势，根据原电池的电动势与被测离子活度间的函数关系直接测定离子活度的方法。电位滴定法则是向试液中滴加与被测物质发生化学反应的已知浓度的试剂，并观测滴定过程中电池电动势的变化来确定容量分析的终点，再根据反应计量关系来计算待测物含量的方法。

电位分析法具有如下特点：选择性好、共存离子干扰少、灵敏度和准确度较高。直接电位法的检出限一般为 $10^{-5} \sim 10^{-6} \, \text{mol} \cdot \text{L}^{-1}$，适用于微量组分的测定，电位滴定法则适用于常量组分的测定。电位分析法所用仪器设备简单、操作方便快速、测定范围宽、不破坏试液、易实现自动化，已广泛应用于农、林、渔、牧、石油化工、地质、冶金、医药卫生、环境保护、海洋测探等领域。

一、电位分析的依据

（一）化学电池

化学电池是一种电化学反应器，大多数电分析都是通过化学电池反应未实现的。它是由一对电极、电解质和外电路三部分组成的，根据工作方式的不同可分为原电池、电解池和电导池。如果化学电池自发地将电池内部进行的化学反应所释放的能量转化成电能，此化学电池称为原电池。如果实现电化学反应所需要的能量是由外部电源供给的，则这种化学电池叫电解池，它是将电能转化为化学能的装置。如果只研究化学电池中电解质的导电特性，而不考虑所发生的化学反应，这种化学电池就是电导池。

不论是原电池还是电解池，发生还原反应的电极都叫阴极，发生氧化反应的电极都叫阳极。电池发生的反应叫电池反应，它由两个电极反应组成，每个电极所进行的反应叫半电池反应。典型的化学电池如图 8-1 所示。

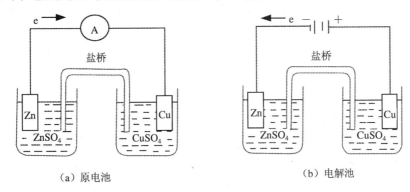

（a）原电池　　　　　　　　　　　　（b）电解池

图 8-1　典型的化学电池

为了描述和应用方便，电化学中规定了电池的表示方法，图 8-1（a）的 Zn-Cu 原电池可表示为

$$(-)Zn \,|\, ZnSO_4\,(a_1\,mol\cdot l^{-1}) \;\|\; CuSO_4\,(a_2\,mol\cdot l^{-1})\,|\,Cu(+)$$

（二）电池电动势

电池电动势是由不同物体相互接触时，其相界面上产生的电位差而产生的，一个电化学体系包含有各种相的接触，如金属-溶液、溶液-溶液、金属-金属、溶液-气体的接触等。在两相接触的界面上，它们的性质与相内是不同的。无论是哪种接触，在它们的界面上都存在着电位差。两种不同物相间的电位差，称为相间电位，主要由三部分组成。

1. 电极和溶液的相界面电位差（电极的相间电位）

这是电池电动势的主要来源。一般电极都是由金属构成的，金属晶体中含有金属离子和自由电子，在不发生电极反应时，金属是电中性的。电解质溶液中含有阳离子和阴离子，整个溶液也是电中性的。当金属和电解质溶液相互接触时，金属离子可以从金属晶体中移入溶液，电子留在金属电极上使之带负电，并且由于静电的吸引，与进入溶液的金属离子的正电荷形成双电层。相反，如果溶液中存在易接受电子的金属离子，则金属离子也可以从金属电极上获得电子进入金属晶格中，形成金属电极一边带正电，与溶液中过剩的阴离子形成双电层。由于双电层的建立，在溶液界面上建立了一个稳定的相间电位。

2. 电极和导线的相界面电位差（金属的接触电位）

不同金属的电子离开金属本身的难易程度不一样，在两种不同金属相互接触时，由于相互移入的电子数不相等，在接触的相界面上就要形成双电层，产生电位差，通常称为接触电位，是一个常数，通常很小，可忽略不计。

3. 液体和液体的相界面电位差（液体液接电位）

在两个组成或浓度不同的电解质溶液相接触的界面间所存在的一个微小的电位差，称为液体接界电位，简称液接电位或扩散电位。电位差产生的原因，是由于在两种溶液的界面之间，浓度高的一方的离子向浓度低的一方扩散，但正、负离子扩散速率不同，破坏了界面附近原来正负电荷分布的均匀性。当扩散达到平衡时，产生稳定的电位差，一般在 30 mV 左右。它的存在影响电池电动势的计算，在实际工作中，是在两个电极溶液之间用"盐桥"相连接，可将液接电位消除或减小到可忽略的程度。盐桥由装有电解质及凝胶状琼脂的U形管构成（在 3% 琼脂溶液中加入饱和 KCl 溶液，装入U形管）。由于饱和 KCl 溶液浓度高达 $4.2 \ mol \cdot L^{-1}$，所以当盐桥与浓度不大的溶液接触时，占压倒优势的扩散将是 K^+ 和 Cl^- 的迁移，而 K^+ 和 Cl^- 的扩散速率可认为近似相等，产生的电位差很小。所以盐桥不仅可以沟通电路，还可以将液接电位基本消除。应当指出，用了盐桥后，并不能全部消除液接电位，一般仍可达 $1 \sim 2 \ mV$，而且测量时不易得到稳定的数值。

（三）电极电位

电极电位来源于电极与其界面溶液之间的相间电位，但是单个电极电位的绝对值无法直接测得。为了比较不同电极的电极电位之间的相对大小，人们通常选择一个标准电极，然后将任一电极与标准电极组成原电池，通过测定电池电动势，就可确定该电极的电极电位的相对值。

1. 标准电极电位

电化学中选用标准氢电极作为标准，并规定其电极电势为零，将其他电极与标准氢电极组成原电池测其电动势，即可求得其他电极的相对电极电势。

将 Pt 片浸入 $a_{H^+}=1$ 的酸溶液中，通入其分压为 $p_{H^+}=101.325 \ kPa$ 的纯氢气即构成标准氢电极（SHE），如图 8-2 所示。电化学中规定：在任何温度下，标准氢电极的电极电位等于 0.000 V。电极反应为：

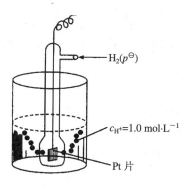

图 8-2 标准氢电极

$$2H^+（1mol\cdot L^{-1}）+2e \rightleftharpoons H_2（101.325\ kPa）$$

$$（\varphi^{\ominus}_{H^+/H_2} = 0.000\ V）$$

国际上规定参与电极反应的所有各物质均处于热力学标准态，即离子或分子浓度均为 1 $mol\cdot L^{-1}$，气体分压为 100 kPa，固体、液体则均为纯净物质，这种状态称为该电极的标准态。在标准态下测定的电极电位称为标准电极电位，以 $\varphi^{\ominus}$ 表示。如果原电池的两个电极均为标准电极，这时的电池称为标准电池，其电动势为标准电池电动势，用 $E^{\ominus}$ 表示：$E^{\ominus}=\varphi^{\ominus}_+ - \varphi^{\ominus}_-$。用标准氢电极与其他各种标准状态下的电极组成原电池，测得这些电池的电动势，就可以计算出各种电极的标准电极电势。例如，测定 Zn^{2+}/Zn 电对的标准电极电势，可将 Zn^{2+}/Zn 电极与标准氢电极组成一个原电池：$（-）Zn \mid Zn^{2+}（a_1）\parallel H^+（a_2）\mid H_2（p）Pt（+）$，如图 8-3 所示，根据检流计偏转方向，测得锌电极为负极，氢电极为正极，并测得该电池电动势 $E=0.763\ V$，通过计算得 $\varphi^{\ominus}_{Zn^{2+}/Zn} = -0.763\ V$。

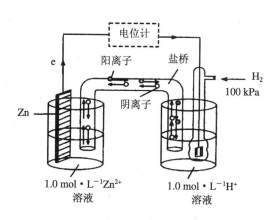

图 8-3　测量 Zn 电极标准电极电位的装置

依此类推可计算出各种电极的标准电极电位。由于标准氢电极使用的条件极为苛刻，在实验室中常用电极电位稳定的饱和甘汞电极（SCE）代替标准氢电极。

2. 电极电位的计算

标准电极电位是在标准状态下测得的，而实际电极不可能总处于标准状态，因此必须知道非标准状态下电极电位的计算。通常用能斯特（Nernst）方程来描述电极电位与离子活度之间的关系。

对任一电极，其电极反应通式为：

$$O_x + ne \rightleftharpoons Red$$

电极电位与参与电极反应的氧化态活度（a_{O_x}）和还原态活度（a_{Red}）的关系为：

$$\varphi = \varphi^\ominus + \frac{RT}{nF}\ln\frac{a_{O_x}}{a_{Red}} \tag{8-1}$$

此式称为电极反应的能斯特方程式。

式中：R——摩尔气体常数，8.314 5 J/（mol·K）；

$\quad\quad T$——热力学温度；

$\quad\quad F$——法拉第常数，96 485 C/mol；

$\quad\quad n$——电极反应中转移的电子数。

当 $T = 298.15$ K 时（为便于使用，用常用对数代替自然对数），

$$\varphi = \varphi^\ominus + \frac{0.059\,2}{n}\lg\frac{a_{O_x}}{a_{Red}} \tag{8-2}$$

3. 条件电极电位

工作中实际测得的电位值与用 Nernst 方程计算得到的电位值常常不符。产生误差的原因有两个，一是实际工作中不知道氧化态和还原态的活度，常用浓度代替活度进行计算，会引起较大误差。二是在不同的溶液体系中，电对的氧化态和还原态会发生副反应，如酸度影响、配合物或沉淀的形成等，都会使得氧化态和还原态的浓度发生改变，从而影响电极电位。

考虑到以上这两个因素，我们需要引入条件电极电位的概念。即在一定条件下，电对的氧化型与还原型的分析浓度均为 1 mol·L^{-1} 时，校正了各种外界因素影响后实际测得的电极电位叫条件电极电位，用 $\varphi^{\ominus'}$ 表示。用条件电极电位代替标准电极电位进行计算更符合实际，但是条件电极电位数据均为实验测定值，目前还很不齐全，在没有条件电极电位数据时仍然用标准电极电位进行计算。

二、指示电极与参比电极

在电位分析法中所用的电池为原电池，它是由两个电极和电解质溶液构成。由于电位法测定的是一个原电池的平衡电动势值，而电池的电动势与组成电池的两个

电极的电极电位密切相关，所以我们一般将电极电位随被测离子活度变化而变化、并能反应出被测离子活度的电极称为指示电极，而将在测定过程中电极电位保持恒定不变、不受溶液组成或电流流动方向影响的电极叫参比电极。

（一）参比电极

常用的参比电极有饱和甘汞电极（SCE）和银-氯化银电极。

甘汞电极由金属 Hg、Hg_2Cl_2（甘汞）和 KCl 溶液组成，内电极管中封接一根铂丝，铂丝插入纯汞中（厚度 0.5～1 cm），下置一层甘汞（Hg_2Cl_2）和汞的糊状物，外电极管中充入 KCl 溶液作为盐桥，内外电极管下端都用多孔纤维或熔结陶瓷芯等多孔物质封口，其结构如图 8-4 所示。

电极结构及电极反应为：

$$Hg|Hg_2Cl_2|Cl^-（a）\qquad Hg_2Cl_2 + 2e \rightleftharpoons 2Hg + 2Cl^-$$

25℃下电极电位：$\varphi_{Hg_2Cl_2/Hg} = \varphi^{\ominus}_{Hg_2Cl_2/Hg} - 0.059\,2\lg a_{Cl^-}$

可见，甘汞电极的电极电位取决于溶液中 Cl^- 的活度，25℃下不同浓度 KCl 溶液构成的甘汞电极的电极电位为：

KCl 溶液浓度/mol·L^{-1}	电极电位/V
0.100 0	0.333 7
1.000 0	0.280 1
饱和	0.241 2

甘汞电极制作方便，稳定性和重现性都较好，是最常用的参比电极。但在 80℃以上时不够稳定，可用银-氯化银电极代替。

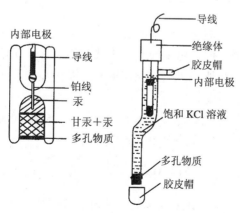

图 8-4　甘汞电极

银-氯化银电极同样具备甘汞电极的优点。制备时在 Ag 丝上镀上一层 AgCl 后封入含有 KCl 溶液的电极管中，组成半电池。

电极结构及电极反应为：

$$Ag|AgCl|Cl^- \quad (a) \qquad AgCl + e \Longleftrightarrow Ag + Cl^-$$

25℃下电极电位：$\varphi_{AgCl/Ag} = \varphi^{\ominus}_{AgCl/Ag} - 0.059\ 2\lg a_{Cl^-}$

其电极电位同样取决于溶液中 Cl^- 的活度，常在固定 Cl^- 的活度条件下作为各类离子选择性电极的内参比电极。银-氯化银电极适用的范围较宽，275℃以下的电极电位数据都是已知的；较少与其他离子反应；在非水溶液中进行测定时比甘汞电极优越。

（二）指示电极

电极电位随被测物质活度变化而变化，常根据电极电位形成的机理把能建立平衡电位的电极分为金属基电极和膜电极。

1. 金属基电极

金属基电极是最早使用的一类电极，共同特点是电极电位的产生与氧化还原反应即与电子转移有关。因有金属参加，故称金属基电极，一般分为三类：

（1）第一类电极（金属-金属离子电极）。由金属与该金属离子的溶液相平衡构成的电极，电极结构及电极反应为

$$M \mid M^{n+} (\alpha_{M^{n+}})$$

$$M^{n+} + ne \Longleftrightarrow M$$

电极电位：$\varphi_{M^{n+}/M} = \varphi^{\ominus}_{M^{n+}/M} + \dfrac{RT}{nF} \ln \alpha_{M^{n+}}$

电极电位随溶液中待测离子活度的变化而变化，可用以指示溶液中待测离子的浓度，常作为指示电极。但是由于该类电极选择性差，除了能与溶液中待测离子发生电极反应外，溶液中其他离子也可能在电极上发生反应，所以在实际工作中难以用来测定各种金属离子活度。

（2）第二类电极（金属-金属难溶盐电极）。由金属、该金属难溶盐与该难溶盐的阴离子构成的电极，电极结构及电极反应为

$$M \mid M_nX_m \mid X^{n-} (\alpha_{x^{n-}})$$

$$M_nX_m + nme \Longleftrightarrow nM + mX^{n-}$$

电极电位：$\varphi_{M_nX_m/M} = \varphi^{\ominus}_{M_nX_m/M} - \dfrac{RT}{nF} \ln \alpha_{x^{n-}}$

这类电极的电极电位随阴离子活度增加而减小，能用来测定不直接参与电子转

移的难溶盐的阴离子活度，但是由于选择性差的问题，一般不做指示电极。若溶液中存在能与该金属阳离子生成难溶盐的其他阴离子，将产生干扰，此类电极常在固定阴离子活度条件下作为参比电极。

（3）零类电极（惰性金属电极）。由金、铂或石墨等惰性导体浸入含有氧化还原电对的溶液中构成，也称氧化还原电极。电极结构及电极反应为

$$\text{Pt} \mid \text{M}^{m+}\,(\alpha_{\text{M}^{m+}}),\ \text{M}^{(m-n)+}\,(\alpha_{\text{M}^{(m-n)+}})$$

$$\text{M}^{m+} + ne \rightleftharpoons \text{M}^{(m-n)+}$$

电极电位：$\varphi_{\text{M}^{m+}/\text{M}^{(m-n)+}} = \varphi^{\ominus}_{\text{M}^{m+}/\text{M}^{(m-n)+}} + \dfrac{RT}{nF}\ln\dfrac{\alpha_{\text{M}^{m+}}}{\alpha_{\text{M}^{(m-n)+}}}$

电极电位与两种离子的性质和活度有关，惰性金属或石墨本身不参加电极反应，只是作为氧化还原反应交换电子的场所，协助电子的转移。

2. 膜电极

这是由特殊材料的固态或液态敏感膜构成的、对溶液中特定离子有选择性响应的电极，又称离子选择性电极。相关内容在下一节讨论。

第二节　离子选择性电极

离子选择性电极（ISE），有人称为"离子特效性电极"，也有人称为"选择性离子敏感电极"。为了使命名和定义标准化，1975 年国际纯粹化学与应用化学协会（IUPAC）推荐使用"离子选择性电极"这个术语，并给出定义："离子选择性电极是一类电化学传感体，它的电位与溶液中给定的离子的活度的对数呈线性关系，这些装置不同于包含氧化还原反应的体系。"根据这个定义可以看出：第一，离子选择性电极是一种指示电极，它对给定离子有 Nernst 响应；第二，这类电极的电位不是由于氧化或还原反应（电子交换）所形成的，因此它与金属基指示电极在基本原理上有本质的区别。离子选择性电极是电位分析中应用最广泛的指示电极。

一、离子选择性电极的基本构造

离子选择性电极的基本构造如图 8-5 所示。无论何种离子选择性电极都是由对特定离子响应的敏感膜、内参比电极、内参比溶液以及导线和电极管等部件构成的。敏感膜将膜内侧的内参比溶液与膜外侧的待测离子溶液分开，是电极最关键的部件。内参比电极一般是 Ag-AgCl 电极。内参比溶液由用以恒定内参比电极电位的 Cl⁻ 和对敏感膜有选择性效应的特定离子组成。

二、膜电位

离子选择性电极的电极电位为内参比电极的电位 $\varphi_{内参}$ 与膜电位 φ_m 之和，即

$$\varphi_{ISE} = \varphi_{内参} + \varphi_m$$

膜电位是指膜的一侧或两侧与电解质溶液接触而产生的电位差。它实质上也是一种相间电位，只是由于膜的种类和性质不同，膜电位的大小和产生的机理不尽相同。离子选择性电极的膜电位的机制是一个复杂的基本结构理论问题，目前仍在进行深入研究，但对一般离子选择性电极（如玻璃电极、固态和非均态电极、流动载体电极等）来说，膜电位产生的机理可以这样来理解：凡是能做成电极的各种薄膜，都可以被认为是一种离子交换材料。当它与含有某些离子的溶液接触时，其中某些具有适合电荷和适合大小的离子将与薄膜中某种离子起离子交换反应，从而扰乱了两相中原来的电荷分配形成了双电层，产生了一个稳定的膜电位。

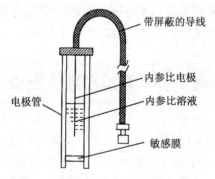

带屏蔽的导线

内参比电极

内参比溶液

电极管

敏感膜

图 8-5 离子选择性电极的基本构造

当敏感膜两侧分别与两个浓度不同的电解质溶液相接触时，在膜与溶液两相的界面上，由于离子的选择性和强制性扩散，破坏了界面附近电荷分布的均匀性，形成双电层结构，在膜的两侧形成两个相界电位：$\varphi_内$ 和 $\varphi_外$。同时，在膜相内部与内外两个膜表面的界面上，由于离子的自由（非选择性和强制性）扩散而产生的扩散电位，因其大小相等，方向相反，互相抵消。横跨敏感膜两侧产生的电位差（膜电位）为敏感膜外侧和内侧表面与溶液间的两相间电位之差，即

$$\varphi_m = \varphi_外 - \varphi_内$$

当敏感膜对阳离子 M^{n+} 有选择性响应时，若内参比溶液中含有该离子，将电极插入含有该离子的待测溶液中时，在膜的两侧形成两个相界电位 $\varphi_内$ 和 $\varphi_外$ 均符合能斯特方程。

$$\varphi_内 = k_内 + \frac{RT}{nF} \ln \frac{a_{M内液}}{a_{M内膜}}$$

$$\varphi_{外} = k_{外} + \frac{RT}{nF}\ln\frac{a_{M外液}}{a_{M外膜}}$$

式中：$k_{内}$ 和 $k_{外}$——分别为敏感膜内、外的表面性质有关常数；

$a_{M内液}$ 和 $a_{M外液}$——分别为敏感膜内侧内参比溶液和外侧待测试液中 M^{n+} 的活度；

$a_{M内膜}$ 和 $a_{M外膜}$——分别为敏感膜内侧和外侧表面膜相中 M^{n+} 的平均活度。

通常敏感膜内、外的表面性质认为是相同的，因此 $k_{内} = k_{外}$；若敏感膜表面具有相同数目的交换点位，且所有交换点位都被 M^{n+} 所占据，则 $a_{M内膜} = a_{M外膜}$。此时膜电位为

$$\varphi_{m} = \varphi_{外} - \varphi_{内} = \frac{RT}{nF}\ln\frac{a_{M外液}}{a_{M内液}} \tag{8-3}$$

当 $a_{M内液} = a_{M外液}$ 时，φ_{m} 应为零，而实际上敏感膜两侧仍有一定的电位差，称为不对称电位，这是由于膜内外两个表面状况不完全相同引起的。对于一定电极，不对称电位为一常数。随着电极活化时间的增加，不对称电位可达到稳定的最小值。

由于敏感膜内参比溶液中的 M^{n+} 活度是一定的，即 $a_{M内液} =$ 常数，所以

$$\varphi_{m} = k + \frac{RT}{nF}\ln a_{M外液} \tag{8-4}$$

若离子选择性电极对阴离子 R^{n-} 有相应的敏感膜，膜电位为

$$\varphi_{m} = k - \frac{RT}{nF}\ln a_{R外液} \tag{8-5}$$

式中的"k"项与金属基电极公式中的 $\varphi^{\ominus}$ 的含义不相同，此值与敏感膜、内部溶液等有关，同类电极的每支电极的"k"值都可能不相同。测定时条件控制一致方可视为常数。

因此，离子选择性电极的电极电位应为

$$\varphi_{ISE} = \varphi_{内参} + \varphi_{m} = k \pm \frac{RT}{nF}\ln a_{外液} \tag{8-6}$$

式中，当待测离子是阳离子时为加号，阴离子时为减号。可见，在一定条件下，离子选择性电极的电极电位与溶液中待测离子的活度的对数呈线性关系，这是离子选择性电极法测定离子活度的依据。

三、离子选择性电极的类型

根据敏感膜的响应机理、膜的组成和结构，1975 年 IUPAC 建议将离子选择性电极按以下方式分类：

（一）非晶体膜电极

原电极是指敏感膜直接与试液接触的离子选择性电极，分为晶体膜电极和非晶

体膜电极两大类。非晶体膜电极是由电活性物质与电中性支持体物质构成的。根据电活性物质性质的不同，可分为刚性基质电极（玻璃电极）和流动载体电极（液态膜电极）。

1. 刚性基质电极

刚性基质电极属于硬质电极，其敏感膜是由离子交换型的刚性基质玻璃熔融烧制而成的，选择性主要决定于玻璃的组成。其中使用最早的是 pH 玻璃电极，用于测定 H^+，下面主要介绍 pH 玻璃电极。

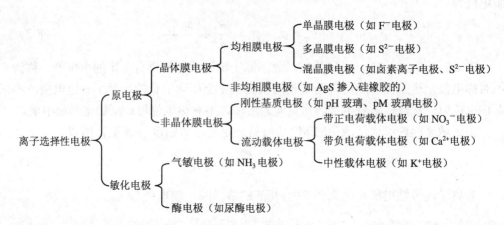

（1）结构和原理。pH 玻璃电极的组成如图 8-6 所示。在玻璃管的一端是由特殊成分玻璃制成的球状薄膜（膜厚 0.1 mm），它是电极的关键部分。球内贮 $0.1\ mol\cdot L^{-1}$ 的 HCl 溶液（内参比溶液），插入一个镀 AgCl 的 Ag 丝所构成的 Ag-AgCl 电极（内参比电极）。pH 玻璃电极对氢离子活度的响应及其响应的选择性主要决定于膜的组成和结构，这种玻璃膜为三维固体结构，网格由带有负电性的硅酸根骨架构成，Na^+可以在网格中移动或者被其他离子所交换，而带有负电性的硅酸根骨架对 H^+有较强的选择性。当玻璃膜浸泡在水中时，由于硅氧结构与氢离子的键合强度远大于其与钠离子的强度（约为 104 倍），因此发生如下的离子交换反应：

$$H^+ + Na^+Gl^- \rightleftharpoons Na^+ + H^+Gl^-$$

（溶液）（玻璃）　　（溶液）（玻璃）

反应的平衡常数很大，有利于正反应，使得玻璃表面的点位在酸性和中性溶液中时，几乎全为 H^+所占据而形成一个硅酸（H^+Gl^-）水化层；只有当玻璃膜接触强碱性溶液时，由于逆反应，Na^+才占据一些点位。

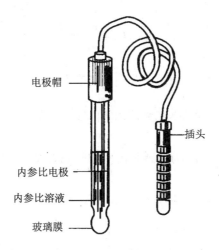

图 8-6　pH 玻璃电极

　　玻璃膜泡在水中，水将在玻璃固体中继续渗透，迟早会形成厚度为 10^{-4} mm 到 10^{-5} mm 的水化层。这是电极起作用的主要部分，可以把它看成是一层不移动的溶液。在水化层的外表，差不多钠离子的点位都被氢离子所占据。从表面到硅胶层内部 H^+ 的数目渐次减少，而 Na^+ 数目则相应地增加；在玻璃膜的中部，则是干玻璃区域，点位全为钠离子所占据，如图 8-7 所示。

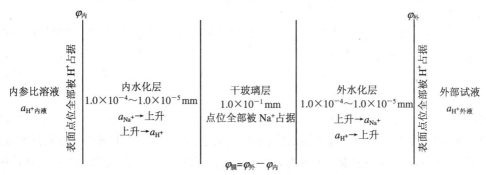

图 8-7　活化后的玻璃膜示意图

　　当在纯水中活化后的玻璃电极浸入待测溶液中时，由于水化层表面与溶液的 H^+ 活度不同，就会产生 H^+ 的扩散迁移。迁移平衡时水化层和试液两相界面的电荷分布发生了改变，产生了相间电位。外水化层与外部试液的相间电位为 $\varphi_{内}$，内水化层与内参比溶液的相间电位为 $\varphi_{外}$，则

$$\varphi_{内} = k_{内} + \frac{RT}{nF} \ln \frac{a_{H^+内液}}{a_{H^+内膜}}$$

$$\varphi_{\text{外}} = k_{\text{外}} + \frac{RT}{nF} \ln \frac{a_{\text{H}^+\text{外液}}}{a_{\text{H}^+\text{外膜}}}$$

式中：$k_{\text{内}}$ 和 $k_{\text{外}}$——分别为玻璃敏感膜内、外表面性质有关常数，$k_{\text{内}}=k_{\text{外}}$；

　　　　$a_{\text{H}^+\text{内液}}$ 和 $a_{\text{H}^+\text{外液}}$——分别为敏感膜内侧内参比溶液和外侧待测试液中 H^+ 的活度；

　　　　$a_{\text{H}^+\text{内膜}}$ 和 $a_{\text{H}^+\text{外膜}}$——分别为敏感膜内侧和外侧表面膜相中 H^+ 的平均活度。

敏感膜表面具有相同数目的交换点位，所以 $a_{\text{H}^+\text{内膜}} = a_{\text{H}^+\text{外膜}}$。则玻璃电极膜电位 φ_{m} 为

$$\varphi_{\text{m}} = \varphi_{\text{外}} - \varphi_{\text{内}} = \frac{RT}{nF} \ln \frac{a_{\text{H}^+\text{外液}}}{a_{\text{H}^+\text{内液}}} = k + \frac{RT}{nF} \ln a_{\text{H}^+} \qquad (8\text{-}7)$$

298 K 时，　$\varphi_{\text{m}} = k - 0.0592 \text{ pH}$ 　　　　　　　　　　　　　　　(8-8)

pH 玻璃电极的内参比电极为 Ag-AgCl 电极，则电极电位 $\varphi_{\text{玻}}$ 为

$$\varphi_{\text{玻}} = \varphi_{\text{AgCl/Ag}} + \varphi_{\text{m}} = \varphi_{\text{AgCl/Ag}} + k - 0.0592 \text{ pH} = k' - 0.0592 \text{ pH} \qquad (8\text{-}9)$$

　　由式（8-9）可见，pH 玻璃电极的电极电位与待测液的 pH 呈直线关系，这是利用 pH 玻璃电极测定 pH 的定量依据。

　　（2）pH 玻璃电极的特点。pH 玻璃电极的优点是测定时不受氧化剂和还原剂的影响；可用于有色、混浊或胶体溶液的测定；测定结果准确，在 pH=1～9 时，可准确至±0.01。缺点主要有以下三点：第一，电阻较高，必须使用备有稳定性好的放大装置的电位差计才能进行测量。第二，容易产生酸差和碱差。实验发现，当 pH＜1 时测得值高于实际值，称为酸差。这是由于在强酸性溶液中，水分子活度减小，而 H^+ 是由 H_3O^+ 传递的，到达电极表面的 H^+ 减少，交换的 H^+ 减少，故测得的 pH 偏高。当 pH＞9 或 Na^+ 浓度较高时，测得值低于实际值，称为碱差或钠差。这是因为在碱性溶液中 H^+ 活度小，在水化层和溶液界面的离子交换过程中，不但有 H^+ 参加，碱金属离子也进行了交换，使之产生误差，这种交换以 Na^+ 最为显著，所以也称之为钠差。当用 Li 玻璃代替 Na 玻璃吹制玻璃膜时，pH 测定范围可在 1～14。第三，玻璃膜太薄，易破损，且不能用于测定含 F^- 的溶液。

　　刚性基质电极除了 pH 玻璃电极外，改变玻璃膜的组成还可以制成对其他离子如 Na^+、K^+、Li^+、Ag^+、Ca^{2+} 有选择性响应的玻璃电极。表 8-1 给出了一些 pM 玻璃电极的膜组成。

表 8-1　pM 玻璃电极的膜组成

正离子	玻璃膜组成/%			选择性系数
	Na$_2$O	Al$_2$O$_3$	SiO$_2$	
Na$^+$	11	18	71	$K_{K^+,Na^+}=2\,800$
K$^+$	27	5	68	$K_{K^+,Na^+}=20$
Ag$^+$	28.8	19.1	52.1	$K_{H^+,Ag^+}=10^5$
Ag$^+$	11	18	71	$K_{Na^+,Ag^+}=10^3$
Li$^+$	15（Li$_2$O）	25	60	$K_{Na^+,Li^+}\approx 3$ $K_{K^+,Li^+}>10^3$

2. 流动载体电极

　　流动载体电极又叫液膜电极，其特点是用液体薄膜代替固体薄膜。它是将活性物质（被测离子的有机酸盐或有关的螯合物）溶于有机溶剂中，成为一种液体离子交换剂（活动载体），由于有机溶剂与水互不溶解而形成膜。为了固定这一液膜，通常将含有活性物质的有机溶液浸透在烧结玻璃、陶瓷片、聚乙烯或醋酸纤维等惰性材料制成的多孔膜内。它的构造如图 8-8 所示。

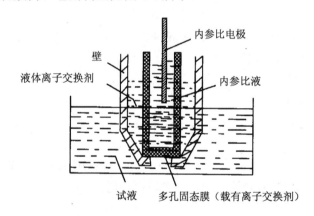

图 8-8　液态膜电极构造图

　　带负电荷的流动载体可用来制作对阳离子有选择性响应的电极，常用的有烷基磷酸盐和四苯硼盐。Ca^{2+}电极是这类电极的代表，敏感膜是将二癸基磷酸钙溶于苯基磷酸二辛酯中构成液体离子交换剂。因为二癸基磷酸钙对 Ca^{2+}离子具有选择性的亲和力，所以电极具有选择性。电极内部装有两种溶液：一种是内参比溶液（0.1mol·L^{-1}CaCl$_2$），其中插入 Ag-AgCl 内参比电极；另一种是带负电荷的离子交换剂，是憎水性的非水溶液。电极底部用多孔性膜材料（如纤维素渗析膜），将电极内的离子交换剂与试液隔开，这种多孔性膜是憎水性的离子交换剂液体渗透在多

孔性膜材料的孔隙内形成的一层薄膜,为电极的敏感膜。298 K 时,φ_{m} 的表达式为

$$\varphi_{m} = k + \frac{0.059\,2}{2}\lg a_{Ca^{2+}} \tag{8-10}$$

带正电荷的流动载体可用来制作对阴离子有选择性响应的电极,常用的带正电荷的流动载体有季铵盐、邻二氮杂菲与过渡金属的配离子等,NO_3^{-} 电极属于此类电极。中性载体是中性大分子多齿螯合剂,如大环抗生素、冠醚化合物等,K^+ 电极为此类电极。

(二)晶体膜电极

这类电极一般都是由难溶盐经过加压或拉制成的单晶、多晶或混晶的活性膜。由于制备敏感膜的方法不同,晶体膜又分为均相膜和非均相膜两类。均相膜电极的敏感膜由一种或几种化合物均匀混合物的晶体构成,如氟电极、硫化银电极等;而非均相膜则除了电活性物质外,还加入了惰性材料,如硅橡胶、聚氯乙烯、聚苯乙烯、石蜡等。这种电极的导电性和机械性能都更好,膜具有弹性,不易破裂。不是所有晶体都能制成这种敏感膜,只有那些在常温(室温)下有固体电解质性质(能导电),且微溶于水的晶体才能制作选择性电极的膜。晶体膜电极的响应机理是借助晶格缺陷(空穴)进行导电。膜片晶格中的缺陷引起离子的传导,靠近缺陷空隙的可移动离子移入空穴中。由于敏感膜的大小、形状及电荷分布不同,因此有选择地允许特定离子进入空穴导电。

下面主要介绍 F^{-} 选择性电极。

1. 结构和原理

F^{-} 选择性电极是最好的离子选择性电极之一,它的敏感膜是由 LaF_3 单晶切片掺有少量 EuF_2 或 CaF_2 制成的 2 mm 左右厚的薄片。其结构如图 8-9 所示。由于电极膜上的 Eu^{2+} 和 Ca^{2+} 代替晶格点阵中的 La^{3+},晶体中增加了空的 F^{-} 点阵,造成 LaF_3 晶体空穴,使更多 F^{-} 沿着这些空点阵扩散而导电。

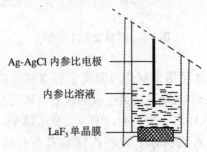

Ag-AgCl 内参比电极

内参比溶液

LaF_3 单晶膜

图 8-9 氟离子选择性电极构造图

氟电极的内参比电极为 Ag-AgCl 电极,内参比溶液为 0.1 mol·L^{-1}NaCl 和

0.1 mol·L^{-1}NaF 混合液，电极可表示为：

Ag-AgCl|NaCl（0.1mol·L^{-1}），NaF（0.1mol·L^{-1}）|LaF$_3$膜|F$^-$试液。

LaF$_3$ 单晶对 F$^-$ 有高度的选择性，允许体积小、带电荷少的 F$^-$ 在其表面进行交换。当电极插入 F$^-$ 待测液时，溶液中的 F$^-$ 与膜上的 F$^-$ 进行交换，如果试液中 F$^-$ 的活度较高，则通过迁移进入晶体空穴中；反之，膜表面的 F$^-$ 也可以进入试液，晶格中的 F$^-$ 又进入空穴，这样在晶体膜与试液界面形成双电层，由此产生膜电位。当试液中 a_{F^-} 为 $1.0\times10^{-1}\sim1.0\times10^{-6}$ mol·L^{-1} 时，膜电位与试液中 a_{F^-} 的关系符合能斯特方程，呈现良好的线性响应。298 K 时，φ_m 的表达式为

$$\varphi_m = k - 0.059\,2\lg a_{F^-} \tag{8-11}$$

氟电极的电极电位 φ_{F^-} 为

$$\varphi_{F^-} = \varphi_{AgCl/Ag} + \varphi_m = \varphi_{AgCl/Ag} + k - 0.059\,2\lg a_{F^-} = k' - 0.059\,2\lg a_{F^-} \tag{8-12}$$

2. 氟电极的特点

（1）适宜的 pH 使用范围为 5～7。当试液的 pH 较高，$c_{OH^-} \gg c_{F^-}$时，由于 OH$^-$ 的半径与 F$^-$ 相近，OH$^-$ 能透过 LaF$_3$ 晶格产生干扰，发生如下反应：

LaF$_3$（s）+ 3OH$^-$ $\rightleftharpoons$ La(OH)$_3$（s）+3F$^-$

电极膜表面形成了 La(OH)$_3$ 层，改变了膜的性质，同时释放出 F$^-$进入溶液，使试液中 F$^-$ 的活度增加，测得值偏高。反之，当试液的 pH 较低时，溶液中存在如下平衡：

H$^+$ + 3F$^-$ $\rightleftharpoons$ HF +2F$^-$ $\rightleftharpoons$ HF$_2^-$+F$^-$ $\rightleftharpoons$ HF$_3^{2-}$

降低了 F$^-$ 的活度，而 HF、HF$_2^-$、HF$_3^{2-}$均不能被电极响应，使测得值偏低。

（2）F$^-$ 的测定范围为 $1.0\times10^{-1}\sim1.0\times10^{-6}$ mol·L^{-1}，在此范围内氟电极的电极电位与试液中 a_{F^-}的关系符合能斯特方程，呈现良好的线性响应。

（3）因为 LaF$_3$ 晶体对通过晶格而进入空穴的离子半径及电荷都有严格的限制，NO$_3^-$、SO$_4^{2-}$、PO$_4^{3-}$、Ac$^-$、X$^-$、HCO$_3^-$等阴离子均不干扰，因此，氟电极的选择性高。但是，一些能与 F$^-$生成稳定配合物的阳离子如 Fe^{3+}、Al^{3+}、Th^{4+}、Zr^{4+}等使溶液中 F$^-$ 的活度降低，测定产生负误差，可用柠檬酸钠掩蔽以消除干扰。

（三）气敏电极

敏化电极是以原电极为基础装配成的离子选择性电极。它实际上已经构成了一个电池，这点是它同一般电极的不同之处。

气敏电极是对某些气体敏感的电极，是由一对电极，即指示电极（离子选择性电极）与参比电极装入同一个套管内组成的复合电极。套管中盛电解质溶液，管的

底部紧靠选择性电极。敏感膜装有疏水性透气膜，将电解液与外部试液隔开。试液中待测组分气体扩散通过透气膜，进入离子选择性电极的敏感膜与透气膜之间的极薄的液层内，使液层内某一能由离子选择性电极测出来的离子的活度发生变化，从而使电池电动势发生变化而反映出试液中待测组分的含量。

例如，氨电极是由 pH 玻璃电极外加一层透气膜组成，玻璃膜与透气膜的中介液为 $0.1\ \text{mol·L}^{-1}$ 的 NH_4Cl 溶液，其结构如图 8-10 所示。当把氨电极浸入含有 NH_4^+ 的碱性溶液中时，NH_4^+ 生成了气体 NH_3 分子，透过透气膜进入中介液，发生了化学反应：

$$NH_3 + H_2O \rightleftharpoons NH_4^+ + OH^-$$

中介液的 pH 发生了变化，此变化值由 pH 玻璃电极测出。298.15 K 时

$$\varphi_m = k + 0.059\,2\,\lg a_{H^+}$$

$$a_{H^+} = K_a(NH_4^+)\frac{a_{NH_4^+}}{a_{NH_3}} \tag{8-13}$$

由于中介液中有大量的 NH_4^+ 存在，$a_{NH_4^+}$ 可视为不变，因此

$$\varphi_m = k' - 0.059\,2\,\lg a_{NH_3}$$

用此关系可测定试液中的微量铵，测定范围为 $1.0 \sim 1.0 \times 10^{-6}\ \text{mol·L}^{-1}$。

气敏电极中以氨电极比较成熟，应用较广。除了氨电极外，其他还有 CO_2、SO_2、HF、H_2S 和 HCN 等电极。

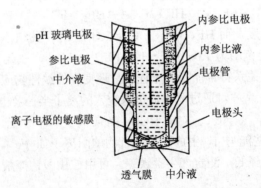

图 8-10　气敏氨电极结构图

（四）酶电极

这类电极同气敏电极一样，也是通过使用离子选择性电极测量经过化学反应后

物质的变化量来间接求得分析结果的。它是在指示电极——如离子选择性电极的表面覆盖一层酶活性物质，这层酶活性物质与底物反应，形成一种能被指示电极响应的物质。酶电极种类繁多，例如：葡萄糖电极、尿素酶电极、尿酸电极、胆固醇电极、乳酸电极、丙酮酸电极等。下面以尿素酶电极为例加以说明。

尿素酶电极是以 NH_3 电极作为指示电极，把脲酶固定在氨电极的敏感透气膜上而制成的。该电极可以检测血浆和血清中 $0.05 \sim 5$ $mol \cdot L^{-1}$ 的尿素，当试液中的尿素与脲酶接触时，发生分解反应：

$$CO(NH_2)_2 + H_2O \xrightarrow{\text{脲酶}} 2NH_3 + CO_2$$

通过 NH_3 电极检测反应生成的氨以测定尿素的浓度。酶是具有特殊生物活性的催化剂，它的催化效率高，选择性强，许多复杂的化合物在酶的催化下都能分解成简单化合物或离子，从而可用离子选择性电极来进行测定，此类电极在生命科学中的应用日益受到重视。

四、离子选择性电极的主要性能参数

（一）Nernst 响应、线性范围、检测下限

电极电位随离子活度变化的特征称为响应，若这种变化符合 Nernst 方程则称为 Nernst 响应。通过实验，可绘制出任一离子选择性电极的 $E—lga$ 关系曲线，如图 8-11 所示。曲线中直线部分 AB 段对应的浓度范围称为离子选择性电极响应的线性范围，是定量分析的基础。实验时，必须使待测离子活度在电极的线性范围内。AB 段的斜率为实际响应斜率，即在一定温度下，待测离子活度变化 10 倍引起电位值的变化，实际响应斜率往往与理论响应斜率有一定偏离。

检测下限是离子选择性电极的一个重要性能指标，表明电极能检测的待测离子的最低浓度。图 8-11 中两直线外推交点所对应的待测离子活度为该电极的检测下限。溶液组成、电极情况、搅拌速率、温度等因素都会对检测下限产生影响。

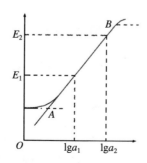

图 8-11 $E—lga$ 关系曲线

（二）离子选择性电极的选择性

离子选择性电极的选择性是指电极对待测离子和共存干扰离子的响应程度的差异。理想的离子选择性电极只对特定的一种离子产生电位响应。实际上绝对的专属性电极是没有的。所谓离子选择性电极的选择性是相对的，无非是对某一种或某一类离子有明显响应，而另外一些离子响应甚微而已。例如，用 pH 玻璃电极测定 pH，在 $pH > 9$ 时，由于碱金属离子（Na^+等）的存在，玻璃电极的电位响应偏离理想线性关系而产生误差（测得值比实际值低），这种误差称为碱差或钠差。为什么会产生钠差？是因为电极膜除了对 H^+ 有响应外，对 Na^+ 也有响应，只不过响应程度不同罢了。在离子活度较高时，Na^+ 的影响显示不出来；但在离子活度很低时，离子的影响就显现出来了。故对 H^+ 的测定发生干扰，因此就有必要用某种参数来评价电极的选择性。

当一种离子选择性电极不仅对某一特定的待测离子（i）有响应，对共存的其他离子（$j\cdots$）也产生响应时，考虑共存离子的响应，电极电位的表达式为：

$$\varphi_{膜} = k \pm \frac{RT}{n_i F} \ln[a_i + \sum_j K_{i,j} a_j^{n_i/n_j}] \tag{8-14}$$

式中：a_i 为被测离子活度；a_j 为干扰离子活度；n_i、n_j 分别为被测离子和干扰离子的电荷数。第二项对阳离子为正号，对阴离子为负号；$K_{i,j}$ 为待测离子 i 对干扰离子 j 的选择性系数，它可以理解为在其他相同条件下，同时提供相同的电位时的欲测离子活度 a_i 与干扰离子活度 a_j 的比值：

$$K_{i,j} = a_i / (a_j)^{n_i/n_j} \tag{8-15}$$

常用选择性系数作为衡量电极对某一离子的响应特性和对某些共存离子的干扰程度的指标。$K_{i,j}$ 愈小愈好。$K_{i,j}$ 愈小，说明 j 离子的干扰愈小，即此电极对欲测离子的选择性愈好。当 $a_i \geq \sum K_{i,j} a_j$ 时，括号中后一项可以忽略。一般认为，$K_{i,j}$ 小于 1.0×10^{-6} $mol \cdot L^{-1}$ 时离子 j 对待测离子 i 的测定不产生干扰。当 a_i 非常小，而 a_j 又较大时，则 $K_{i,j} a_j$ 项对膜电位的影响就不能忽略了。

（三）响应时间

1976 年 IUPAC 建议响应时间的定义是：从离子选择性电极和参比电极一起接触试液的瞬间算起，至达到电位稳定在 1 mV 以内所经过的时间。

电极响应时间的长短主要决定于敏感膜的性质。另外还与待测离子浓度，共存干扰离子浓度，以及待测离子到达电极表面的速率有关。待测离子浓度高，响应时间短，通常为 2～15 min。有干扰离子存在时响应较慢。增加搅拌速度可以缩短响应时间。

五、测定离子活度的方法及影响因素

（一）定量分析方法

用离子选择性电极测定离子活度时，将它浸入待测溶液与参比电极组成一电池，并测量其电动势。若在此原电池中，以离子选择性电极为正极，参比电极为负极，则所组成电池的电动势 E 为：

$$E = \varphi_{ISE} - \varphi_{参} = k \pm \frac{RT}{nF} \ln a_i \tag{8-16}$$

式中第二项对阳离子为正号，对阴离子为负号。上式表明，工作电池的电动势 E 在一定实验条件下，与待测离子的活度呈直线关系。因此通过测量电池电动势可测定离子的活度。下面讨论几种常用的定量方法。

1. 工作曲线法

将离子选择性电极和参比电极插入一系列活度（浓度）已知的标准溶液，测出相应的电动势。然后以测得的 E 值对相应的 $\lg a_i$（$\lg c_i$）绘制标准的工作曲线。在同样条件下测出对应于待测溶液的 E_x 值，即可从标准工作曲线上查出欲测溶液中的离子活度（浓度）。一般在分析时要求测定的是浓度，而离子选择性电极根据 Nernst 公式测量的是活度。在实际工作中很少通过计算活度系数来求待测离子的浓度，通常是在控制溶液离子强度的条件下，通过实验绘制 $E\text{-}\lg c_i$ 工作曲线来求浓度的。若固定溶液离子强度，使溶液的活度系数不变，则式（8-16）可变为

$$E = k \pm \frac{RT}{nF} \ln a_i = k \pm \frac{RT}{nF} \ln \gamma_i c_i = k' \pm \frac{RT}{nF} \ln c_i \tag{8-17}$$

控制离子强度的方法有两种。

（1）恒定离子背景法。当试液中除欲测离子外，还含有一种含量高而组成基本恒定的其他离子时，可用此法。这时可配制一系列组成与试液相似的标准溶液，使两者的离子强度基本相同，这样就可用直接电位法进行测定。作 $E\text{-}\lg c_i$ 工作曲线，然后再在相同条件下测出试液的 E_x 值，查出 c_x。该法适用于那些性质比较了解、组成大体一致的试样，例如海水试样的分析。如果待测试样的组成差异较大又难以确定，上法则不适用，这时可采用离子强度调节剂的办法，使标准样品与试样中离子强度一致。

（2）总离子强度缓冲液（TISAB）法。离子强度调节剂是浓度很大的电解质溶液，它应对待测离子没有干扰，将它加到标准溶液及试样中，使它们的离子强度都达到很高而近乎一致，从而使活度系数基本相同。然后，分别测定标准系列和样品

的 E 值，绘制 E-$\lg c_i$ 曲线，由 E_x 值查出 c_x。

TISAB 包括：① 离子强度调节剂——为保持试液和标准溶液的总离子强度基本相同而加入的浓度较高的无关电解质；② pH 缓冲调节剂——为控制溶液 pH 而加入的缓冲溶液；③ 消除干扰的掩蔽剂。

离子选择性电极分析法的工作曲线，不及分光光度法的标准曲线稳定，这与公式中的常数项容易受温度、搅拌速度、盐桥液接电位等影响有关。某些离子电极的膜表面状态亦影响常数值，这些影响表现为标准曲线的平移。显然工作曲线法特别适合于大批同类物料的分析。

2. 比较法

对浓度为 c_x 的某一离子未知液进行定量时，配制一浓度为 c_s 的标准溶液与之比较，两者都加入同量的离子强度调节剂以保证所比较试液间有相似的化学组成。设测得未知液和标准溶液的电池电动势分别为 E_x 和 E_s，则

$$E_x = k \pm \frac{2.303RT}{nF}\lg c_x \qquad E_s = k \pm \frac{2.303RT}{nF}\lg c_s$$

令 $S = \pm\dfrac{2.303RT}{nF}$，则 $\Delta E = E_x - E_s = S\lg\dfrac{c_x}{c_s}$

$$c_x = c_s \cdot 10^{\frac{\Delta E}{S}} \qquad\qquad (8\text{-}18)$$

此法适合于个别样品的分析。

3. 标准加入法

这种方法是将一定体积的标准溶液加入到已知体积的试液中，根据加入前后电池电动势的变化计算试液中被测离子的浓度。

设试液的体积为 V_x mL，总浓度为 c_x mol·L^{-1}，首先测得未知溶液的电动势 E_1，则
$$E_1 = K + S\lg c_x$$

然后向试液中加入一体积为 V_s mL（$V_x \geqslant 100V_s$）、浓度为 c_s mol·L^{-1} 的标准溶液，测得溶液的电动势 E_2 为

$$E_2 = K + S\lg\frac{c_x V_x + c_s V_s}{V_x + V_s}$$

因为 $V_x + V_s \approx V_x$

$$\Delta E = E_2 - E_1 = S\lg\frac{c_x V_x + c_s V_s}{c_x V_x} \quad 或 \quad 10^{\frac{\Delta E}{S}} = 1 + \frac{c_s V_s}{c_x V_x}$$

$$c_x = \frac{c_s V_s}{V_x}\left(10^{\frac{\Delta E}{S}} - 1\right)^{-1} \qquad\qquad (8\text{-}19)$$

本法的优点是，电极不需要校正，不需要作校正曲线；仅需要一种标准溶液；操作简单快速。在有大量过量络合剂存在的体系中，该法是使用离子选择电极测定

离子总浓度的有效方法。

（二）影响测定的主要因素

1．温度

因为 $\varphi_{ISE} = k \pm \dfrac{RT}{nF} \ln a_i$，温度 T 影响直线的斜率，而且式中 k 项包括离子选择性电极的内参比电极电位、敏感膜内侧的相间电位以及液体的液接电位等，这些参数都与温度有关。所以整个测定过程中应保持温度恒定，以提高测定准确度。

2．电动势的测量

电动势的测量直接影响测定准确度。在测定过程中，必须严格控制实验条件，保持能斯特方程中的常数不变，应每天校正常数值的漂移对电动势测量带来的误差。

3．干扰离子

有些干扰离子能直接为电极响应，对待测离子的测定产生正误差；有些干扰离子与待测离子反应生成在电极上不发生响应的物质，给测定带来负误差。干扰离子的存在还会使电极响应时间增长。一般可通过加入掩蔽剂消除干扰离子的影响，必要时分离干扰离子。

4．溶液 pH

溶液的酸度能直接影响某些测定，必须用 pH 缓冲溶液控制待测液的 pH。

5．待测离子浓度

电极测定的范围一般为 $1.0 \times 10^{-1} \sim 1.0 \times 10^{-6}$ mol·L^{-1}，测定的浓度范围与敏感膜的活性、电极种类、电极质量、共存离子的干扰以及溶液 pH 等因素有关。

6．电位平衡时间

电位平衡时间即响应时间，平衡时间越短越好，搅拌溶液可加快离子到达电极表面的速率。溶液浓度越高，电位平衡时间越短。敏感膜越薄越光滑，响应越快。

第三节　电位分析技术

一、酸度计及使用

（一）酸度计

酸度计的品种和型号有很多，主要用于测量溶液的 pH，也可以测量电池电动势。按其内部线路的不同，可分为电子管式和晶体管式；按其精密度的不同可分为 0.1 pH、0.02 pH、0.01 pH 等不同等级；按显示方式不同，可分为表头指针和数字显示等。现介绍应用较为广泛的 pHS-2 型酸度计。

pHS-2 型酸度计可以较为精确地测定溶液 pH，也可以用于电池电动势的测量。它的测量范围为 pH 0~14(E 为 0~1 400 mV)；基本误差为 pH±0.02(E 为 ±2 mV)；输入阻抗>1 012 Ω，温度范围为 0~60℃。该仪器采用参量振荡放大电路，零点漂移小，稳定性好。其工作原理如图 8-12 所示。电极的直流电信号由参量振荡放大器转变为交流电压信号，由交流放大器将信号放大，再经整流由直流放大器放大，以 pH 或电位值在表头上显示。定位调节器抵消 pH 玻璃电极不对称电位，电位差计用于量程扩展。如图 8-12 所示。

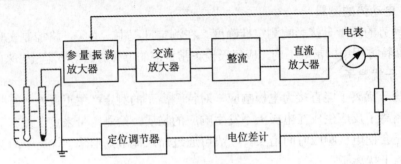

图 8-12 pHS-2 型酸度计工作原理

（二）酸度计的使用方法

1. 正确使用与保养电极

目前实验室使用的电极都是复合电极，其优点是使用方便，不受氧化性或还原性物质的影响，且平衡速度较快。使用时，将电极加液口上所套的橡胶套和下端的橡皮套全取下，以保持电极内氯化钾溶液的液压差。下面就把电极的使用与维护简单作一介绍：

（1）复合电极不用时，可充分浸泡在 3M 氯化钾溶液中。切忌用洗涤液或其他吸水性试剂浸洗。

（2）使用前，检查玻璃电极前端的球泡。正常情况下，电极应该透明而无裂纹；球泡内要充满溶液，不能有气泡存在。

（3）测量浓度较大的溶液时，尽量缩短测量时间，用后仔细清洗，防止被测液粘附在电极上而污染电极。

（4）清洗电极后，不要用滤纸擦拭玻璃膜，而应用滤纸吸干，以避免损坏玻璃薄膜、防止交叉污染，影响测量精度。

（5）测量中注意电极的银-氯化银内参比电极应浸入到球泡内氯化物缓冲溶液中，避免电计显示部分出现数字乱跳现象。使用时，注意将电极轻轻甩几下。

（6）电极不能用于强酸、强碱或其他腐蚀性溶液。

（7）严禁在脱水性介质如无水乙醇、重铬酸钾等中使用。

2．pH 计的正确校准

pH 计因电计设计的不同而类型很多，其操作步骤各有不同，因而 pH 计的操作应严格按照其使用说明书正确进行。在具体操作中，校准是 pH 计使用操作中的一个重要步骤。尽管 pH 计种类很多，但其校准方法均采用两点校准法，即选择两种标准缓冲液：第一种是 pH 7 标准缓冲液，第二种是 pH 9 标准缓冲液或 pH 4 标准缓冲液。先用 pH 7 标准缓冲液对电计进行定位，再根据待测溶液的酸碱性选择第二种标准缓冲液。如果待测溶液呈酸性，则选用 pH 4 标准缓冲液；如果待测溶液呈碱性，则选用 pH 9 标准缓冲液。若是手动调节的 pH 计，应在两种标准缓冲液之间反复操作几次，直至不需再调节其零点和定位（斜率）旋钮，pH 计即可准确显示两种标准缓冲液 pH，至此校准过程结束。此后，在测量过程中零点和定位旋钮就不应再动。若是智能式 pH 计，则不需反复调节，因为其内部已贮存几种标准缓冲液的 pH 可供选择，而且可以自动识别并自动校准。但要注意标准缓冲液选择及其配制的准确性。其次，在校准前应特别注意待测溶液的温度，以便正确选择标准缓冲液；并调节电计面板上的温度补偿旋钮，使其与待测溶液的温度一致。不同的温度下，标准缓冲溶液的 pH 是不一样的。

校准工作结束后，对使用频繁的 pH 计一般在 48 h 内仪器不需再次校准。如遇到下列情况之一，仪器则需要重新标定：

（1）溶液温度与校准温度有较大的差异时；

（2）电极在空气中暴露过久，如半小时以上时；

（3）定位或斜率调节器被误动；

（4）测量过酸（pH<2）或过碱（pH>12）的溶液后；

（5）换过电极后；

（6）当所测溶液的 pH 不在两点校准时所选溶液的中间，且距 pH 7 又较远时。

二、电位法测定溶液的 pH

（一）原理

电位法测定溶液 pH 的典型电极体系中的玻璃电极是作为溶液中 H^+ 离子浓度的指示电极，而饱和甘汞电极作为外部参比电极。这两个电极与欲测溶液组成一个电化学原电池。

SCE ‖ 试液|玻璃膜|0.1mol/L HCl，AgCl|Ag

在此原电池中，以玻璃电极为正极，饱和甘汞电极为负极，则所组成电池的电动势 $E_{池}$ 为：

$$E_{池} = \varphi_{玻} - \varphi_{SCE} = \varphi_{AgCl/Ag} + \varphi_m - \varphi_{SCE}$$

$$= \varphi_{AgCl/Ag} + k - \frac{2.303RT}{F}pH - \varphi_{SCE}$$

$$= k - \frac{2.303RT}{F}pH$$

由此可见，原电池电动势 $E_{池}$ 与溶液 pH 呈直线关系。其斜率为 $2.303\,RT/F$，此值与温度有关，于 25℃时为 0.059 2，即溶液 pH 变化一个单位时，电池电动势将变化 59.2 mV（25℃）。这就是电位法测定 pH 的依据。

（二）测定方法

在实际操作中，试液 pH_x 是与已知 pH_s 的标准缓冲溶液相比较而求得的。水溶液 pH 的实用定义可写成

$$pH_x = pH_s + \frac{E_s - E_x}{2.303RT/F} \tag{8-20}$$

式中：pH_s——标准缓冲溶液的 pH；

E_s 和 E_x——分别为标准缓冲溶液和被测试液充入下述电池时的电动势。

测定结果的准确度首先决定于标准溶液 pH_s 的准确度。用于校准 pH 电极的标准溶液必须仔细选择和配制。为了实用的便利，国际上制定出一系列标准缓冲溶液，并按照 IUPAC 规定，定出 pH 标度。其中一种就是大多数分析工作者使用的由美国国家标准局（NBS）制备的一些缓冲溶液和它们适用于广泛温度范围的 pH 标准。表 8-2 列出其中部分数据。

表 8-2　NBS 标准缓冲溶液的 pH

温度℃	饱和（25℃）酒石酸氢钾	0.05 mol·L^{-1} 柠檬酸二氢钾	0.05 mol·L^{-1} 邻苯二甲酸氢钾	0.025 mol·L^{-1} KH$_2$PO$_4$ 和 Na$_2$HPO$_4$	0.01 mol·L^{-1} Na$_2$B$_4$O$_7$	0.025 mol·L^{-1} NaHCO$_3$ 和 Na$_2$CO$_3$
0		3.863	4.003	6.984	9.464	10.317
5		3.840	3.999	6.951	9.395	10.245
10		3.820	3.998	6.923	9.332	10.179
15		3.802	3.999	6.900	9.276	10.118
20		3.788	4.002	6.881	9.225	10.062
25	3.557	3.776	4.008	6.865	9.180	10.012
30	3.552	3.766	4.015	6.853	9.139	9.966
35	3.549	3.759	4.024	6.844	9.102	9.925
40	3.547	3.753	4.035	6.838	9.068	9.889

三、电位滴定法

电位滴定法是根据电池电动势在滴定过程中的变化来确定滴定终点的一种方法。它并不用电位的数值直接计算离子的活度，因此与直接电位法相比，受电极性质、液接电位和不对称电位等的影响要小得多，它的准确度与一般容量分析相当，因此可以测定高含量的试样。电位滴定的最大优点是，它可以应用于不能使用指示剂的滴定场合（例如待测试液浑浊、有色或者缺乏合适的指示剂等），并且便于实现自动化。

电位滴定所用的仪器装置如图 8-13 所示。与直接电位法相比，也是由一支指示电极和一支参比电极插入待测液组成电池，不同之处是还有滴定管和搅拌器。进行电位滴定时，每加一次滴定剂，就测量一次电动势，直到超过计量点为止。这样就得到一系列的滴定剂用量（V）和相应的电动势（E）数据。滴定终点可用作图法求得。

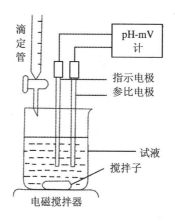

图 8-13　电位滴定装置

（一）终点的确定

1. E—V 曲线法

用加入滴定剂的毫升数 V（mL）作横坐标，电位读数 E 作纵坐标，绘制 E—V 曲线，如图 8-14（a）所示。化学计量点位于曲线的拐点处，拐点的求法是：作两条与滴定曲线相切并与横坐标轴 45°倾斜的平行切线，两条切线之间的平行等分线所对应的体积为滴定终点。

2. $\Delta E/\Delta V$—V 曲线法

$\Delta E/\Delta V$—V 曲线法又称一级微商法。若 E—V 曲线较平坦，滴定突跃不明显，拐点不易求得，可采用一级微商法。$\Delta E/\Delta V$ 表示在 E—V 曲线上，体积改变一小值

引起电动势 E 改变的大小，曲线上的最高点所对应的体积为滴定终点。曲线最高点是用外延法绘出的，如图 8-14（b）所示。

3．$\Delta^2 E/\Delta V^2$—V 曲线法

$\Delta^2 E/\Delta V^2$—V 曲线法又称二级微商法。由于一级微商法的滴定终点是由外延法得到的，不够准确，可采用二级微商法。$\Delta^2 E/\Delta V^2$ 表示在$\Delta E/\Delta V$-V 曲线上，体积改变一小值引起$\Delta E/\Delta V$ 改变的大小，$\Delta^2 E/\Delta V^2$ 从正的最大到负的最大为滴定终点，如图 8-14（c）所示。

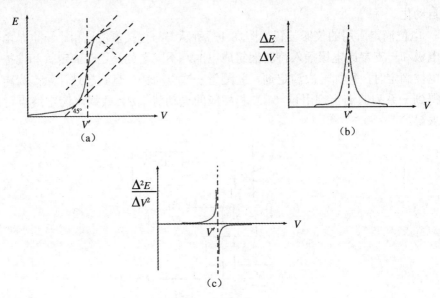

图 8-14　电位滴定曲线

（二）指示电极的选择

容量分析的各类滴定反应都可采用电位滴定法。但对不同类型的滴定应该选用合适的指示电极。一般说来，酸碱滴定可选用 pH 玻璃电极；络合滴定和沉淀滴定可选用离子选择性电极；氧化还原滴定可选用惰性铂电极。参比电极均可用饱和甘汞电极。

（三）电位滴定分析的特点

（1）能用于混浊或有色溶液的滴定和缺乏指示剂或滴定突跃小的滴定。

（2）能用于非水溶液中某些有机物的滴定。

（3）能用于测定热力学常数。

（4）能用于连续滴定和自动滴定，并适用于微量分析。

（5）准确度较直接电位法高。

第四节　电导分析法

在外加电场的作用下，电解质溶液中的正、负离子以相反的方向移动，这种现象称为导电，电导分析法是以测量被测溶液的电导为基础的分析方法。因为电导是电阻的倒数，所以测量溶液的电导实际上是测量溶液的电阻。溶液的电导在一定的条件下与存在于溶液中的离子数目、离子所带的电荷数及其迁移速率有关。电导分析法是将被测分析溶液放在固定面积、固定距离的两个电极所构成的电导池中，通过测定电导池电解质溶液的电导值来确定物质的含量。电导分析法可分为直接电导法和电导滴定法。

电导分析法灵敏度高，而且装置简单。但由于溶液电导是存在于溶液中所有离子的单独电导的总和，只能测量离子的总量，而不能鉴别和测定某种离子及其含量，因此其选择性很差。这种方法主要用于监测水的纯度、大气中有害的气体（如 SO_2、CO_2、HCl 和 HF 等）以及某些物理化学常数（如弱酸的电离常数和难溶盐的溶度积常数）的测定等。

一、基本原理

1. 电导和电导率

金属导体是通过电子的移动来导电的。不同的导体具有不同的导电能力。导体的电导 G 是其电阻 R 的倒数，即

$$G = \frac{1}{R}$$

电导的单位为西门子（Siemens），简称为西，以 S 表示。根据欧姆定律，导体的电阻与其长度 l（cm）成正比，而与其横截面积 A（cm^2）成反比

$$R = \rho \frac{l}{A}$$

$$G = \frac{1}{\rho}\frac{A}{l} = k\frac{A}{l} \tag{8-21}$$

式中：ρ——电阻率，$\Omega\cdot cm$；

　　　A——导体截面积，cm^2；

　　　l——导体长度，cm；

　　　k——电导率，$S\cdot cm^{-1}$，其物理意义是当导体的横截面积为 1 cm^2、长度为 1 cm 时的电导。用电导率的大小来比较金属导体的导电能力，就可以不必考虑面

积和长度对电导的影响，这样可以直接用它比较金属导体的导电能力的大小。电解质溶液的导电与金属导体不同，是由正离子和负离子的移动来导电的。对这类离子导体来说，电导率是指两个相距 1 cm、面积 1 cm² 的平行电极间电解质溶液的电导。如果说，电导率是 1 cm³ 电解质溶液的电导，则必须指出，其电极距离为 1 cm 或电极面积为 1 cm²。当电导池装置一定时，电极距离 l 和面积 A 固定，即 $\dfrac{l}{A}$ 为一常数，称为电导池常数，以 θ 表示。因此

$$G = k\frac{A}{l} = k\frac{1}{\theta} \tag{8-22}$$

由于两级间的距离及极板面积不易测准，所以电导率不能直接准确测得，一般是通过测定已知电导率的标准溶液的电导，先求出电导池常数 θ，再通过测定待测溶液的电导，可计算出待测液的电导率。

电导率与电解质溶液的浓度及性质有关：在一定范围内，离子浓度越大、价数越高、迁移速率越快，电导率越大。因此，电导率不但与离子种类和浓度有关，还与影响离子迁移速率的外部因素如温度、溶剂、黏度有关。对于同一电解质，当外部条件一定时，溶液的电导取决于溶液的浓度。因为电导率的概念中已规定溶液的体积为 1 cm³，因此电导率实际上取决于溶液中所含电解质的物质的量。当电解质溶液的浓度较小时，电解质的电导率实际上是与其浓度成正比的，而浓度过高时，电导率反而下降。电导率随浓度增加是由于单位体积内离子的数目的增大，但浓度过高时，又会使离子间相互作用加大或电解质离解减少，因而电导率反而下降。由此可见，电解质溶液与金属导体不同，用电导率作为直接衡量溶液导电能力的标准就不大理想。为了比较和衡量不同电解质的导电能力，有必要引入"摩尔电导率"的概念。

2．摩尔电导率

摩尔电导率是指两个距离 1 cm 的平行电极间含有 1 mol 电解质溶液时所具有的电导，以 Λ_m 表示。它表示含有 1 mol 电解质溶液的导电能力。显然，溶液的浓度不同，所含 1 mol 电解质的体积也不同，因此，电极面积是不受限制的。国家标准规定：

$$\Lambda_m = \frac{k}{c} \times 1\,000 \tag{8-23}$$

这是电解质溶液的摩尔电导率与其浓度的关系式。

式中：Λ_m——摩尔电导率，$S \cdot m^2 \cdot mol^{-1}$；

c——电解质的物质的量浓度，$mol \cdot L^{-1}$。

电解质溶液的导电是由溶液中正、负离子共同承担的。根据离子独立移动定律，电解质的摩尔电导率为

$$\Lambda_m = n^+\Lambda_{m+} + n^-\Lambda_{m-} \tag{8-24}$$

式中：n^+，n^-——分别表示 1 mol 电解质中含正、负离子的摩尔数；

Λ_{m+}，Λ_{m-}——分别表示正、负离子的摩尔电导率。

对于混合电解质溶液，离子摩尔电导率具有加和性，即

$$\Lambda_m = \sum n^+\Lambda_{m+} + \sum n^-\Lambda_{m-} \tag{8-25}$$

由于规定了两级间电解质的物质的量是 1 mol，随溶液浓度的增大，离子间的相互作用力加大，离子的迁移速率降低，摩尔电导率随之减小。对于弱电解质，其电导除与电解质的量有关外，还与电解质的电离度有关，浓度增大，电离度减小，实际参与导电的数目减少，摩尔电导率也随之减小。

3. 无限稀释时的摩尔电导

无限稀释时，离子间的作用力几乎为零；弱电解质的电离度也达到 100%，溶液的电导达到最大，这时溶液的电导称为无限稀释时的摩尔电导，以 Λ^o_m 表示。

$$\Lambda^o_m = n^+\Lambda^o_{m+} + n^-\Lambda^o_{m-} \tag{8-26}$$

式中：Λ^o_{m+}、Λ^o_{m-} 为无限稀释时正、负离子的摩尔电导。各种离子在一定的温度和溶剂中无限稀释时的摩尔电导是个常数。不同离子的无限稀释时的摩尔电导是不同的，这主要是由其大小、所带的电荷数和水合程度不同所造成的。例如，Li^+、Na^+、K^+中，Li^+半径最小，但移动最慢，这是由于 Li^+周围电场强度大、水合能力强、移动时阻力大。它们的水合离子半径 $Li^+ > Na^+ > K^+$，Li^+的水合离子半径最大，故其无限稀释时的摩尔电导最小。H^+和 OH^-的无限稀释时的摩尔电导特别大。H^+的半径最小，在水中形成水合的 H_3O^+。它在电场作用下，并不是简单的移动。它和 OH^-的迁移，实际上是通过水分子来传递的，因而所需能量小得多，移动速度很大。

4. 电导与电解质溶液浓度的关系

将式（8-22）和式（8-23）联立，得

$$G = \frac{\Lambda_m c}{1\,000\,\theta} \tag{8-27}$$

当电极和温度一定时，Λ_m 和 θ 都是常数，溶液的电导与其浓度成正比，即

$$G = Kc \tag{8-28}$$

此式仅适用于稀溶液。在浓溶液中，离子的相互作用，使电解质溶液的电离度＜100%，并影响到离子的运动速率，故 Λ_m 不为常数，因此电导与浓度不成简单的线性关系。

二、电导的测量

电导测量系统由电导池和电导仪组成。电导池由电导电极、盛溶液的容器和待测试液组成。电导仪主要由测量电源、测量电路和指示器三部分构成。

1．电导池

分析化学中均采用浸入式的、固定双铂片的电导电极测定溶液的电导。为了测定电导率，必须知道电导电极的池常数。

$$k = \theta \cdot G = \frac{\theta}{R} \qquad (8\text{-}29)$$

若电极的池常数 θ 已知，溶液的电阻 R 已经测得，则电导率可求得。电导电极的池常数 θ 是通过测量标准氯化钾溶液的电阻求得的。

电导电极一般由铂片制成：可分为铂黑和光亮两种电极。在测定电导较大的溶液时，要用铂黑电极；在测定电导较小的溶液，如测蒸馏水的纯度时，应选用光亮电极。

2．电导仪

测量电源采用交流电源。其中以能产生 1 000 Hz 信号的音频振荡器为最好。

常见电导仪的测量电路可分为电桥平衡式、欧姆计式和分压式三种。分压式的读数可为线性刻度，其他类型都是非线性刻度。目前实验室广泛使用的 DDS-11A 型电导率仪就是根据分压式原理制造的直读式线性测量仪。并设有电极常数调节装置，可直接读出被测溶液的电导率，而不必在测量结果中考虑所用电极常数大小再进行计算。电阻分压式作用原理如图 8-15 所示。

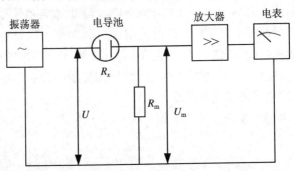

图 8-15　电阻分压式测定电导作用原理图

由振荡器输出的交流高频电压 E，通过电导池 R_x 及与之串联的电阻 R_m，则回路的电流强度 $I = \dfrac{E}{R_x + R_m}$。设 E_m 为分压电阻 R_m 两端的电位差，则

$$E_m = IR_m = \frac{R_m E}{R_x + R_m} \qquad (8\text{-}30)$$

由于 E_m 和 R_m 均为恒定值，因此通过测量 E_m 可得到电导池的电阻 R_x，取倒数后即可得到电导值 G。一般仪器表头上的刻度直接给出的是 E_m 变化所对应的电导值 G。若要以电导率表示，则可按式（8-21）计算。如电导仪上有电导池常数的校

正装置，电导仪可直接显示电导率的值。

三、电导法的应用

由于溶液的电导与溶液中的总离子浓度有关，因此电导法是一种选择性较差的方法，尽管如此，电导法在与离子有关的分析中还是有一定应用的。电导法的应用分为直接测量溶液电导的直接电导法和利用滴定反应所引起的溶液电导变化以确定反应等电点的电导滴定法。当溶液中存在几种强电解质时，直接电导法只能估计溶液中所含各种离子的总量。如果溶液中除存在被测离子外，还有大量的不参与化学反应的其他离子，则由于在滴定过程中电导变化不大，用电导滴定法就不太适合。

（一）直接电导法

1．水质的检验

锅炉用水、工厂废水和河水等天然水以及实验室制备去离子水和蒸馏水等都要求检测水的质量。电导率是水质的一个很重要的指标，特别是检查高纯水的质量用电导法是最好的。水的电导率越低（电阻率越高），表明其中的离子越少，即水的纯度越高，不同水质的电导率如图 8-16 所示。在强电解质浓度低于 20%（质量分数）时，电导率随浓度的增加呈线性增加。但在高浓度溶液中，离子间的作用力增加，线性关系不成立。通常，蒸馏水的电导率在 $2\ \mu S \cdot cm^{-1}$ 以下（电阻率在 $0.5 \times 10^6\ \Omega \cdot cm^{-1}$ 以上）时可满足日常化学分析的要求。对于要求较高的分析工作，水的电导率应更低。

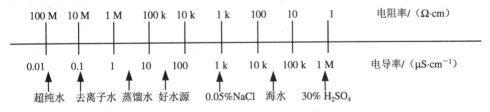

图 8-16 不同水质电导率的比较

用电导率表达水的质量时，应注意到非导电性物质，如水中的细菌、藻类、悬浮杂质及非离子状态的杂质对水质纯度的影响，是测不出来的。

2．大气中有害气体的测定

测定大气污染气体如 SO_2、CO、CO_2 及 N_xO_y 等时，可利用气体吸收装置，通过反应前后吸收液电导率的变化间接反映所吸收的气体的浓度。该法灵敏度高、操作简单，并可获得连续读数，在环境监测中广泛应用。例如，大气中 SO_2 的测定，可用 H_2O_2 为吸收液。SO_2 被 H_2O_2 氧化为 H_2SO_4 后溶液的电导率增加，电导增加的量在一定范围内与大气中 SO_2 气体的浓度成正比。由此可计算出大气中 SO_2 的浓度。为消除其他气体的干扰，可在气体进口处设一净化装置，如用 Ag_2SO_4 可除去 H_2S、

HCl 等气体的干扰。基于相似的原理，也可测定大气中的 HCl、HF 等有害成分。

3. 钢铁中总碳量的测定

碳是钢中的主要成分之一，对钢铁的性能起着决定性的作用。因此，分析钢中含碳量是一种常规化验工作。电导法测定碳的原理为：首先将试样在 1 200～1 300℃ 高温炉中通氧燃烧，此时钢铁中的碳全部被氧化生成二氧化碳。然后将生成的 CO_2 与过剩的氧经除硫后，通入装有 NaOH 溶液的电导池中，吸收其中的 CO_2。吸收 CO_2 后，吸收池的电导率发生了变化，其数值由自动平衡记录仪记录，从事先制作的标准曲线上查出含碳量。

（二）电导滴定法

滴定分析过程中，伴随着溶液离子浓度和种类的变化，溶液的电导也发生改变。例如，以 C^+D^- 滴定 A^+B^-，强电解质的电导滴定曲线如图 8-17 所示。设反应式为

$$(C^+ + D^-) + (A^+ + B^-) \longrightarrow AD + C^+ + B^-$$

滴定开始前，溶液的电导由 A^+、B^- 所决定。从滴定开始到化学计量点之前，溶液中 A^+ 逐渐减少，而 C^+ 逐渐增加。这一阶段的溶液电导变化取决于 Λ_{A^+} 和 Λ_{C^+} 的相对大小。当 $\Lambda_{A^+} > \Lambda_{C^+}$ 时，随着滴定的进行，溶液的电导逐渐降低；当 $\Lambda_{A^+} < \Lambda_{C^+}$ 时，溶液的电导逐渐增加。当 $\Lambda_{A^+} = \Lambda_{C^+}$ 时，溶液的电导恒定不变。在化学计量点后，由于过量 C^+ 和 D^- 的加入，溶液的电导明显增加。电导滴定中两条斜率不同的直线的交点就是化学计量点。

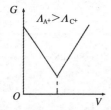 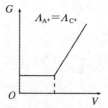 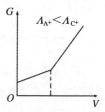

图 8-17　强电解质的电导滴定曲线

有弱电解质参加的电导滴定要复杂一些，但确定终点的方法是相同的。

电导滴定时，溶液中所有存在的离子，无论是否参加反应，都对电导值有影响。因此，为使测量准确可靠，试液中不应含有不参加反应的电解质。为避免在滴定过程中产生稀释作用，所用的标准溶液的浓度常 10 倍于待测溶液，以使滴定过程中溶液的体积变化不大。

对于滴定突跃很小或有几个滴定突跃的滴定反应，电导滴定可以发挥很大作用，如弱酸弱碱的滴定、混合酸碱的滴定、多元弱酸的滴定以及非水介质的滴定等。此外，电导滴定还可应用于沉淀、配位和氧化还原滴定。

【实验实训】

实验一　水样 pH 的测定

一、实验目的

（1）了解直接电位法测定 pH 的原理及方法。

（2）学会酸度计的使用方法。

二、实验原理

将玻璃电极作为溶液中 H^+ 活度的指示电极，饱和甘汞电极作为参比电极，置于待测溶液中组成原电池。在一定条件下，电池的电动势与试液中 pH 呈线性关系。若以玻璃电极为正极，饱和甘汞电极为负极，则所组成电池的电动势 $E_{池}$ 为：

$$E_{池} = k - 0.059\,2\,\text{pH} \quad (25\text{℃})$$

上述 Nernst 公式中的 K 值包括饱和甘汞电极电位、内参比电极电位、玻璃膜的不对称电位及参比电极与溶液间的液接电位，它难用理论方法计算出来，但在一定的实验条件下是常数。通常需要用与待测溶液 pH 接近的标准缓冲溶液进行校正，抵消 K 值对测量的影响。其原理是：当电极分别插入 pH_s 标准缓冲溶液和 pH_x 未知溶液时，电池电动势 E_s 和 E_x 分别为

$$E_s = k - 0.059\,2\,\text{pH}_s \quad (25\text{℃})$$

$$E_x = k - 0.059\,2\,\text{pH}_x \quad (25\text{℃})$$

两式相减得 　　　　　$$\text{pH}_x = \text{pH}_s + \frac{E_s - E_x}{0.059\,2} \quad (25\text{℃}) \tag{8-31}$$

在酸度计上，pH 示值按照 $\Delta E/0.059\,2$ 分度，此分度值只适用于温度为 25℃。为适应不同温度下的测量，需进行温度补偿。测量时先将"温度补偿"旋钮调至溶液的温度处，然后将电极插入已知 pH_s 的标准缓冲溶液中，用"定位"旋钮将仪器示值调节到 pH_s 的数值处，这叫"定位"校正（将 K 值抵消）。进行"温度补偿"和"定位"校正后，电极插入 pH_x 的试液中，酸度计就可以直接显示出 pH_x 的测定值。

三、实验仪器与试剂

1. 仪器

pHS-2 型酸度计；231 型玻璃电极和 232 型甘汞电极；玻璃烧杯 50 mL。

2. 试剂

（1）标准缓冲溶液甲（0.05 mol·L^{-1} 的邻苯二甲酸氢钾溶液）。称取在 115℃下烘干 2～3 h 的邻苯二甲酸氢钾（$KHC_8H_4O_4$）10.12 g，溶于不含 CO_2 的蒸馏水中，在容量瓶中稀释至 1 000 mL，摇匀，贮于塑料瓶中。

（2）标准缓冲溶液乙（0.025 mol·L^{-1}磷酸二氢钾与 0.025 mol·L^{-1}磷酸氢二钠混合液）。称取在 115℃下烘干 2～3 h 的磷酸二氢钾 3.40 g 和磷酸氢二钾 3.55 g 溶于不含 CO$_2$ 的蒸馏水中，在容量瓶中稀释至 1 000 mL，摇匀，贮于塑料瓶中。

（3）标准缓冲溶液丙（0.01 mol·L^{-1}硼砂溶液）。称取硼砂（Na$_2$B$_4$O$_7$·10H$_2$O）3.81 g，溶于不含 CO$_2$ 的蒸馏水中，在容量瓶中稀释至 1 000 mL，摇匀，贮于塑料瓶中。

以上 pH 缓冲溶液应贮于塑料瓶中密封保存，通常能稳定 2～3 个月。如果发现混浊、发霉、沉淀等现象则不能继续使用。pH 随温度不同稍有差异，可参见表 8-2。

四、实验步骤

（1）预热。接通电源，按下 pH 键，指示灯亮。为使零点稳定，需预热 30 min 以上。

（2）安装电极。玻璃电极插头插入插座，甘汞电极引线接在接线柱上。

（3）温度补偿。将温度补偿器旋到被测溶液的实际温度值。

（4）零点调节。将分挡开关指向"6"，转动零点调节器使指针指在刻度中心"1"。

（5）校正。将分挡开关指向"校正"，转动校正调节器使指针指在满刻度"2.0"。

（6）重复操作步骤（4）、（5），至示值稳定为止。

（7）定位。在被测液与标准缓冲溶液温度相同的情况下，查出该温度下标准缓冲溶液 pH$_s$。于小烧杯中加入标准缓冲溶液乙，按下读数开关，旋转定位调节器使指针稳定地指在该温度下标准缓冲溶液的 pH 处。再根据待测溶液的酸碱性选择第二种标准缓冲液测量。如果待测溶液呈酸性，则选用标准缓冲液甲；如果待测溶液呈碱性，则选标准缓冲液丙。对照表 8-2 的标准溶液 pH，基本误差不应超过所用仪器的最小分度值。

（8）测量。将电极浸入被测溶液中，按下读数开关，调节分挡开关，至能读出指示值，分挡开关的指示值加上指针的指示值，即为被测溶液的 pH。

（9）结束。测量完毕后，关闭电源开关。要小心清洗电极。将甘汞电极下端的橡皮帽套上、加液口的橡皮塞塞好后再置电极盒中保存。玻璃电极可放入蒸馏水中浸泡，以备再用，若长期不用，应置电极盒中保存。

五、注意事项

（1）由于水样的 pH 常常随空气中二氧化碳等因素的改变而变化，因此采集水样后，应立即测定，不宜久存。

（2）由于电极本身的内阻较大，因此，在测试强碱溶液时，应将溶液温度控制在 15℃以上，迅速测定后将电极立即冲洗干净。

（3）由于玻璃膜脆弱，极易损坏，使用时应特别小心。如果玻璃膜上沾有油污，可先浸入乙醇，然后浸入乙醚或四氯化碳中，再浸入乙醇，最后用蒸馏水冲洗洁净。

（4）选用玻璃电极测试 pH 时，由于玻璃性质常起变化，引起不稳定的不对称电位，需随时以已知 pH 的标准缓冲溶液进行校正。

（5）甘汞电极中的氯化钾溶液应经常保持饱和，并且在弯管内不应有气泡存在，否则将使溶液被隔断。

（6）甘汞电极一端的毛细管与玻璃电极之间形成通路，因此在使用时必须检查毛细管并保证其畅通。检查方法是：先将毛细管擦干，然后用滤纸贴在毛细管的末端，如有溶液渗下，则证明毛细管未被堵塞。

（7）在使用甘汞电极时，要把加氯化钾溶液处的小橡皮帽拔去，以使毛细管保持足够的液位压差，从而使少量的 KCl 溶液从毛细管中流出，否则测试溶液进入毛细管，将使测定结果不准确。

（8）新的玻璃电极在使用前，必须在蒸馏水中或在 0.1 mol/L 盐酸中浸泡一昼夜以上，不用时，也最好浸泡在蒸馏水中。每次测量后都要用蒸馏水冲洗电极，用滤纸小心吸干后再进行下一次测量。

六、思考题

（1）参比电极和指示电极的主要作用是什么？

（2）测定溶液的 pH 时为什么要用标准缓冲溶液校正仪器？校正时应注意什么？

（3）用 pH 酸度计可否测定其他溶液的离子浓度？

（4）温度补偿的作用是什么？

附：pHS-2 型酸度计的仪器示意图（图 8-18）。

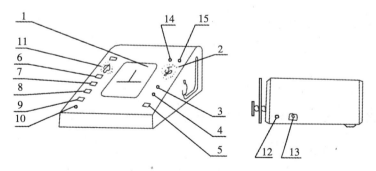

1—指示表；2—pH-mV 分挡开关；3—校正调节器；4—定位调节器；5—读数开关；6—电源按键；
7—pH 按键；8—+mV 按键；9——mV 按键；10—零点调节器；11—温度补偿器；12—保险丝；
13—电源插座；14—甘汞电极接线柱；15—玻璃电极插口

图 8-18 pHS-2 型酸度计

实验二　氟离子选择电极测定水中氟含量

一、实验目的

（1）掌握直接电位法的测定原理。

（2）掌握氟离子选择电极测定氟化物的原理和测定方法，分析干扰测定的因素和消除方法。

（3）了解总离子强度缓冲液的意义和作用。

二、实验原理

饮用水中氟含量的高低，对人的健康有一定的影响。氟含量太低，易得牙龋病；过高则会发生氟中毒，适宜浓度为 $0.5\sim1$ mg·L^{-1}。

目前测定氟的方法有比色法和直接电位法。比色法测量范围较宽，但干扰因素多，并且要对样品进行预处理；直接电位法用离子选择性电极进行测量，其测量范围虽不及前者宽，但已能满足环境监测的要求，而且操作简便、干扰因素少，一般不必对样品进行预处理，因此电位法逐渐取代比色法成为测量氟离子含量的常规方法。

氟离子选择性电极（以下简称氟电极）以氟化镧单晶片为敏感膜，对溶液中的氟离子具有良好的选择性。氟电极、饱和甘汞电极（SCE）和待测试液组成的原电池可表示为：

Ag｜AgCl，NaCl，NaF｜LaF$_3$ 膜｜试液‖SCE

一般离子计上氟电极接（－），饱和甘汞电极接（＋），测得原电池的电动势 E 为

$$E = \varphi_{SCE} - \varphi_{F^-} \tag{8-32}$$

式中：φ_{SCE} 和 φ_{F^-} 分别为饱和甘汞电极和氟电极的电位。当其他条件一定时

$$E = k + 0.059\ 2 \lg a_{F^-} \tag{8-33}$$

式中：k——常数；

0.059 2——25℃时电极的理论响应斜率；

a_{F^-}——待测试液中 F$^-$ 活度。

用离子选择性电极测量的是离子活度，而通常定量分析需要的是离子浓度。若加入适量惰性电解质作为总离子强度调节缓冲剂（TISAB），使离子强度保持不变，则式（8-33）可表示为

$$E = k' + 0.059\,2\lg c_{F^-} \tag{8-34}$$

式中： c_{F^-} ——为待测试液中 F^- 浓度。

E 与 $\lg c_{F^-}$ 成线性关系，因此只要作出 E—$\lg c_{F^-}$ 标准曲线，即可由水样的 E 值从标准曲线求得水中氟的含量。

用氟电极测量 F^- 时，最适宜 pH 范围为 5～7。pH 过低，易形成 HF、HF_2^- 等，降低了 a_{F^-}；pH 过高，OH^- 浓度增大，OH^- 在氟电极上与 F^- 产生竞争响应。也由于 OH^- 能与单晶膜中 LaF_3 产生如下反应：

$$LaF_3 + 3OH^- \longrightarrow La(OH)_3 + 3F^-$$

F^- 为电极本身响应而造成干扰。故通常用柠檬酸盐缓冲溶液来控制溶液的 pH。氟电极只对游离氟离子有响应，而 F^- 易与 Al^{3+}、Fe^{3+} 配位，柠檬酸盐是较强的配位剂，还可消除 Al^{3+}、Fe^{3+} 的干扰。

三 、实验仪器与试剂

1. 仪器

pXD-12 离子计；电磁搅拌器；氟离子选择性电极；饱和甘汞电极；100 mL 容量瓶 5 个；10 mL 移液管 2 支；100 mL 烧杯 1 个。

2. 试剂

$0.100\ mol·L^{-1}\ F^-$ 标准溶液：准确称取 120℃ 干燥 2 h 并经冷却的优级纯 NaF 4.20 g 于小烧杯中，用水溶解后，转移至 1 000 mL 容量瓶中配成水溶液，然后转入洗净、干燥的塑料瓶中。

总离子强度缓冲剂（TISAB）：于 1 000 mL 烧杯中加入 500 mL 水和 57 mL 冰乙酸、58 g NaCl、12 g 柠檬酸钠，搅拌至溶解。将烧杯置于冷水中，在 pH 计的监测下，缓慢滴加 6 mol·L^{-1} NaOH 溶液，至溶液的 pH＝5.0～5.5，冷却至室温，转入 1 000 mL 容量瓶中，用水稀释至刻度，摇匀，转入洗净、干燥的试剂瓶中。

四、实验步骤

（1）将氟电极和甘汞电极分别与离子计正确相接，开启仪器开关，预热仪器。

（2）清洗电极。取去离子水 50～60 mL 至 100 mL 烧杯中，放入搅拌磁子插入氟电极和饱和甘汞电极。开启搅拌器，使之保持较慢而稳定的转速（注意：在整个实验过程中保持该转速不变），此时会观察到离子计示数升高。2～3 min 后，若读数小于 220 mV，则更换去离子水，继续清洗，直至读数高于 220 mV。

（3）标准溶液和水样溶液的配制。用移液管吸取 10 mL 0.100 mol·L^{-1} NaF 标准溶液和 10 mL TISAB 溶液在 100 mL 容量瓶中稀释至刻度，得到 10^{-2} mol·L^{-1} NaF 标准溶液。再用逐级稀释法配制浓度为 10^{-3} mol·L^{-1}、10^{-4} mol·L^{-1} 和 10^{-5} mol·L^{-1} NaF 标准溶液，在逐级稀释时，加入 9 mL TISAB 溶液即可。用移液管吸取 10 mL 水样和 10 mL TISAB 溶液在 100 mL 容量瓶中稀释至刻度，得到水样溶液。

（4）标准溶液 E 的测定。依次测量 10^{-5} mol·L^{-1}、10^{-4} mol·L^{-1}、10^{-3} mol·L^{-1} 和 10^{-2} mol·L^{-1} NaF 标准溶液的 mV 数（注意：测定次序由稀到浓，每测量 1 份试液，无须清洗电极，电极表面残留溶液用滤纸吸干即可，平衡时间为 4 min）。

（5）水样 E 的测定。按步骤（2）用去离子水浸洗电极，直至电位值大于 10^{-5} mol·L^{-1} NaF 标准溶液的 mV 值。倒出水样 50～60 mL 于烧杯中，放入搅拌磁子，插入清洗好的电极进行测定，按步骤（4）的方法读取稳定电位值。

五、结果计算

（1）在坐标纸上以 E 对 $\lg c_F$ 作图，绘制标准曲线。

（2）根据水样测得的电位值，在标准曲线上查到其对应的浓度，计算水样中氟离子的含量（以 mg·L^{-1} 计），$M_{F^-} = 19.00$。

（3）此水能否作为饮用水？

六、注意事项

（1）氟电极浸入待测液中，应使单晶膜外不要附着水泡，以免干扰读数。

（2）测定时搅拌速度应缓慢而稳定。

七、思考题

（1）为什么要加入总离子强度调节缓冲剂？

（2）氟电极在使用时应注意哪些问题？

（3）为什么要清洗氟电极，使其响应电位值高于 220 mV？

实验三　重铬酸钾电位滴定硫酸亚铁铵溶液

一、实验目的

学习电位滴定法的原理与实验方法，各种滴定终点的确定方法（E—V 曲线法，一阶微商法与二阶微商法）。

二、实验原理

用 $K_2Cr_2O_7$ 滴定 Fe^{2+}，其反应式如下：

$$Cr_2O_7^{2-} + 6Fe^{2+} + 14H^+ \longrightarrow 2Cr^{3+} + 6Fe^{3+} + 7H_2O$$

利用铂电极作指示电极、饱和甘汞电极作参比电极，与被测溶液组成工作电池。在滴定过程中，随着滴定剂的加入，铂电极的电极电位发生变化，在化学计量点附近铂电极的电极电位产生突跃，从而确定滴定终点。

三、实验仪器与试剂

1．仪器

指示电极（铂电极），参比电极（饱和甘汞电极），pH-mV 电位计，电磁力搅拌器，磁子，滴定管，烧杯 100 mL。

2．试剂

重铬酸钾标准溶液，硫酸亚铁铵溶液。

四、实验步骤

（1）在滴定管中加入配制好的重铬酸钾标准溶液，在烧杯中加入硫酸亚铁铵溶液。

（2）把指示电极（铂电极）和参比电极（饱和甘汞电极）固定好。

（3）打开电磁力搅拌器，调节转速，匀速转动。

（4）滴加重铬酸钾溶液，每滴加一次滴定剂，平衡后测定电动势。

首先需要快速滴定寻找化学计量点所在的大致范围，正式滴定时，滴定突跃范围前后每次加入的滴定剂体积可以较大，突跃范围内每次滴加体积控制在 0.1 mL。

（5）记录每次滴定时的滴定剂用量（V）和相应的电动势数值（E）。

（6）实验完毕后关闭仪器和搅拌电源开关，清洗滴定管、电极、烧杯并放回原处。

五、结果计算

（1）E—V 曲线法。用加入滴定剂的毫升数 V（mL）作横坐标，电位读数 E 作纵坐标，绘制 E—V 曲线。化学计量点位于曲线的拐点处，作两条与滴定曲线相切并与横坐标轴 45°倾斜的平行切线，两条切线之间的平行等分线所对应的体积为滴定终点。E—V 曲线法简单，但准确度较差。

（2）$\Delta E/\Delta V$—V 曲线法。又称一级微商法。若 E—V 曲线较平坦，滴定突跃不明显，拐点不易求得，可采用一级微商法。将$\Delta E/\Delta V$ 对 V 作图，可得到一呈峰状曲线，曲线上的最高点是用外延法绘出的，所对应的体积为滴定终点。

$$\frac{\Delta E}{\Delta V} = \frac{E_2 - E_1}{V_2 - V_1}$$

（3）$\Delta^2 E/\Delta V^2$—V 曲线法。又称二级微商法。由于一级微商法的滴定终点是由外延法得到的，不够准确，可采用二级微商法。将$\Delta^2 E/\Delta V^2$ 对 V 作图，$\Delta^2 E/\Delta V^2$ 从正的最大到负的最大为滴定终点。

$$\frac{\Delta^2 E}{\Delta V^2} = \frac{\left(\dfrac{\Delta E}{\Delta V}\right)_2 - \left(\dfrac{\Delta E}{\Delta V}\right)_1}{V_2 - V_1}$$

六、思考题

（1）为什么氧化还原滴定可以用铂电极做指示电极？

（2）哪一种方法确定滴定体积较为准确？

实验四　水样电导率的测定

一、实验目的

（1）了解并掌握水中电导率测定的意义和方法。

（2）学会电导率仪的使用方法。

二、实验原理

水中可溶性盐类大多以水合离子状态存在，在外加电场的作用下，水溶液传导电流的能力用电导率 k 来表示。它与水中溶解性盐类有密切的关系，在一定温度下，水中的电导率越低，表示水的纯度越高。因此广泛用于监测水的质量。水中细菌、悬浮物杂质的非导性物质和非离子状态的杂质对水纯度的影响不能检测。

分析化学中均采用浸入式的、固定双铂片的电导电极测定溶液的电导。为了测定电导率，必须知道电导电极的池常数。

$$k = \theta \cdot G = \frac{\theta}{R}$$

若电极的池常数 θ 已知，溶液的电阻 R 已经测得，则电导率可求得。电导电极的池常数 θ 是通过测量标准氯化钾溶液的电阻求得的。

电导电极一般由铂片制成：可分镀铂黑和光亮两种电极。在测定电导较大的溶液时，要用铂黑电极；在测定电导较小的溶液，如测蒸馏水的纯度时，应选用光亮电极。

三、实验仪器与试剂

1. 仪器

电导率仪：误差不超过 1；温度计：能读至 0.1℃；恒温水浴：25℃±0.2℃。

2. 试剂

（1）水，其电导率小于 1 μS/cm。

（2）标准氯化钾溶液。c（KCl）=0.010 0 mol/L，将 0.745 6 g 氯化钾（105℃烘 2 h）溶解于新煮沸的冷水中，在 25℃定容到 1 000 mL。此溶液在 25℃时电导率为 1 413 S/cm。

四、实验步骤

1. 电导池常数的测定

用 0.010 0 mol/L 标准氯化钾溶液冲洗电导池三次。将此电导池注满标准溶液，放入恒温水浴恒温 0.5 h。测定溶液电阻 R_{KCl}。

用公式 $\theta=kR_{KCl}$ 计算电导池常数，对 0.010 0 mol/L 氯化钾溶液，在 25℃时 k=1 413 μS/cm。

2. 样品测定

用蒸馏水冲洗电导池，再用水样冲洗数次后，测定样品的电阻 R。同时记录样品温度。

五、数据处理

按式（8-35）计算样品的电导率 k（当测试样品温度为 25℃时）

$$k = \theta/R_s = 1\,413\,R_{KCl}/R_s \tag{8-35}$$

式中：R_{KCl}——0.010 0 mol/L 标准氯化钾电阻，Ω；

  R_s——降水的电阻，Ω；

  θ——电导池常数。

当水样品温度不是 25℃时，应按式（8-36）求出 25℃的电导率

$$k_s=k_t/[1+a（t-25）] \tag{8-36}$$

式中：k_s——25℃时的电导率，μS/cm；

  k_t——测定时 t 温度下电导率，μS/cm；

  a——各离子电导率平均温度系数，取值为 0.022；

  t——测定时溶液的温度，℃。

六、思考题

（1）水中的电导率在水质分析中有何意义？

（2）通过去离子水及自来水的电导率测定结果，说明电导率与含盐量的关系。

【本章小结】

本章主要讲述了电位分析法的理论依据，电位分析法中所用电极的分类，离子

选择性电极的类型和作用原理，直接电位法和电位滴定法的操作方法以及电导分析的原理和应用。介绍了酸度计、电导率仪的结构、工作原理和操作方法。通过本章的学习要求学生能够学会酸度计、离子选择性电极、电导率仪的使用方法，能够独立完成对溶液 pH、某些常见离子的测定和电位滴定任务以及电导率测定和电导滴定任务。

【思考题】

一、填空题

1. 玻璃电极的内阻一般为 100~500_____Ω，玻璃电极在测量 pH > 13 的溶液里的 pH 时，大多会产生一种系统误差，可称之为_____，即测得的 pH 比实际值要_____，这是因为_____，这时可用_____替代 Na_2O 来制造玻璃电极。

2. 玻璃电极在使用前，需在去离子水中浸泡 24 h 以上，目的是_____ _____；饱和甘汞电极使用温度不得超过_____℃，这是因为当温度较高时_____。

3. 离子选择性电极响应斜率（mV/pX）的理论值（25℃）是_____。当试液中响应离子的活度增加 1 倍时，该离子选择性电极电位变化的理论值（25℃）是_____。

4. 用离子选择性电极以"一次加入标准法"进行定量分析时，应要求加入标准溶液的体积要_____，浓度要_____，这样做的目的是_____。

二、选择题

1. 在电位法中作为指示电极，其电位与待测离子的浓度（　　　）。

A. 成正比　　　　　　　B. 符合扩散电流公式的关系

C. 的对数成正比　　　　D. 符合能斯特公式的关系

2. 下列说法哪一种是正确的？氟离子选择电极的电位（　　　）。

A. 随溶液中氟离子活度的增高而增大

B. 随溶液中氟离子活度的增高而减小

C. 与溶液中氢氧根离子的浓度无关

D. 以上三种说法都不对

3. 用氟离子选择性电极测定水中（含有微量 Fe^{3+}、Al^{3+}、Ca^{2+}、Cl^-）的氟离子时，应选用的离子强度调节缓冲液为（　　　）。

A. $0.1\ mol \cdot L^{-1}\ KNO_3$　　　　B. $0.1\ mol \cdot L^{-1}\ HCl$

C. $0.1\ mol \cdot L^{-1}\ NaOH$　　　　D. $0.1\ mol \cdot L^{-1}\ HAc\text{-}NaAc$

4. 离子选择性电极的电位选择性系数可用于（　　　）。

A. 估计电极的检测限值　　　B. 估计共存离子的干扰程度

C．校正方法误差　　　　D．估计电极的线性响应范围

5．用玻璃电极测量溶液的 pH 时，采用的定量分析方法为（　　　）。

A．一次加入标准法　B．校正曲线法　C．直接比较法　D．增量法

6．用离子选择性电极以校正曲线进行定量分析时，应要求（　　　）。

A．试样溶液与标准溶液的离子强度一致

B．试样溶液与标准溶液的离子强度大于 1

C．试样溶液与标准溶液中的待测离子的活度相一致

D．试样溶液与标准溶液中的待测离子的离子强度相一致

7．在电位滴定中，以 $E—V$（E 为电位，V 为滴定剂体积）作图绘制滴定曲线，滴定终点为（　　　）。

A．曲线突跃的转折点　　　B．曲线的最大斜率点

C．曲线的最小斜率点　　　D．曲线的斜率为零时的点

三、问答题

1．原电池和电解池的区别是什么？

2．金属基电极主要有哪几类？

3．为什么用直接电位法测定溶液 pH 时，必须用标准 pH 缓冲溶液校正仪器？

4．简述 pH 玻璃电极的构造和作用原理。

5．电位滴定法的基本原理是什么？如何确定滴定终点？与一般的滴定分析法比较，它有什么特点？

6．比较电导、电导率、摩尔电导率的含义，并指出这些概念的量纲。什么是电导池参数？

7．为什么说电导分析的选择性较差？电导滴定法的原理是什么？如何确定滴定终点？

四、计算题

1．用玻璃电极和甘汞电极组成工作电池，当其电池溶液为 pH 等于 4.00 的缓冲液时，在 25℃测得的电池电动势为 0.209 V。

当缓冲液由三种未知溶液代替时，测得的电动势分别为（a）0.312 V（b）0.088 V（c）−0.017 V，试计算每种未知溶液的 pH。

2．用液态膜电极测定溶液中 Ca^{2+} 的浓度。于 0.010 mol·L^{-1} Ca^{2+}溶液中插入 Ca^{2+}电极和另一参比电极，测得的电动势是 0.250 V。于同样的电池中，放入未知浓度的 Ca^{2+}溶液，测得的电动势是 0.271 V。两种溶液的离子强度相同，计算未知 Ca^{2+}溶液的浓度。

3．用标准加入法测定离子浓度时，于 100 mL 铜盐溶液中添加 0.100 mol·L^{-1} 硝酸铜溶液 1.00 mL 后电动势有 4 mV 的增加，求铜的原来总浓度。

4．在 $1.00×10^{-3}$ mol·L^{-1}的 F^{-}溶液中，插入 F^{-}选择性电极和另一参比电极 SCE，

测得其电动势为 0.158 V。于同样的电池中，加入未知浓度 F^- 溶液后，测得的电动势为 0.217 V。两份溶液的离子强度一致，计算未知溶液中 F 浓度。

5. 在 1.00×10^{-3} $mol \cdot L^{-1}$ 的某一价阳离子 M^+ 溶液中，插入 M^+ 离子选择性电极和另一参比电极，测得其电动势为 -0.065 V。于同样的电池中，加入未知浓度 M^+ 溶液后，测得的电动势为 $-0.039\ 2$ V。两份溶液的离子强度一致，计算未知溶液中 M^+ 浓度。

6. 在干净烧杯中准确加入试液 $V_x = 100.00$ mL，用铅离子选择性电极和另一参比电极，测得其电动势为 $E_x = -0.224\ 6$ V，然后，向试液加入浓度为 2×10^{-4} $mol \cdot L^{-1}$ 的 Pb^{2+} 标准试液 1.00 mL，搅拌均匀后测得电池电动势 $E_{x+s} = -0.214\ 8$ V。计算原试液中 Pb^{2+} 的浓度。

7. 用 0.100 $mol \cdot L^{-1}$ $AgNO_3$ 滴定 10.0 mL NaCl 溶液，已知终点附近的实验数据如下：

V_{AgNO_3}	10.0	11.0	11.1	11.2	11.3	11.4	11.5	12.0
E/mV	168	202	210	224	250	303	328	364

试计算溶液中 Cl^- 的浓度。

8. 一电导池充以 0.020 0 $mol \cdot L^{-1}$ 的 KCl 溶液，298 K 时测得其电阻为 453 Ω。已知 298 K 时 0.020 0 $mol \cdot L^{-1}$ KCl 溶液的电导率为 0.002 765 $S \cdot cm^{-1}$。在同一电导池中，装入同样体积浓度为 0.555 $g \cdot L^{-1}$ 的 $CaCl_2$ 溶液，测得电阻为 1 050 Ω。计算：（1）电导池常数；（2）$CaCl_2$ 溶液的电导率；（3）$CaCl_2$ 溶液的摩尔电导率（$M_{CaCl_2} = 111.0$ $g \cdot mol^{-1}$）。

参考文献

[1] 刘约权. 现代仪器分析. 北京：高等教育出版社，2001.

[2] 张世森. 环境监测技术. 北京：高等教育出版社，1992.

[3] 高向阳. 新编仪器分析. 北京：高等教育出版社，1992.

[4] 国家环保局. 水和废水监测方法. 北京：中国环境科学出版社，1994.

[5] 赵文宽，张悟铭，王长发，周性尧，等. 仪器分析实验. 北京：高等教育出版社，1997.

[6] 张济新，孙海霖，朱明华. 仪器分析实验. 北京：高等教育出版社，1994.

[7] 复旦大学化学系《仪器分析实验》编写组. 仪器分析实验. 上海：复旦大学出版社，1986.

第九章 电解及库仑分析法

【知识目标】

通过本章的学习，掌握电解及库仑分析的基本原理、方法以及实验技术。了解电解及库仑分析法的应用现状及发展趋势。

【能力目标】

独立完成实验分析任务。

电解分析法和库仑分析法是两种不同的分析方法，但这两种方法都是以电解反应为基础而建立起来的。

电解分析法是应用最早的电化学分析方法之一。1801 年 W. Cruikshank 发现金属盐溶液通电时会发生分解现象，1864 年 O. W. Gibbs 首先使用电重量法测定了铜。1899 年开始使用的圆柱形铂网阴极和螺旋形铂丝阳极，一直沿用至今。20 世纪中叶，电子技术的发展，使电解装置的使用更为方便。它包括两方面的内容：（1）利用外加电源电解试液后，直接称量在电极上析出的被测物质的质量来进行分析，称为电重量分析法（electro gravimetry）；（2）将电解的方法用于元素的分离，称为电解分离法。

库仑分析法和电解分析法相似，也是利用外加电源电解试液。不同之处在于库仑分析法是测量电解完全时消耗的电量，并根据消耗的电量来计算被测物质的含量。1833—1834 年，法拉第提出了著名的法拉第定律，但是直至 1938 年 L. Szebelleby 和 Z. Somogyi 才将其用于定量分析，他们的工作奠定了恒电流库仑滴定的基础。1942 年 Hickling 提出了控制电位库仑法，随后，电子技术的发展使库仑分析有了很大的进展，出现了很多新的方法。

电解分析法用来测定高含量的物质，而库仑分析法则还可以用于痕量物质的分析。此外，电解分析法和库仑分析法还有一个共同的特点，即在分析时不需要基准物质和标准溶液这一点与其他的仪器分析方法不同。

第一节　电解分析法的基本原理

一、电解现象

　　电解是一个借外部电源的作用来实现化学反应向非自发方向进行的过程。电解时，电解池内发生的变化（非自发的）是原电池中变化（自发的）的逆过程。电解池中的电极反应必须在有外加电源的条件下才能进行。电解池的阴极为负极，它与外界电源的负极相连；阳极为正极，它与外界电源的正极相连。

　　例如：在 $CuSO_4$ 溶液浸入两个铂电极（图9-1）。

　　通过导线分别与电池的正极和负极相连。如果两极之间有足够的电量，当逐渐增加电压，达到一定值后，电解池中发生了如下反应：

　　阴极反应　　　　　　　$2Cu^{2+}+4e=2Cu$

　　阳极反应　　　　　　　$2H_2O =4H^+ + O_2 + 4e$

　　阳极上有氧气放出，阴极上有金属铜析出。通过称量电极上析出金属铜的质量来进行分析，这就是电重量法。也可借助这一方法将铜与试液中的其他物质分离即为电解分离法。

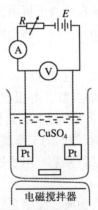

图 9-1　$CuSO_4$ 溶液的电解装置示意图

二、理论分解电压与超电位

（一）理论分解电压

　　当把一个电解池和直流电源连接好后，并非任何情况下都有电解现象发生，只有当外加电压增至足够大时，电解才能发生和继续进行，并在电极上析出电解产物。从理论上讲，分解电压应等于电池的电动势。对于上述的电解装置，电池反应为：

$$2Cu^{2+} + 2H_2O = 2Cu + O_2 + 4H^+$$

若 Cu^{2+} 和 H^+ 的浓度分别为 $0.100\ mol \cdot L^{-1}$ 和 $1.00\ mol \cdot L^{-1}$，根据能斯特方程式，在 25℃ 时：

$$E(Cu/Cu^{2+}) = 0.337 + \frac{0.059\,2}{2}lg[Cu^{2+}] = 0.307$$

$$E(O_2/H_2O) = 1.229 + \frac{0.059\,2}{4}lg\frac{[O_2][H^+]^4}{[H_2O]^2} = 1.22$$

则电池电动势为：$E = 0.307 - 1.22 = -0.91\ V$

那么理论分解电压就为 0.91 V。因此按图 9-1 接通电源后，如果没有其他因素，当外加电压稍大于 0.91 V 就可以进行电解了，但实际上当外加电压到达 0.91 V 时，电解并不能发生。此时几乎没有电流通过电解池，只有增大外加电压，当实际的外加电压要比 0.91 V 大许多时电流才随电压的增加而直线上升，如图 9-2 所示，实际分解电压并不等于电池电动势。这个实际分解电压称为析出电位，也叫分解电压。可以定义为：被分解的物质在两电极上产生迅速的和连续不断的电极反应时所需最小的外加电压。

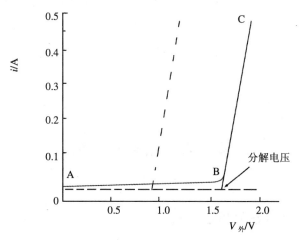

实线——实验所得的曲线；虚线——计算所得的曲线

图 9-2 电解铜（Ⅱ）溶液时的电流电压曲线

（二）超电压

上述铜、氧原电池的电动势为 0.91 V，而实际分解电压却为 1.62 V，它们之间的差值为 0.71 V。这一差值，称为电解的超电压。超电压（以符号 η 来表示）是指电解以十分显著的速度进行时，外加电压超过可逆电池电动势的值。超电压包括阳极超电位和阴极超电位。对于电极来说，实际电位与它的可逆电位之间的偏差称为超电位。在电解分析中，超电位是电化学极化和浓差极化引起的，前者与电极过程的不可逆过程有关。超电位是电极极化度量。超电位的大小与很多因素有关，主要有以下几方面：电极的种类及其表面状态、析出物的形态、电流密度、温度、机械搅拌等。

由于超电位受诸多因素影响，因此必须用实验来确定，然后再决定电解时最适宜的工作条件。表 9-1 列出了 H_2 和 O_2 在不同电极上的超电位。

表 9-1　25℃时 H_2 和 O_2 在不同电极上的超电位

电极组成	η/V					
	$j/(A \cdot cm^{-2})$		$j/(A \cdot cm^{-2})$		$j/(A \cdot cm^{-2})$	
	0.001		0.01		1	
	H_2	O_2	H_2	O_2	H_2	O_2
光 Pt	0.024	0.721	0.068	0.850	0.676	1.490
镀 Pt 黑	0.015	0.348	0.030	0.521	0.048	0.760
Au	0.241	0.673	0.391	0.963	0.798	1.630
Cu	0.479	0.422	0.581	0.580	1.269	0.793
Ni	0.563	0.353	0.747	0.519	1.241	0.853
Hg	0.9		1.1		1.1	
Zn	0.716		0.746		1.229	
Sn	0.856		1.077		1.231	
Pb	0.52		1.090		1.262	
Bi	0.78		1.05		1.23	

第二节　电解分析法

一、控制电流电解分析法

（一）仪器装置

控制电流电解分析法是电重量分析的经典方法，在电解过程中调节外加电压，使电解电流基本保持不变，阴极电位则不加控制。

装置如图 9-3 所示。E 为外加直流电源，A 为电流表，V 为伏特表，C 为铂网阴极（工作电极），B 为螺旋形铂丝阳极，R 为可调的高电阻，待测试液作为电解池的电解质溶液装于高型烧杯中，施加足够的外加电压进行电解，电压大小由伏特表指示。在电解过程中，通过调节可变电阻控制电解电流为恒定值（一般为 0.5～5 A），通过电解池的电流由电流表 A 指示。

（二）控制电流电解过程中的电位—时间曲线

在控制电流电解过程中一开始就施加一个很高的电压，使电解反应中通过一个较为稳定的电流。由于外加电压很高，电极上总会发生化学反应，因此总有电流通过，电解过程中阴极电位与时间的关系曲线如图 9-4 所示。

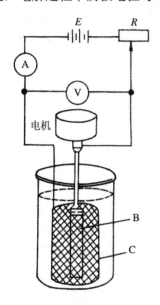

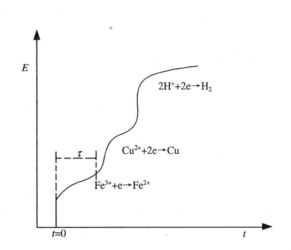

图 9-3　控制电流电解分析装置　　　图 9-4　控制电流电解分析中的电位—时间曲线

电解一开始，阴极电位立即从较正的电位向负的方向变化，当电位达到 Fe^{3+} 的还原电位时，阴极电位符合能斯特方程式：

$$E=E^{\ominus}（Fe^{2+}/Fe^{3+}）+0.059\ 2\ \lg[Fe^{3+}]/[Fe^{2+}]$$

随着电解反应的进行，Fe^{3+} 的浓度不断下降，而 Fe^{2+} 的浓度不断上升，阴极电位逐渐变负，其 $[Fe^{3+}]/[Fe^{2+}]$ 每改变 10 倍，电位负移 59 mV（25℃）。这时阴极电位的变化是缓慢的，在电位—时间曲线上出现较为平坦的部分。等到 Fe^{3+} 作用完后，阴极电位又立即向更负的方向移动，直到另一物质在阴极上发生还原反应，如 Cu^{2+} 和 H^+ 又出现较为平坦的部分。

当溶液中含有两种或两种以上的金属离子时，在恒电流电解过程中，首先是容易在阴极上起反应的物质（还原电位较正者）在电极上起反应。等到这一物质还原到一定程度后，由于该物质浓度下降，使阴极电位变负，另一物质就接着起反应，从而可能产生干扰。

图 9-5 是控制电流电解分析法测定 Cu^{2+} 的电位－时间曲线，从图中可以看出，当阴极电位负移至 H^+ 的还原电位时，H^+ 将在电极上还原成 H_2，这对 Cu 的沉积是不利的。

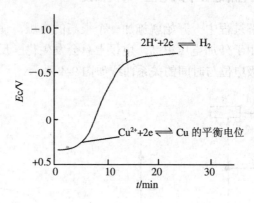

图 9-5 电解铜的电位—时间曲线（$i=1.5A$）

（三）应用

控制电流电解法一般只适用于只含一种金属离子的情况。如果溶液中存在两种或两种以上的金属离子，且其还原电位相差不大，就不能用该法分离测定，所以选择性不高是该法的最大缺点。但这种方法可以分离金属活动顺序中氢以前和氢以后的金属。电解时氢以后的金属先在电极上析出，待氢以后金属完全析出后，继续电解就析出氢气。在酸性溶液中，氢以前的金属不被电解析出。

控制电流电解分析法电解时的电流是恒定值，而且不严格要求控制外加电压和电极电位，因此该法比较简单，仪器装置也不复杂。控制电流电解分析法可测定的常见元素见表 9-2。

表 9-2 控制电流电解分析法可测定的常见元素

离子	称量形式	条件
Cd^{2+}	Cd	碱性氰化物溶液
Co^{2+}	Co	氨性硫酸盐溶液
Cu^{2+}	Cu	HNO_3/H_2SO_4 溶液
Fe^{3+}	Fe	$(NH_4)_2C_2O_4$ 溶液
Pb^{2+}	Pb	HNO_3 溶液
Ni^{2+}	Ni	氨性硫酸盐溶液
Ag^+	Ag	氰化物溶液
Sn^{2+}	Sn	$(NH_4)_2C_2O_4/H_2C_2O_4$ 溶液
Zn^{2+}	Zn	氨性或强 NaOH 溶液

二、控制阴极电位电解分析法

当试样溶液中含有两种以上的金属离子时，用控制电流电解分析方法测定其中一种金属，则其他金属离子也会在电极上沉积，形成干扰。如果一种金属离子与其他金属离子间的还原电位差足够大，就可以把工作电极的电位控制在某一个数值或某一个小范围内，只使被测定金属析出，而其他金属离子留在溶液中，达到分离该金属的目的。通过称量电沉积物求得该试样中被测金属物质的含量。

这种方法称为控制阴极电位电解分析法。在电解过程中，溶液中被测离子浓度不断降低，电流不断下降，被测离子完全析出后，电流趋近于零。

（一）仪器装置

控制阴极电位电解的仪器与控制电流电解装置的不同之处在于它有测量及控制阴极电位的设备（图9-6）。

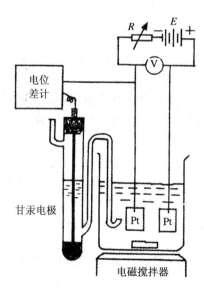

图9-6 控制阴极电位电解分析装置

由甘汞电极、阴极和电位差计组成阴极电位测量装置，电位差计可显示阴极电位的数值，由直流电源 E 和电解池组成电解装置，通过调节可变电阻 R 调节外加电压的大小，进而调节阴极电位使之保持恒定。

（二）阴极电位的选择

需要控制的电位值，通常是通过比较在分析实验条件下共存离子的 $i—E$ 曲线而确定的。例如，溶液中存在甲、乙两种金属离子，由实验得到两条 i—E 曲线（图 9-7），图中可以看出要使甲离子还原，阴极电位要负于 a，但要防止乙离子析出，阴极电位又须正于 b，因此，阴极电位控制在 a 与 b 之间就可使甲离子定量析出而乙离子仍留在溶液中。

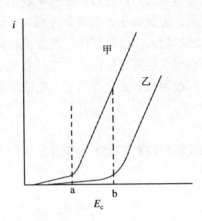

图 9-7　甲、乙两种粒子的 i-E 曲线

在电解过程中金属离子的析出次序与阴极电位的关系，是由金属离子的性质、浓度和对分析的精度要求来决定的。通过计算可以判别可否分离和估测电解分离的条件。

例：某溶液中含有 2.0 mol·L^{-1} 的 Cu^{2+} 和 0.010 mol·L^{-1} 的 Ag^+，若以铂为电极进行电解，首先在阴极上析出的是铜还是银？电解时两种金属离子是否可以完全分离和在什么条件下分离？（银和铜的超电位很小可不计）

解：Cu 开始析出的电极电位为：

$$E=0.337+\frac{0.059\ 2}{2}\lg 2.0=0.346\ \text{V}$$

Ag 开始析出的电极电位为：

$$E = 0.799+0.059\ 2\lg 0.010=0.681\ \text{V}$$

由于银的析出电位较铜为正，所以银先在阴极上析出。

在电解过程中，Ag^+的浓度逐渐下降，当浓度降为 10^{-6} mol·L^{-1} 时认为银已电解完全，此时 Ag 的电位为：

$$E=0.799+0.059\ 2\lg 10^{-6}=0.444\ \text{V}$$

从计算可知，当 Ag^+浓度降为 10^{-6} mol·L^{-1} 时，银的析出电位还比铜的电位为正，因此将电位控制在 0.444～0.346 V，银和铜可以电解分离完全。

（三）控制电位电解过程中电流与时间的关系

在控制电位电解过程中，由于被测金属离子在阴极上不断被还原析出，所以电流随时间的增长而减小，最后达到恒定的最小值。由图 9-8 的曲线可知，电解电流随时间的增长以负指数关系衰减。阴极电位虽然不变，但外加电压却随时间下降。因此，在控制阴极电位电解过程中，需要不断地降低外加电压，同时电解电流也随时间而逐渐减小。当电流趋于零时，说明电解已经完全。

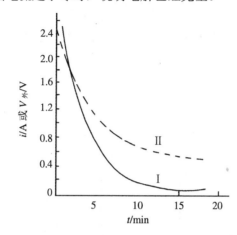

pH＝4.5 的酒石酸盐溶液中电解铜时的情况：电极电位保持在－0.36 V 时，
（Ⅰ）电流—时间曲线；（Ⅱ）外加电压—时间曲线
图 9-8 控制电位电解过程中电流—时间曲线

（四）应用

控制阴极电位电解法的最大特点是它的选择性好、电解时间短，所以它的用途比控制电流电解法广泛。只要阴极电位选择得当，就可以使共存金属离子依次先后在阴极上分别析出，实现分离或分别定量测定。通常被分离两金属离子均为一价时，析出电位差大于 0.35 V；均为二价时，析出电位差大于 0.20 V 时，都可以实现分别电解，而互不干扰测定。该法的一些应用见表 9-3。

表 9-3 控制阴极电位电解应用实例

测定元素	可分离的或不干扰的元素
Ag	Cu
Cu	Bi，Pb，Ni，Cd，Sn，Sb
Bi	Pb，Sb，Sn，Cu，Cd，Zn
Cd	Zn
Sb	Pb，Sn

测定元素	可分离的或不干扰的元素
Sn	Cd，Zn，Mn，Fe
Pb	Cd，Zn，Ni，Al，Fe，Mn，Sn
Ni	Zn，Al，Fe

三、汞阴极电解分离法

上面讨论的两类电解法，阴极和阳极都是以铂为电极。如果将阴极改用汞，这种方法就叫汞阴极电解法。由于该法主要用于分离手段，故又称汞阴极电解分离法。

汞阴极分离装置，其电源与控制部分与前述的两类电解法相似，不同的只是电解池部分，如图9-9所示。

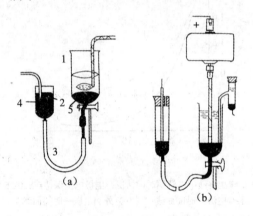

（a） （b）

1—汞阴极电解槽；2—汞；3—橡皮管；4—汞面调节器；5—三路玻璃塞
（a）麦拉文电解池；（b）麦拉文电解池（控制电位电解的装置）

图9-9 汞阴极电解池

以汞作阴极电解与铂作电极电解有许多不同之处，主要是：

（1）氢在汞阴极上的超电位很大，因而使许多金属离子可以在氢析出之前在汞阴极上完成析出，还原成金属。

（2）许多金属元素能与汞形成汞齐（合金），因此在汞齐上这些金属的活度会减小，使析出电位变正，容易被还原析出，同时还能防止其再被氧化溶解。

（3）由于汞为液态，密度大，不便于洗涤和干燥，更不便于称量，加之汞易挥发，汞齐有毒，所以这种电解法一般不用作测定，而作分离手段。

四、影响金属析出物性质的因素

在电解分析中，要求沉积在电极上的物质必须纯净、致密、坚固地附着在电极上，而不是呈疏松的海绵状。这样在电解后，在洗涤、烘干和称量过程中不致脱落严重。为了得到质地优良的镀层必须注意以下几点：

1．电流密度的影响

一般来说，电流密度越小，得到的析出物越致密。但电流密度也不能太小，太小使电解时间过长。在实际的电解分析中，可以在阴极使用网状电极来解决这一矛盾。

2．搅拌和加热的影响

搅拌和加热对析出物的性质有良好的影响，但温度不宜过高，一般在良好的搅拌和适宜的加热条件下（60～80℃）进行。

3．酸度的影响

由于许多金属在碱性溶液中会形成氢氧化物沉淀，所以电解常在酸性溶液中进行。酸度偏低，会降低沉积物的纯度；酸度太高，会使金属难以完全析出。所以应根据具体情况控制适当的酸度。

4．络合剂的影响

利用加入配合剂与待测的金属离子形成配合物后再电解，一般能得到更致密的沉积物。

第三节　库仑分析法

库仑分析法建立于 1914 年，它是在电解的基础上发展起来的。与电解分析过程相对应，库仑分析法分为控制电位库仑分析法和控制电流库仑分析法。由于库仑分析法是根据电解过程中所消耗的电量来求得被测物质含量的方法，故又称电量分析法。

一、基本原理

库仑分析的理论根据是法拉第电解定律。它包括两方面的内容：

（1）电流通过电解质溶液时，物质在电极上析出的质量与通过电解池的电量成正比，即与电流强度和通过电流的时间的乘积成正比。这是法拉第第一定律。

$$m \propto Q$$
$$m \propto i \cdot t$$

式中：m——物质在电极上析出的质量，g；

Q——电量，C；

i——电流强度，A；

t——时间，s。

根据电量的定义，$Q = i \cdot t$ 即 $1C = 1A \times 1s$。

（2）相同的电量通过各种不同的电解质溶液时，在电极上所获得的各种产物的质量与它们的摩尔质量成正比。这是法拉第第二定律。

由此可知，相同的电量通过不同的电解质溶液时，电解产物的物质的量相等。也就是说，要得到 1 mol 任何物质的物质的量，所需的电量是相同的。实验证明，这个电量是 96 487 C，称为 1 法拉第，以 F 表示。

合并法拉第第一、第二定律可以得到

$$m=M_B \cdot it/F$$

式中：M_B——电解产物的摩尔质量；

M_B/F——相当于通过 1 库仑电量时物质在电极上析出的质量。

此式是法拉第定律的数学表达式，是库仑分析法的理论基础。

二、库仑分析的必要条件

在库仑分析中必须能够准确测量电量的数值。这是决定分析准确度的重要因素之一。测量电量的方法可用库仑计、电子积分仪或记录电流随时间的变化用作图法求得。

（一）库仑计

库仑计是控制电位库仑分析法的一个重要装置。库仑计的种类很多，有银库仑计、氢氧库仑计、滴定库仑计等。其中氢氧库仑计结构简单、使用方便，被广泛使用。氢氧库仑计结构如图 9-10 所示。

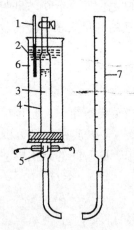

1－温度计；2－保温套管；3－K_2SO_4溶液；4－电解管；5－电极；6－水；7－刻度管

图 9-10　氢氧库仑计

库仑计由一支带有活塞和两个铂电极的玻璃管同一支刻度管相连接，管中充满 0.5 mol/L K_2SO_4 溶液。当有电流流过时，铂阴极上析出氢气，铂阳极上析出氧气，从右边管中电解前后液面差就可读出氢氧气体的总体积。在标准状况下，每库仑电量析出 0.173 9 mL 氢氧混合气体。假设实验中所得到的体积为 V mL，则通过的电量是 $V/0.173\,9$ 库仑。根据法拉第定律，即可得到被测物质的量：

$$m = VM_B / (0.173\,9 \times 96\,487) = VM_B / 16\,779$$

（二）电子积分仪

根据电解通过的电流 i，采用电子积分线路求得总电量

$$Q = \int_0^t i_t \mathrm{d}t$$

并由显示装置读出。

（三）作图法

在控制电位电解过程中，电流随时间按下式衰减：

$$i_t = i_0 \cdot 10^{-kt}$$

控制电位电解过程中所消耗的电量等于图 9-11 中曲线 2 下的面积：

$$Q = \int_0^\infty i\,\mathrm{d}t = \int_0^t i_0 10^{-kt}\,\mathrm{d}t = \frac{i_0}{2.303k}(1 - 10^{-kt})$$

当 t 相当大时，10^{-kt} 可忽略，则 $Q = \dfrac{i_0}{2.303\,k}t$

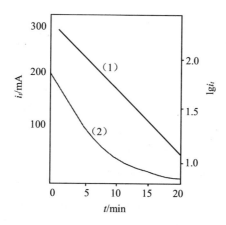

图 9-11　$\lg i_t$—t 曲线（1）和 i_t—t 曲线（2）

实际上，用图解法求电量麻烦且准确度差，已被电子积分仪取代。

三、影响电流效率的主要因素

由法拉第电解定律可知，当物质以 100% 的电流效率进行电解反应时，那么就可

以通过测量进行电解反应所消耗的电量（库仑），求得电极上起反应的物质的量。所谓 100%的电流效率，即电极上只发生主反应，不发生副反应。影响电流效率的主要因素有：

（1）溶剂的电极反应；

（2）电解质中的杂质在电极上的反应；

（3）溶液中可溶性气体的电极反应；

（4）电极自身的反应；

（5）电极产物的再反应。

四、库仑分析技术

（一）控制电位库仑分析法

1. 原理和装置

控制电位库仑分析法用控制电极电位的方法进行电解，并用库仑计或作图法来测定电解时所消耗的电量，由此计算出电极上起反应的被测物质的量。可以认为控制电位库仑分析法是控制电位电解分析法的一种特殊形式，它们的基本装置（图 9-12）和方法是相同的，只是在电路中多串联了一个库仑计。

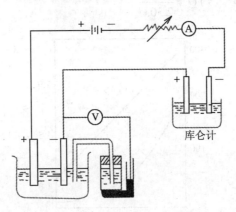

图 9-12　控制电位库仑分析装置

2. 控制电位库仑分析法的应用

控制电位库仑分析法具有控制电位电解分析法的全部优点。此外，控制电位库仑分析法对于电极反应生成物不是固态的物质也可以测定。在无机化合物方面，该法已用于 50 多种元素的测定，还广泛应用于有机化合物的分析和合成。同时，控制电位库仑分析法还常用于电极过程反应机理的研究。表 9-4 列出了控制电位库仑分析法应用的一些例子。

表 9-4 控制电位库仑分析法应用

电胡反应	电解质溶液浓度/mol·L⁻¹	电极	电位/V	测定范围/mg	准确度/mg	备 注
$Bi^{3+}+3e\rightarrow Bi$	酒石酸钠 0.4 酒石酸氢钠 0.1 NaCl 0.1~0.3	Hg	−0.35	13~105	±0.7	在−0.24V，$Cu^{2+}+2e\rightarrow Cu$ 的预先还原反应之后
$Co^{2+}+2e\rightarrow Co$	吡啶 1.0 Cl^- 0.3~0.5	Hg	−1.20	10~100	±0.5	在−0.95V，$Ni^{2+}+2e\rightarrow Ni$ 的预先还原反应之后
$Cu^{2+}+2e\rightarrow Cu$	酒石酸钠 0.4 酒石酸氢钠 0.1 NaCl 0.1~0.3	Hg	−0.24	6~75	±0.7	单独测定或有 Bi^{3+} 存在
$Ni^{2+}+2e\rightarrow Ni$	吡啶 1.0 Cl^- 0.3~0.5	Hg	−0.95	10~100	±0.5	单独测定或有 Co^{2+} 存在
$Pb^{2+}+2e\rightarrow Pb$	NaCl 0.5	Hg	−0.50	41~207	±0.9	Co^{2+} 存在不干扰
$UO_2^{2+}+2e\rightarrow U$（IV）（反应堆燃料）	柠檬酸 1.0 $Al_2(SO_4)_3$ 0.1 用 KOH 调至 pH=4.5	Hg	−0.60	0.007 5~0.75	±2.2~0.06%	—
As（III）→As（V）+2e	强酸（pH<3）	Pt	+1.0 −1.2	17~85	±1%	—
$Cr^{2+}\rightarrow Cr^{3+}+e$	HCl 6.0	Hg	−0.4	0.005~0.1	±1~±0.1%	先在−1.10 V 将 Cr^{3+} 还原为 Cr^{2+}
$Eu^{2+}\rightarrow Eu^{3+}+e$	HCl 0.1	Hg	−0.1	1~10	±0.3%	先在−0.8 V 将 Eu^{3+} 还原为 Eu^{2+}
$Tl^+\rightarrow Tl^{3+}+2e$	H_2SO_4 1.0		+1.34	30~100	±0.03%	溶液中含有 Ag^+ 做阴极去极化剂
$Cl^-+Ag\rightarrow AgCl+e$	以甲醇为溶剂	Ag	+0.20	10~40	约±0.1 mg 可测氯化物
$Br^-+Ag\rightarrow AgBr+e$	以甲醇为溶剂	Ag	0.00	20~60	约±0.1 mg 可测氯化物
$I^-+Ag\rightarrow AgI+e$	以甲醇为溶剂	Ag	−0.05	31~65	约±0.1 mg 可测氯化物

（二）控制电流库仑分析法

1．原理和装置

控制电流库仑分析法是在试液中加入适当的辅助剂后，以一定强度的恒定电流进行电解，由电极反应产生一种"滴定剂"。该滴定剂与被测物质发生定量反应。当被测物质作用后，用适当的方法指示终点并立即停止电解。由电解进行的时间 t（s）及电流强度 i（A），可按法拉第定律计算被测物的质量：

$$m=itM_B/96\ 485$$

显然这种方法具有滴定法的特点，需要有终点指示，所以又称库仑滴定。典型装置如图 9-13 所示。

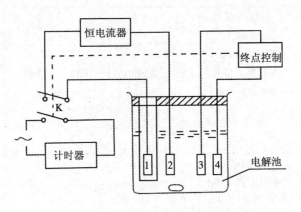

图 9-13　库仑滴定装置

　　主要包括两个部分，即电解系统和指示系统。电解系统是由电解池（或称库仑池）、计时器和恒电流器（源）组成。在电解系统中，工作电极 2 为产生试剂的电极。辅助电极 1 则经常需要套一多孔性膜（如微孔玻璃），以防止其电极产物对工作电极反应或滴定反应产生干扰。3 和 4 为终点指示电极（电化学法指示终点时用）。电解系统的两支电极和指示系统的两支电极同插于电解液中，测量时间的计时器可用电子计时器（或机械秒表），电子计时器在电路中与电解回路的开关联动。恒电流器采用稳定度高的电子恒流源，电流的大小应根据被测物质的含量、工作电极面积及所使用的反应体系而定。通常使用的电流在 1～30 mA。

　　2．指示终点的方法

　　指示终点的方法可采用：化学指示剂法、电位法、死停终点法、电化学法、分光光度法等。本章介绍其中的三种方法。

　　（1）化学指示剂法。普通容量分析中所用的化学指示剂，均可用于库仑滴定法中。例如，肼的测定，电解液中有肼和大量 KBr，加入甲基橙为指示剂，电极反应为：

$$\text{Pt 阴极} \qquad\qquad 2H^+ + 2e \rightleftharpoons H_2$$

$$\text{Pt 阳极} \qquad\qquad 2Br^- \rightleftharpoons Br_2 + 2e$$

电极上产生的 Br_2 与溶液中的肼起反应：

$$NH_2-NH_2 + 2Br_2 = N_2 + 4HBr$$

过量的 Br_2 使指示剂褪色，指示终点，停止电解。

　　（2）电位法。利用库仑滴定法测定溶液中酸的浓度时，用玻璃电极和甘汞电极为检测终点电极，用 pH 计指示终点。此时用 Pt 电极为工作电极，银阳极为辅助电极。电极上的反应为：

$$\text{工作电极} \qquad 2H^+ + 2e = H_2$$
$$\text{辅助电极} \qquad 2Ag + 2Cl^- = 2AgCl + 2e$$

由工作电极发生的反应使溶液中 OH^- 产生了富余，作为滴定剂，使溶液中的酸度发生变化，用 pH 计上 pH 的突跃指示终点。

（3）死停终点法。通常是在指示终点用的两支铂电极上加一小的恒电压，当达到终点时，由于试液中存在一对可逆电对（或原来一对可逆电对消失），此时铂指示电极的电流迅速发生变化，则表示终点到达。现在以测定 As^{3+} 为例说明。指示系统的两支铂电极加一小的外加电压（0.2 V），在 $0.1\ mol \cdot L^{-1} H_2SO_4$ 和 $0.2\ mol \cdot L^{-1} NaBr$ 介质中，以电解产生的 Br_2 作为滴定剂。电解系统均采用铂电极，电极反应为：

$$\text{阴极} \qquad 2H^+ + 2e \rightleftharpoons H_2$$
$$\text{阳极} \qquad 2Br^- \rightleftharpoons Br_2 + 2e$$

阳极上产生的 Br_2 立即与试液中 As^{3+} 反应，将 As^{3+} 氧化为 As^{5+}。在终点之前，溶液中没有过量的 Br_2，如果要使指示系统有电流通过，则必须发生如下反应：

$$\text{指示阴极} \qquad Br_2 + 2e \rightleftharpoons 2Br^-$$
$$\text{指示阳极} \qquad 2Br^- \rightleftharpoons Br_2 + 2e$$

但是在溶液中没有 Br_2 的情况下，指示系统需要较大的外加电压才能产生电解现象，然而这里用的外加电压只有 0.2 V，因此不会发生上述反应，也不会有电流通过指示系统。当 As^{3+} 作用完毕，溶液中出现了过量的 Br_2，同时又有 Br^- 存在。由于 Br_2 很容易在指示阴极上还原，因此过计量点后立即在指示系统的两个电极上发生上述反应。于是指示电流迅速上升，表示终点已经到达。该法非常灵敏，可以测定 $5 \times 10^{-7}\ mol \cdot L^{-1}$ 的 As^{3+}。

五、库仑滴定的应用及特点

凡是与电解所产生的试剂能迅速而定量地反应的任何物质，均可用库仑滴定法测定。库仑滴定的应用见表 9-5 和表 9-6。

恒电流库仑滴定剂由 20 世纪 50 年代初期不到 10 种已发展到至今约 70 种。该法在对纯净物质的研究、微量杂质的分析及有机元素的微量分析等方面获得广泛应用。

库仑滴定一般具有下列特点：

（1）不需要基准物质；

（2）不需要标准溶液；

（3）灵敏度高，适于微量和痕量分析；

（4）易于实现自动化，便于遥控分析。

表 9-5　应用中和、沉淀及配合反应的库仑滴定法

待测组分	发生极反应	次级分析反应
酸	$2H_2O+2e \rightleftharpoons 2OH^-+H_2$	$OH^-+H^+=H_2O$
碱	$H_2O \rightleftharpoons 2H^+ +\frac{1}{2}O_2+2e$	$H^++OH^-=H_2O$
Cl^-、Br^-、I^-	$Ag \rightleftharpoons Ag^++e$	$Ag^++Cl^- \rightleftharpoons AgCl$（s）等
硫醇类	$Ag \rightleftharpoons Ag^++e$	$Ag^++RSH \rightleftharpoons AgSR$（s）$+H^+$
Cl^-、Br^-、I^-	$2Hg \rightleftharpoons Hg_2^{2+}+2e$	$Hg_2^{2+}+2Cl^- \rightleftharpoons Hg_2Cl_2$（s）等
Zn^{2+}	$Fe(CN)_6^{3-}+e \rightleftharpoons Fe(CN)_6^{4-}$	$3Zn^{2+}+2K^++2Fe(CN)_6^{4-} \rightleftharpoons$ $K_2Zn_3[Fe(CN)_6]_2$（s）
Ca^{2+}、Cu^{2+} Zn^{2+}和Pb^{2+}	$HgNH_3Y^{2-}+NH_4^++2e \rightleftharpoons$ $Hg+2NH_3+HY^{3-}$	$HY^{3-}+Ca^{2+} \rightleftharpoons CaY^{2-}+H^+$等

表 9-6　应用氧化还原反应的库仑滴定法

试剂	发生极反应	待测物质
Br_2	$2Br^-=Br_2+2e$	As（Ⅲ）、Sb（Ⅲ）、U（Ⅳ）、Tl（Ⅰ）、I^-、SCN^-、NH_3、N_2H_4、NH_2OH、酚、苯胺、芥子气 8-羟基喹啉
Cl_2	$2Cl^-=Cl_2+2e$	As（Ⅲ）、I^-
I_2	$2I^-=I_2+2e$	As（Ⅲ）、Sb（Ⅲ）、$S_2O_3^{2-}$、H_2S
Ce^{4+}	$Ce^{3+}=Ce^{4+}+e$	Fe（Ⅱ）、Ti（Ⅲ）、U（Ⅳ）、As（Ⅲ）、I^-
Mn^{3+}	$Mn^{2+}=Mn^{3+}+e$	$Fe(CN)_6^{4-}$ $H_2C_2O_4$、Fe（Ⅱ）、As（Ⅲ）
Ag^{2+}	$Ag^+=Ag^{2+}+e$	Ce（Ⅲ）、V（Ⅳ）、$H_2C_2O_4$、As（Ⅲ）
Fe^{2+}	$Fe^{3+}+e=Fe^{2+}$	Cr（Ⅵ）、Mn（Ⅶ）、V（Ⅴ）、Ce（Ⅳ）
Ti^{3+}	$TiO^{2+}+2H^++e=Ti^{3+}+H_2O$	Fe（Ⅲ）、V（Ⅴ）、Ce（Ⅳ）、U（Ⅵ）
$CuCl_3^{2-}$	$Cu^{2+}+3Cl^-+e=CuCl_3^{2-}$	V（Ⅴ）、Cr（Ⅵ）、IO_3^-
U^{4+}	$UO_2^{2+}+4H^++2e=U^{4+}+2H_2O$	Cr（Ⅵ）、Ce（Ⅳ）

但是它的选择性不够好，不便用于成分复杂的试样的分析工作。

随着电子技术的发展，库仑滴定法不断有新的改进。如控制电位电流极限库仑法，不但准确度高，而且选择性也好。脉冲库仑法可缩短分析时间和用数字直接显示结果等。同时也出现了电子计算机控制程序的全自动化的库仑分析仪。目前，库仑滴定不仅是一种重要的分析方法，而且也是研究各种物理化学过程的一种手段。

【实验实训】

库仑滴定测定硫代硫酸钠的浓度

一、实验目的

（1）掌握库仑滴定法的原理以及死停终点法指示滴定终点的方法。

（2）应用法拉第定律求算未知物浓度。

二、实验原理

库仑分析法是根据电解过程中消耗的电量，由法拉第定律来确定被测物质含量的一种电化学分析法。100%的电流效率是库仑分析法的先决条件。库仑分析法可分为恒电流库仑分析法和控制电位库仑分析法两种。这里讨论前者。

恒电流库仑分析法是在恒定电流条件下电解，由电极反应产生的"滴定剂"与被测物质发生反应，用电化学方法（也可用化学指示剂）确定"滴定"的终点，由恒电流的大小和到达终点需要的时间计算出消耗的电量，根据法拉第定律求得被测物质的含量。这种"滴定"方法与滴定分析中用标准溶液滴定被测物质的方法相似，因此恒电流库仑分析法也称库仑滴定法。它可用于中和滴定、沉淀滴定、氧化还原滴定和配合滴定。

库仑滴定装置如图 9-14 所示。它由电解系统和指示终点系统两部分组成。将强度一定的电流 I 通过电解池，并用计时器记录电解时间 t。在工作电极上通过电极反应产生"滴定剂"，该"滴定剂"立即与试液中被测物质发生反应，当到达终点时由指示终点系统指示终点到达，停止电解。根据法拉第定律，由电解电流和时间求得被测物质的质量 w（g）：

$$w=\frac{it}{96\,485}\times\frac{M}{Z}$$

式中：M——物质的摩尔质量；

Z——电极反应中的电子得失系数。

库仑滴定指示终点的方法有化学指示剂法、电位法和死停终点法等。化学指示剂法和滴定分析用的指示剂相同。电位法如酸碱滴定，利用 pH 玻璃电极和饱和甘汞电极来指示终点 pH 的变化。死停终点法的灵敏度较高，它的装置如图 9-15 所示。将两个相同的铂电极 e_1 和 e_2 插入试液中并加上 $50\sim200$ mV 的直流电压。如果试液中同时存在氧化态和还原态的可逆电对，则电极上发生反应，电流通过电解池。如果只有可逆电对的一种状态，所加的小电压不能使电极上发生反应，电解池中就没有电流通过。

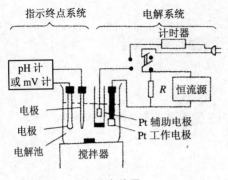

图 9-14　库仑滴定装置

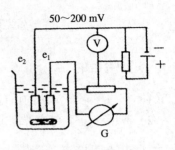

图 9-15　死停终点示意图

本实验是在 H_2SO_4 介质中，以电解 KI 溶液产生的 I_2 标定 $Na_2S_2O_3$ 溶液。在工作电极上以恒电流进行电解，发生下列反应：

阳极　　　　　$2I^- = I_2 + 2e$

阴极　　　　　$2H^+ + 2e = H_2$

阳极产物 I_2 与 $Na_2S_2O_3$ 发生作用：

$$I_2 + 2S_2O_3^{2-} = S_4O_6^{2-} + 2I^-$$

由于上述反应，在化学计量点之前溶液中没有过量的 I_2，不存在可逆电对，因而两个铂指示电极回路中无电流通过。当继续电解，产生的 I_2 与全部的 $Na_2S_2O_3$ 作用完毕，稍过量的 I_2 即可与 I^- 离子形成 $I_2/2I^-$ 可逆电对，此时在指示电极上发生下列电极反应：

指示阳极　　　　　$2I^- = I_2 + 2e$

指示阴极　　　　　$I_2 + 2e = 2I^-$

由于在两个指示电极之间保持一个很小的电位差（约 200 mV），所以此时在指示电极回路中立即出现电流的突跃，以指示终点的到达。

正式滴定前，需进行预电解，以清除系统内还原性干扰物质，提高标定的准确度。

三、仪器与试剂

1. 仪器

自制恒定电流库仑滴定装置一套或商品库仑计；铂片电极 4 支（0.3～0.6 cm）；秒表。

2. 试剂

0.1 mol·L^{-1}KI 溶液：称取 1.7 g KI 溶于 100 mL 蒸馏水中待用；未知 $Na_2S_2O_3$ 溶液。

四、实验步骤

按图 9-14 连接线路，Pt 工作电极接恒电流源的正端，Pt 辅助电极接负端，并把它装在玻璃套管中。电解池中加入 5 mL 0.1mol·L⁻¹KI 溶液，放入搅拌磁子，插入 4 支 Pt 电极并加入适量蒸馏水使电极恰好浸没，玻璃套管中也加入适量 KI 溶液。用死停终点法指示终点，并调节加在 Pt 指示电极上的直流电压约 50～100 mV。开启库仑滴定计恒电流源开关，调节电解电流为 1.00 mA，此时 Pt 工作电极上有 I₂ 产生，回路中有电流显示（若使用检流计，则其光点开始偏转），此时应立即用滴管加几滴稀 Na₂S₂O₃ 溶液，使电流回到原值（或检流计光点回至原点），并迅速关闭恒电流源开关。这一步可称为预滴定，能将 KI 溶液中的还原性杂质除去。仪器调节完毕可开始进行库仑滴定测定。

准确移取未知 Na₂S₂O₃ 溶液 1.00 mL 于上述电解池中，开启恒电流源开关，同时记录时间（用秒表），库仑滴定开始；至电流显示器上有微小电流变化（或检流计光点慢慢发生偏转），立即关闭恒电流源，同时记录电解时间，第一次测定完成。接着可进行第二次测定。

重复三次测定。

五、结果计算

（1）计算 Na₂S₂O₃ 浓度（mol·L⁻¹）。

$$c(\mathrm{Na_2S_2O_3}) = \frac{it}{96\,485\,V}$$

式中：电流 i 的单位为 mA；电解时间 t 的单位为 s；试液体积 V 的单位为 mL。

（2）计算浓度的平均值和标准偏差。

六、注意事项

（1）电极的极性切勿接错，若接错必须仔细清洗电极。
（2）保护管中应放 KI 溶液，使 Pt 电极浸没。
（3）每次试液必须准确移取。

七、思考题

（1）试说明死停终点法指示终点的原理。
（2）写出在 Pt 工作电极和 Pt 辅助电极上的反应。
（3）本实验中是将 Pt 阳极还是 Pt 阴极隔开?为什么?

【本章小结】
本章讲述了电解分析法和库仑分析法的基本原理、仪器装置和各种方法的特点及应用。
（1）在电解池的两极上加直流电压，使溶液中有电流通过。物质在电极上发生氧化、还原反应而分解的过程称电解，电解法包括电重量法和汞阴极电解法。库仑分析法是根据电解过程中所消耗的电量求被测物质的含量的方法。库仑分析的关键是所用的电极反应必须单纯，必须具有 100%的电流效率。利用法拉第电解定律计算结果。

（2）分解电压是使被电解物质在两电极上产生迅速的、连续不断的电极反应所需的最小的外加电压。它是实验测得值。

（3）控制电流电解法，电解时维持电流恒定，不断提高外加电压，电解时间短，分析速度快，但选择性差。一般适合于只有一种较氢易还原的金属离子的测定。控制阴极电位电解法，电解时控制阴极电位，被电解只有一种物质，选择性好。电解至 $i \rightarrow 0$ 时，电解结束，耗时较长。

（4）恒电位库仑分析法是在控制电位的电解线路中，串联一个测量电量的库仑计。常用氢氧库仑计。恒电流库仑滴定法是利用电解时所产生的"滴定剂"，与溶液中被测物质发生定量的化学反应，借适当的方法指示反应的终点以控制电解的时间，由于电解时间 t 和电解电流 i 均可精确测定，所以该法准确度高。

【思考题】

1. 名词解释

分解电压，析出电位，恒电流电解法，控制电位电解法，电流效率，恒电位库仑分析法，恒电流库仑滴定法，死停终点法。

2. 什么是电解分析和库仑分析？它们的共同点是什么？不同点是什么？

3. 库仑分析的基本原理是什么？基本要求又是什么？

4. 恒电位库仑分析法与库仑滴定法在分析原理上有什么不同？

5. 电解 $Cu(NO_3)_2$ 溶液时，溶液中起始浓度为 $1.0 \ mol \cdot L^{-1}$，电解结束时，Cu^{2+} 的浓度降到 $1.0 \times 10^{-6} \ mol \cdot L^{-1}$。试计算电解过程中阴极电位的变化值。

6. 某电解池通过恒定电流 $0.300 \ A$，时间是 $26.8 \ min$，析出铜 $0.074 \ 4 \ g$。计算该阴极的电流效率。

7. 在 $1.0 \ mol \cdot L^{-1}$ 的 H_2SO_4 溶液中，电解 $1.0 \ mol \cdot L^{-1}$ 的 $ZnSO_4$ 和 $1.0 \ mol \cdot L^{-1}$ 的 $CdSO_4$ 的混合溶液，试问：（1）电解时 Zn 和 Cd 哪一个先析出？（2）能否用电解法使 Zn^{2+} 和 Cd^{2+} 完全分离？

8. 在电解过程中，如阴极析出电位为 $+0.218 \ V$，阳极析出电位为 $+1.513 \ V$，电解池的电阻为 $1.5 \ \Omega$，欲使 $50 \ mA$ 的电流通过电解池，应施加多大的外加电压？

9. 有下列五种电分析化学法：（　　　）。

A. 电位分析法　B. 伏安法　　C. 电导分析法

D. 电解分析法　E. 库仑分析法

（1）以测量沉积于电极表面的沉积物质量为基础的是_____

（2）以测量电解过程中被测物质在电极上发生电化学反应所消耗的电量为基础的是_____

（3）要求电流效率 100%的是_____

10. 以下有关电解的叙述正确的是（　　）。

A．借助外部电源的作用来实现化学反应向着非自发方向进行的过程

B．借助外部电源的作用来实现化学反应向着自发方向进行的过程

C．在电解时，加直流电压于电解池的两个电极上

D．在电解时，加交流电压于电解池的两个电极上

E．电解质溶液在电极上发生氧化还原反应

11. 以下哪个因素与超电位无关？（　　）。

A．电极面积　B．电流密度　C．温度　D．析出物形态　E．电解质组成

12. 由于氢在汞电极上的超电位特别大，所以使许多金属活动顺序在氢以前的金属离子可以在汞电极上析出，这是_____的理论依据。

13. 能使电流持续稳定地通过电解池，并使之开始电解的最低施加于电解池两极的电压，称为_____。

14. 用库仑滴定法测定某炼焦厂下游河水中酚的含量。取 100 mL 水样，酸化后加入过量的 KBr，电解产生的 Br_2 与酚发生如下反应：

$$C_6H_5OH + 3Br_2 = Br_3C_6H_2OH + 3HBr$$

通过恒定的电流为 15.0 mA，经 8 min 20 s 到达终点。计算水中酚的含量。

15. 将含有 Cd 和 Zn 的矿样 1.06 g 完全溶解后，在氨性溶液中用汞阴极沉积。当阴极电位维持在 −0.95 V（vs.SCE）时，只有 Cd 沉积，在该电位下电流趋近于零时，与电解池串联的氢氧库仑计收集到混合气体的体积为 44.61 mL（25℃，101 325 Pa）。在 −1.3 V 时，Zn^{2+} 还原，与上述条件相同。当 Zn 电解完全时，收集到的氢氧混合气体为 31.30 mL。求该矿中 Cd 和 Zn 的质量分数。

参考文献

[1] 石杰. 仪器分析. 郑州：郑州大学出版社，2003.

[2] 高向阳. 新编仪器分析. 北京：科学出版社，2004.

[3] 陈培榕，邓勃. 现代仪器分析实验与技术. 北京：清华大学出版社，2002.

[4] 高庆宇，冯莉. 仪器分析实验. 徐州：中国矿业大学出版社，2002.

[5] 张正奇. 分析化学. 北京：科学出版社，2006.

第十章　其他仪器分析法

【知识目标】

通过本章的学习，掌握 X 射线荧光光谱分析法、核磁共振波谱分析法、质谱分析法的基本原理及方法。了解相关仪器的组成结构、分析技术及应用现状。

第一节　X 射线荧光光谱分析法

一、概　述

1895 年德国物理学家伦琴（Rontgen WC）发现 X 射线，1896 年法国物理学家乔治（Georges）发现 X 射线荧光，20 世纪 40 年代末，弗利德曼（Friedman）和伯克斯（BirksL）应用盖克（Geiger）计数器研制出波长色散 X 射线荧光光谱仪。自此，X 射线荧光光谱分析（XRF）进入蓬勃发展的阶段。现已由单一的波长色散 X 射线荧光光谱仪发展成拥有波长色散、能量色散、全反射、同步辐射、质子 X 射线荧光光谱仪和 X 射线微荧光分析仪等的一个大家族。X 射线荧光光谱分析之所以获得如此迅速的发展，一方面得益于微电子和计算机技术的飞跃发展，另一方面是为了满足科学技术对分析的要求。当然，这还与该种分析技术具有如下的特点有关：

（1）分析元素范围广。一般现代波长色散 X 射线荧光光谱仪对元素周期表中从铍到铀的元素均能测定。

（2）测定元素的含量范围宽。可以从 10^{-6} 级到 100%，若经过预富集的特殊处理，甚至可以测到 10^{-8} 级的含量。全反射 X 射线荧光分析的检测下限可达 $10^{-10}\sim 10^{-15}\,g$（或 10^{+9} 个原子/cm²）。

（3）自动化程度高，分析速度快。对于单道顺序式自动 X 射线荧光光谱仪，测定一个样品某一个元素的含量，一般只需 10~40 s；对于多道同时型 X 射线荧光光谱仪，则一个样品只需要 20~100 s 就能同时测定多种（最多达 48 种）元素。

（4）分析试样可以是固体、粉末、液体或晶体、非晶体等不同物理状态的物质，甚至封闭在容器内的气体亦可测定。

（5）X 射线荧光光谱分析与试样中一般元素的化学状态无关。由于采用原子的内层电子跃迁产生的 *K*（或 *L*）系特征谱线作元素分析线，因此基本不受元素的化学状态的影响。而且与可见光谱分析相比，谱线简单，互相干扰少。对于轻元素，其不同的化学状态会引起谱峰位移，这种现象已被用于某些元素的化学价态分析的研究。

（6）分析精度高，重现性好。

（7）非破坏性分析。X 射线荧光的测量是一种物理过程，试样不产生化学变化。因此，不消耗和损坏试样，试样可重复使用。亦可作无损分析，如金银饰物的无损检验等。

（8）分析试样的制备比较简便。根据不同的分析对象和要求，试样可以是固体块、粉末、粉末压片、熔融玻璃片等，也可以是盛于特制容器的液体，或滴于滤纸片、塑料薄膜上，或将其沉淀过滤到滤纸上、交换或吸附到活性炭薄片上等。而且当试样超过某一定厚度之后，其分析线强度只与试样的含量有关，与试样的厚度（样品量）无关。因此，某些分析试样只需控制一个粗略数量即可，无须精确称量。甚至无须另外采样，直接就进行现场分析。

（9）X 射线荧光光谱分析一般采用相对比较法进行，即需要制备已知含量的标准样品绘制校准曲线，计算校准曲线的有关参数用于计算待分析样品的含量。也就是说须预先制备标准样品。但自进入 20 世纪 80 年代后期以来，许多现代化的新型 X 射线荧光光谱仪均带有基本参数法分析软件，在软件中对多种分析对象（如各种合金等）都已经过标准合金样品或纯金属样品的校准与校正，有关参数已包括在软件中，用户无须制备标准样品即可直接进行分析。称这种分析软件为无标样（或不用标样）分析法，这大大方便了用户，提高了分析速度。

（10）X 射线荧光分析是一种表面分析，其作用深度随元素分析线的波长（能量）而异。因此，分析试样必须是均匀的，否则分析结果就没有代表性。

因此，X 射线荧光光谱分析不仅已广泛应用于地质、冶金、矿山、电子机械、石油、化工、航空航天材料、农业、生态环境、建筑材料、商检等各个领域的物质材料的化学成分分析；而且在某些行业还实现了生产工艺过程各个阶段中间产品的现场监测与控制，并能及时给出工艺过程的有关信息，不仅实现了现场指导，而且可以随时调整生产过程的有关因素，从而保证了产品的质量并提高了产品产量。

二、X 射线荧光光谱分析的基本原理

试样受 X 射线照射后，其中各元素原子的内壳层（K、L 或 M 壳层）电子被激发逐出原子而引起电子跃迁，而在内层电子轨道上留下一个空穴，处于高能态的外层电子跳回低能态的空穴，将过剩的能量以 X 射线的形式放出，所产生的 X 射线即为代表各元素特征的 X 射线荧光谱线。如图 10-1 所示。其能量等于原子内壳层电子的能级差，即原子特定的电子层间跃迁能量。只要测出一系列 X 射线荧光谱线

的波长，即能确定元素的种类；而 X 射线荧光谱线的强度和该元素的含量有关，测得谱线强度，即可确定该元素的含量。由此建立了 X 射线荧光光谱（X-ray fluorescence spectrometuy，XFS）分析法。

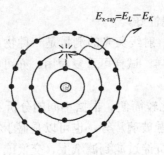

$$E_{x\text{-}ray}=E_L-E_K$$

图 10-1　X 射线荧光的产生

三、X 射线荧光的种类

入射的 X 射线光子具有相对大的能量，该能量可以打出元素原子内层中的电子。K 层空缺时，电子由 L 层落入 K 层，辐射出的特征 X 射线称为 K_α 线；从 M 层落入 K 层，辐射出的特征 X 射线称为 K_β 线。同理 L 系 X 射线也有 L_α、L_β 等特征 X 射线。X 射线荧光分析法多采用 K 系、L 系荧光，其他线系则较少采用。如图 10-2 所示。

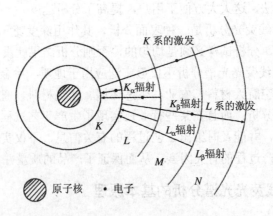

图 10-2　X 射线荧光的种类

四、X 射线荧光光谱仪

X 射线荧光光谱仪是通过测量试样的 X 射线荧光波长及强度来进行定性和定量

分析的仪器。X 射线荧光光谱法仪器主要分为波长色散型和能量色散型。两者都是用 X 射线照射样品，使其产生 X 射线荧光谱线。而原理上的主要差异在于：波长色散型光谱仪先对 X 射线荧光进行分光，使其成为光谱；而能量色散型光谱对 X 射线荧光不进行分光而是直接进行放大，让这些放大的信号进入多道脉冲能量分析器进行能量分析而成为光谱。这里主要介绍波长色散型荧光波谱仪。

波长色散型 X 射线荧光光谱仪的工作原理是根据 X 射线衍射的原理以分光晶体和狭缝组合起来作为 X 射线分光器对波长进行选择。荧光 X 射线的波长由分光晶体按波长长短进行分光，分成各自独立的光谱线，分光原理依据布拉格定律，即晶面间距 d、反射波长λ、衍射角 θ 和衍射级数 n 之间满足 $2\,d\sin\theta=n\lambda$。谱线的荧光强度由正比计数器或闪烁计数器进行测量。如图 10-3 所示。

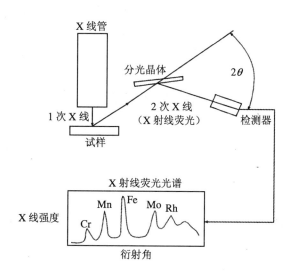

图 10-3　波长色散型 X 射线荧光分析装置原理图

现在波长色散型 X 射线荧光光谱仪虽然有不同类型的仪器，型号品种众多，但它们的基本结构和部件是类似的，都是由 X 射线发生系统、冷却系统、分光系统、检测系统、计数系统、真空系统、系统软件等几部分组成。

（1）X 射线发生系统——主要部件为 X 射线管，在高电压和电流的作用下，产生高强X 射线，用于激发样品。

（2）冷却系统——用于冷却产生大量热的 X 射线管。X 射线的发生效率为0.2%。X 射线管消耗的电能几乎全部转变成热量，因此，在 X 射线管工作时，必须确保有充分的冷却用的冷却水。

（3）分光系统——根据 X 射线荧光光谱产生的原理可知，产生的 X 射线并不是单色的，是一部分波长不相等的 X 射线的复合光。故需要分光。由于 X 射线的波长很短，三棱镜、光栅均不能对 X 射线单色处理。必须有一种空间质点距离与 X 射线波长 λ 相差不多的物质才能对其进行单色化。晶体的晶面距具有这种性质，所以，X 射线荧光光谱仪用晶体来进行分光。

（4）检测系统——X 射线荧光光谱仪中使用的探测器有用于重元素分析的闪烁计数器（SC），用于轻元素分析的流气式正比计数器（F-PC）以及限定测定对象元素使用的封闭式正比计数器（S-PC）等多种。

（5）计数系统——统计、测量由检测器检测出的信号，同时也可以除去过强的信号和干扰线。

（6）真空系统——因为 X 射线荧光易被空气吸收，所以，在分析时，应将样品室及分析晶体室抽成真空。

（7）系统软件——现代 X 射线荧光光谱仪不仅有可靠的硬件技术，而且有很强的软件功能，两者相融合，使得光谱仪性能日趋完美。系统软件主要功能有：从样品制备到输出分析结果的每一个步骤，都由系统软件提示操作人员完成或由机器人完成；光谱仪状态的动态显示、在线式帮助系统；光谱仪的远程遥控和故障诊断等，均直接由软件控制或帮助完成。现在的系统软件不仅先进、可靠，还操作简便。总之，光谱仪状态控制以及数据处理系统"智能化"水平已经有了长足的发展。

五、X 射线荧光光谱分析方法及其应用

（一）定性分析

1. 定性分析的原理

试样发出的 X 荧光射线波长与元素的原子序数存在一定关系，即元素的原子序数增加，荧光 X 射线的波长变短，关系式为

$$(1/\lambda)^{1/2} = K(Z-S) \tag{10-1}$$

式中：K、S——随不同谱线系列而定的常数；

Z——原子序数。

这个定律是莫斯莱（Moseley）发现的，故称为莫斯莱定律。

由此可见，波长与元素原子序数的平方成反比。因此，测出 X 射线波长就可求得原子序数，从而可确定元素的种类。从试样发出的荧光 X 射线具有所含元素的固有波长，该波长可用布拉格公式表示，即 $2d\sin\theta = n\lambda$。

X 射线荧光分析是已知分光晶体的晶面间距 d，测定分光晶体对样品发射出的 X 射线荧光的衍射角 θ，然后求出 X 射线荧光的波长 λ。由此确定元素的种类，进行元素分析。通常被检测荧光 X 射线的位置不用波长表示，而是用 2θ 角表示。

通常测量的是强度最高的谱线，检测器位于 2θ 处，正好对准入射角为 θ 的光线。扫描时分光晶体与检测器同步转动，得到 X 射线荧光谱图。其纵坐标表示 X

射线的强度，横坐标表示波长或布拉格角（2θ），如图10-4所示。

现代波长色散荧光 X 射线分析法通常是根据测试的 X 射线荧光谱图，用电脑将储存标样的 2θ值和未知样的 2θ值比较，对元素进行定性。直接将元素的定性结果标示在谱图的对应谱线上（图10-4）。

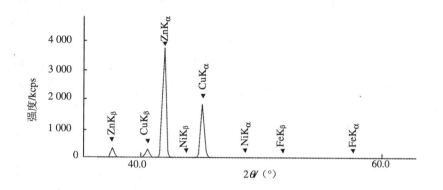

图 10-4　X 射线荧光光谱示例

2. 测定条件的设定

一般仪器本身所给定的软件中的定性分析测定条件就够用。从中选定合适的即可。

（二）定量分析

1. 分析方法

当入射的 X 射线的波长、强度、入射角、检测角、照射面积等实验参数全部固定后，试样的 X 射线荧光的强度就与被测元素的含量成正比。这便是定量分析的基础。因此，标准曲线法或工作曲线法是这一基础的必然产物。

和分光光度法一样，先配制一套已知浓度的标准样品，这些样品的主要成分应与被测试样相同或相近。在合适的实验条件下测定分析线的强度，并建立标准曲线。在同样实验条件下测定未知样分析线的强度，然后从标准曲线上求得未知样的含量。

标准样及被测样的分析线强度不仅取决于被测元素的含量大小，而且还与试样的总组成有关。当组成变化范围较大时，联合质量衰减系数或者说吸收-增强效应的不确定就会影响分析线强度与浓度间的线性关系。所谓联合质量衰减系数是指样品中各元素的质量衰减系数与该元素质量的乘积之和，实质是基体吸收增加。这种现象称为基体效应。在实验中，配制的标准样的基体如与被测样的基体完全一样便可克服这种线性偏离，但这是根本不可能的事。若在分析过程中产生了这种"基体效应"，则必须想方设法消除、减少或校正这种基体效应，以获得比较准确的分析结果。于是便产生了一些依赖于线性关系这一定量分析基础的分析方法。

（1）比较标准法。这主要应用在常规的、样品固定的、经常要进行分析的工业分析中。样品组成的基本情况是清楚的，样品中的需测组分的含量也有一个比较窄的范围。因此，不必配制一系列的标准样。只要配制一个标准样，让其与未知样的组成很接近，就可利用简单的比例关系，求得未知样的含量。此法又称一点法。

$$I_x/I_s = c_x/c_s \tag{10-2}$$

下脚标 x 和 s 分别表示未知样和标准样。

（2）薄膜法。将试样托附在基体片上形成薄膜。由于试样很薄，其中的元素间的相互作用很小以至忽略不计，此时 X 射线荧光不被强烈吸收，基体效应被减至最小，因此线性关系便可成立。基体片可以是滤纸、塑料膜、纤维织物等。薄膜法的绝对灵敏度最高可达 0.01～1 μg。

（3）稀释法。将标准样与未知样用"溶剂"进行稀释，溶剂之所以打上引号，是因为它不一定是液体，它可以是固体也可以是气体。通过充分的稀释，溶质对基体的影响即可忽略不计。稀释后，待测元素就以小量组分形式存在于试样中，强度与浓度呈线性关系，基体效应被减至最小限度。实验中，可将试样溶于无机溶剂或有机溶剂中，也可用熔剂熔融试样，熔剂为常用的硼酸盐、碳酸盐或焦硫酸盐。

另一种稀释试样的方法是针对 X 射线分析所特有的。将能够强烈吸收 X 射线的物质如 La_2O，加入到熔剂中，La_2O 的强烈吸收远远地大于基体效应，因此基体效应被淹没，可以忽略不计。在测定铁矿石中 Cu 的含量时，可用 La_2O 和熔剂使矿石熔融。由于铁对 CuK_α 线有强烈吸收，所以线性关系偏离。加入 La_2O 后，铁的吸收作用已可忽略不计，而标样和试样中 La_2O 加入量是一致的，如此由 La_2O 所引起的基体效应在标样和试样间可相互抵消；剩余的辐射强度应和 Cu 的含量呈线性关系。

（4）内标法。内标法对 X 射线荧光法要加入的已知浓度的内标物是有特殊要求的。此方法要求内标物必须满足下列两个条件。

① 内标物中的元素与被测元素的激发辐射相似，即波长相近。所以内标物元素的原子序数应与被测元素相近。特殊情况下，也可用原子序数高得多的元素，但使用的是更外层的 X 射线。如要测 BrK_α（11.9 keV）用内标物 Au，其 I_β=11.4 keV。

② 基体对二者产生的 X 射线荧光吸收程度相似。不管怎么说，基体对不同的 X 射线荧光吸收是不一致的。波长越长，被吸收越多。但两者波长相距较小，这种差异可忽略不计。当然原始试样中一定不能含有明显数量级的内标元素。

实验中将内标物加入后，先在被测元素的激发线（如 Br 的 K_α）测 Br 辐射强度，为 I_x。再在内标物激发线（如 Au 的 I_β）测 Au 的强度，为 I_s。因为内标物浓度已知为 c_s，所以

$$c_x/c_s = I_x/I_s \tag{10-3}$$

$$c_x = kc_s I_x/I_s \tag{10-4}$$

特别是在长波长区，所以样品的表面层的组成必须能够代表整个试样。基于上述原因，试样的表面处理就显得极为重要。对于块状样品一般是先研磨，再抛光，使表面平整光洁。但绝不允许用酸碱对试样表面进行处理，否则可能使表面的某些元素损失。对于粉、粒状试样，可添加少量的黏结剂并施加高压使粉末形成块状，用这种方法处理样品时，则要求样品颗粒的大小及分布是均匀的。另一个方法是添加适当的熔剂如硼酸钠等使其熔融而铸成玻璃状圆片。一般来讲，采取后一个方法比较好。因为熔融后的试样是均匀的，从而可消除粒度不均匀的影响。并且熔剂也可起到稀释试样的作用，从而减小了原试样中元素间的作用。

（2）溶液试样的制备。溶液试样可装在塑料或金属容器中，但其窗口材料必须对 X 射线不吸收。一般采用厚度为 0.006～0.02 mm 的聚酯类薄膜，而不要用玻璃或其他对 X 射线有吸收的材料。

（3）气态试样的制备。测试气态试样必须用气体池。它的窗口材料应允许 X 射线透过而且能承受较大的压差。为了保持在 X 射线的射程中有一定量的被测元素的原子，对气态试样必须施加一定的压力而进行增浓，因此气体池材料要能承受一定的压力。

（4）痕量试样的制备。痕量试样有两种类型：一种是试样量较大但被测组分非常少，即浓度非常低，例如低品位的矿样便是这种情况。另一种是试样量很少，但在试样中被测组分含量不一定低。

对于第一类试样，所谓检测极限是浓度检测极限，一般为 0.1～100 μg/g。第二类试样，检测极限是绝对检测极限，一般为 0.01～1 μg。对于痕量分析，往往要求首先对试样进行浓缩。浓缩后要达到二个目的：一是基体效应可忽略不计，二是可获得最低检测限的样品。

淡水样中的某些组分便是第一类样品。可将水样通过载有离子交换树脂的滤纸或在水样中加入螯合剂使待分析成分共沉淀后再通过上述滤纸达到富集目的。但对于海水试样，由于 Na、K、Ca 等浓度比痕量成分的浓度大 10^9 倍，因此，预先将痕量组分分离出来是必需的。若富集过程是不完全、不定量的，可将被测元素的放射性示踪剂加入到原始样中，用来监测富集过程的效率。

空气中的悬浮粒子试样则是第二类样品。对于这类样品可将确定体积的气体通过滤纸而收集悬浮粒子试样。

六、X 射线衍射法

自 1896 年 X 射线被发现以来，可利用 X 射线分辨的物质系统越来越复杂。从简单物质系统到复杂的生物大分子，X 射线已经为我们提供了很多关于物质静态结构的信息。此外，在各种测量方法中，X 射线衍射方法具有不损伤样品、无污染、快捷、测量精度高、能得到有关晶体完整性的大量信息等优点。由于晶体存在的普式中，k 为换算系数。对于一系列标准样可建立 I_x/I_s 对标样中被测元素浓度的工作曲线或求取 k，以求得未知样的浓度 c_x。本方法不适合于含量大于 25% 的样品。

（5）标准加入法。标准加入法从本质上讲是将样品中被测元素作为内标物，做出标准曲线，只不过对式（10-4）而言，要求的是 c_s，而不是 c_x。因为加入的量 c_x 是已知的。其次只需测定被测元素的激发线强度，而无须选择另一条激发线。应该说，它比内标法更准确，因为此时基体吸收作为系统误差已全部抵消。标准加入法一般只适用于微量或痕量元素的测定。

（6）数学校正法。由于计算机的快速发展，复杂的计算已不是什么难题，因此近年来用数学方式校正基体吸收及其他因素影响的研究越来越多。重要的方法有经验参数校正法、基本参数法、多元回归法和有效波长法等。这些方法的基本思路是：通过制备系列标准试样（当然包括基体的组成与浓度因素在内），将测试数据与分析线强度、分析元素浓度及其他干扰（包括基体干扰等）之间的关系建立一个数学模型。将被测试样的已知数据代入数学模型，通过计算机快速的计算功能，得出数学解，便可得到被测元素的浓度 c_x。

这种方法对于单个样品而言，显然是得不偿失，费时太多。但一旦建立了数学模型，就可解决大量的问题。

2. 测定条件的确定

谱线选择在考虑相对强度和干扰线之后再确定。

（1）X 射线光谱的相对强度。一般 K 系谱线选 K_α 线，L 系选 L_α 线和 L_β 线。选择 K 系线还是 L 系线，应在考虑激发效率和背景后确定。不过通常原子序数在 60（钕）以下的元素都选择 K_α 线，原子序数在 48（镉）以上的元素都使用 L 系线。镉和钕之间的元素用 K 系或 L 系谱线则视具体试样和元素而定。

微量分析中背景影响大的样品（如滤纸）用 L 系谱线作分析线。

（2）干扰线。高次线有干扰时，选择适当的脉冲高度分析器（PHA）条件、一次线的干扰选择狭缝、晶体和提高分辨率以减轻干扰。另外还可把测定谱线换成没有干扰的谱线。

例如，分析钢铁样品中的铁时使用 FeK_β 代替 FeK_α。另外，稀土元素的 K 系谱线激发电位高，背景强度高，所以都用 L 系线作测定线。

（3）分析深度。当试样的厚薄影响分析时，选择常波谱线如用 L 而不用 K_α 可以消除这种影响。

3. 试样的制备

X 射线荧光分析适用于各种类型的元素测定。试样包括固态的矿物、无机物、灰分、薄膜、陶瓷等，也可以是溶液，甚至包括气态样品。

（1）固态试样的制备。对固态试样进行分析时，无论标准物还是未知物样品，其基体都必须相同，而且其制备过程也要相同。由于 X 射线荧光的穿透深度不大遍性和晶体的特殊性能及其在计算机、航空航天、能源、生物工程等工业领域的广泛应用，人们对晶体的研究日益深入，使得 X 射线衍射分析成为研究晶体最方便、最重要的手段。随着 X 射线衍射技术越来越先进，X 射线衍射法的用途也越来越广泛，除了在无机晶体材料中的应用，在有机材料、钢铁冶金以及纳米材料的研究领域中也已经发挥出巨大作用，并且还应用于瞬间动态过程的测量。计算机的普遍使用让各种测量仪器的功能变得强大，测试过程变得简单快捷，双晶衍射、多重衍射也越来越完善。

（一）X 射线衍射法的原理

X 射线衍射分析（X-ray Diffraction Analysis）是基于相干散射波的干涉作用。当两个波长相等、位相差固定并且振动于同一平面内的相干散射波沿着同一方向传播时，在不同的位相差条件下，这两种散射波长或者相互加强，或者相互减弱。这种由于大量原子散射波的相互干涉、叠加而产生的 X 射线称为 X 射线衍射。当 X 射线以某入射角度射向晶面时，将在每一个点阵（原子）处发生一系列球面散射波，即相干散射，从而发生散射的干涉。设有三个平行晶面（图 10-5），中间晶体的入射 X 射线与衍射 X 射线的光程与上面的晶面相比，其光程差为 $AB+BE$，由于

$$AE=BE=d\sin\theta \qquad (10\text{-}5)$$

式中，d 为晶面间的距离。所以光程差为

$$AE+BE=2d\sin\theta \qquad (10\text{-}6)$$

只有当光程差为波长整数时才能相互加强，则得布拉格（Bragg）衍射方程，即

$$n\lambda=2d\sin\theta \qquad (10\text{-}7)$$

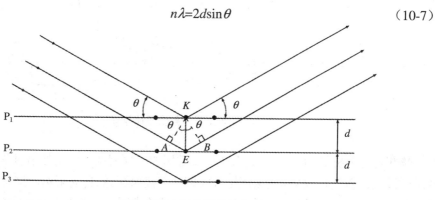

图 10-5　布拉格反射示意图

式中，n 为 0，1，2，3，…整数，即衍射级数。根据布拉格衍射方程，在实际工作中，有已知 d 的晶体，只要测量 θ 角，就可以计算出特征 X 射线波长 λ，进行元素定性分析，即 X 射线荧光分析；若用一定波长的 X 射线照射晶体试样，通过测

定θ角，即可计算出晶面间的距离 d，从而进行 X 射线晶体结构分析。即 X 射线衍射物相分析。

（二）X 射线衍射仪简介

近年来，自动化衍射仪的使用已日趋普遍。传统的衍射仪由 X 射线发生器、测角仪、记录仪等几部分组成。自动化衍射仪是近年才面世的新产品，它采用微计算机进行程序的自动控制。入射 X 射线经狭缝照射到多晶试样上，衍射线的单色化可借助于滤波片或单色器。如图 10-6 所示，X 射线衍射仪所附带的石墨弯晶单色器，其反射效率在 28.5% 以上。衍射线被探测器（目前使用正比计数器）所接受，电脉冲经放大后进入脉冲高度分析器。操作者在必要时可利用该设备自动画出脉冲高度分布曲线，以便正确选择基线电压与上限电压。信号脉冲可送至速率仪，并在记录仪上画出衍射图。脉冲亦可送入计数器（以往称为定标器），经微处理机进行寻峰、计算峰积分强度或宽度、扣除背底等处理，并在屏幕上显示或通过打印机将所需的图形或数字输出。X 射线衍射仪目前已具有采集衍射资料，处理图形数据，查找管理文件以及自动进行物相定性分析等功能。

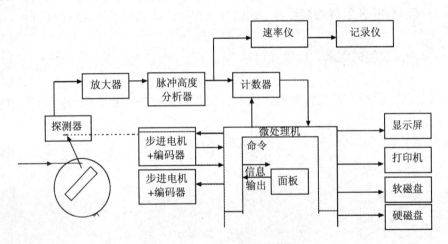

图 10-6 X 射线衍射仪工作原理

物相定性分析是 X 射线衍射分析中最常用的一项测试。X 射线衍射仪可自动完成这一过程。首先，仪器按所给定的条件进行衍射数据的自动采集，接着进行寻峰处理并自动启动检索程序。此后系统将进行自动检索匹配，并将检索结果打印输出。

（三）X 射线衍射的物相分析

物相分析包括定性分析和定量分析两部分。

1. 定性分析

定性分析的任务是鉴别出待测样品是由哪些"物相"所组成。X 射线之所以能用于物相分析是因为由各衍射峰的角度位置所确定的晶面间距 d 以及它们的相对强度 I/I_1 是物质的固有特性。每种物质都有特定的晶格类型和晶胞尺寸，而这些又都与衍射角和衍射强度有着对应关系，所以可以像根据指纹来鉴别人一样用衍射图像来鉴别晶体物质，即将未知物相的衍射图像与已知物相的衍射图像相比较。这一功能已由计算机来完成。

2. 定量分析

定量分析的依据是：各相衍射线的强度随该相含量的增加而增加，即物相的相对含量越高，X 衍射线的相对强度也越高。

定量分析有以下几种方法：

（1）单线条法。把多相混合物中待测相的某根衍射线强度与该相纯试样的同指数衍射线强度相比较。

（2）内标法。把试样中待测相的某根衍射线强度与掺入试样中含量已知的标准物质的某根衍射线强度相比较。

（3）直接比较法。以试样自身中某相作为标准进行强度比较。

（四）X 射线衍射的其他分析

X 射线衍射不仅可以进行物相分析，还常用来作点阵常数（晶胞参数）测定、晶体对称性（空间群）的测定、等效点系的测定、晶体定向、非晶体结构分析，晶粒度测定，宏观应力分析等。

第二节　核磁共振波谱分析法

早在 1924 年 Pauli 就预言了核磁共振的基本原理，由此可见某些原子核具有自旋和磁矩的性质，它们在磁场中可以发生能级的分裂。这个预言直到 1946 年才由哈佛大学的 Purcell 及斯坦福大学的 Bloch 所领导的两个实验室分别得到证实，他们在各自实验室中观察到核磁共振现象，因此他们分享了 1952 年的诺贝尔物理奖。1949 年，Kight 第一次发现了化学环境对核磁共振信号的影响，并发现信号与化合物结构有一定的关系。而 1951 年 Arnold 等人也发现了乙醇分子由三组峰组成，共振吸收频率随不同基团而异。这些现象就是后来称谓的化学位移，揭开了核磁共振与化学结构的关系。1953 年出现了世界上第一台商品化的核磁共振波谱仪。1956 年，曾在 Block 实验室工作的 Varian 制造出第一台高分辨率的仪器，从此，核磁共振波谱法成了化学家研究化合物的有力工具，并逐步扩大到应用领域。20 世纪 70

年代以来，由于科学技术的发展，科学仪器的精密化、自动化，核磁共振波谱法得到迅速发展，在许多领域中已得到广泛应用，特别是对生物化学领域的研究发挥着巨大的作用。20 世纪 80 年代以来，又不断出现高精密、高灵敏仪器，如高强磁场的超导核磁共振波谱仪、脉冲傅立叶变换核磁共振波谱仪，核磁共振成像波谱仪在医学上也已得到广泛的应用。

核磁共振波谱法是结构分析最强有力的手段之一，因为它是把有机化合物最常见的组成元素氢（氢谱）或碳（碳谱）等作为"生色团"来使用的，因此它可以确定几乎所有常见官能团的环境，有的是其他光谱或分析法所不能判断的环境。NMR 法谱图的直观性强，特别是碳谱能直接反映出分子的骨架，谱图解释较为容易。

核磁共振波谱法有多种原子核的共振波谱（除了常用的氢谱外，还有碳谱、氟谱、磷谱等），因此，扩大了应用范围，各种谱之间还可以互相印证。另外核磁共振波谱法还可以进行定量测定，因而也可以用于阻碍化学反应的进程，研究反应机理，还可以求得某些化学过程的动力学和热力学的参数。

核磁共振波谱法的缺点是：因有的灵敏度比较低，但现代高级、精密的仪器可以使灵敏度极大地提高；实际上不能用于固体的测定，仪器比较昂贵，工作环境要求比较苛刻，因而影响了基础应用的普及性。

在有机化合物中，经常研究的是 ^1H 核和 ^{13}C 核的共振吸收谱。本节将主要介绍 ^1H 核磁共振谱。

一、核磁共振基本原理

具有核磁性质的原子核（或称磁性核或自旋核），在高强磁场的作用下，吸收射频辐射，引起核自旋能级的跃迁所产生的波谱，叫核磁共振波谱。利用核磁共振波谱进行分析的方法，叫做核磁共振波谱法。从中可以看出，产生核磁共振波谱的必要条件有三条：

（1）原子核必须具有核磁性质，即必须是磁性核（或称自旋核），有些原子核不具有核磁性质，它就不能产生核磁共振波谱。这说明核磁共振的限制性。

（2）需要有外加磁场，磁性核只有在外加磁场作用下发生核自旋能级的分裂，产生不同能量的核自旋能级，才能吸收能量发生能级的跃迁。

（3）只有那些能量与核自旋能级能量差相同的电磁辐射才能被共振吸收，即 $h\nu = \Delta En$，这就是核磁共振波谱的选择性。由于核磁能级的能量差很小，所以共振吸收的电磁辐射波长较长，处于射频辐射光区。

本课程主要学习氢谱，故以氢核为例来讨论。

^1H 在外加磁场中只有 $m = +\dfrac{1}{2}$ 及 $m = -\dfrac{1}{2}$ 两种取向，这两种状态的能量分别为：

当 $m = +\dfrac{1}{2}$ $\qquad E_{+1/2} = -\dfrac{m\mu}{I}\beta B_0 = -\dfrac{\dfrac{1}{2}(\mu\beta B_0)}{\dfrac{1}{2}} = -\mu\beta B_0$

当 $m = -\dfrac{1}{2}$ $\qquad E_{-1/2} = -\dfrac{m\mu}{I}\beta B_0 = -\dfrac{\left(-\dfrac{1}{2}\right)(\mu\beta B_0)}{\dfrac{1}{2}} = +\mu\beta B_0$

对于低能态（ $m = +\dfrac{1}{2}$ ），核磁矩方向与外磁场同向；对于高能态（ $m = -\dfrac{1}{2}$ ），核磁矩与外磁场方向相反，其高低能态的能量差应由式（10-8）确定：

$$\Delta E = E_{-1/2} - E_{+1/2} = 2\mu\beta B_0 \qquad (10\text{-}8)$$

一般来说，自旋量子数为 I 的核，其相邻两能级之差为

$$\Delta E = \mu\beta\dfrac{B_0}{I} \qquad (10\text{-}9)$$

如果以射频照射处于外磁场 B_0 中的核，且射频频率 ν 恰好满足下列关系时：

$$h\nu = \Delta E \qquad 或 \qquad \nu = \mu\beta\dfrac{B_0}{Ih} \qquad (10\text{-}10)$$

处于低能态的核将吸收射频能量而跃迁至高能态。这种现象称为核磁共振现象。

二、核磁共振波谱仪

按工作方式，可将高分辨率核磁共振仪分为两种类型：连续波核磁共振谱仪和脉冲傅立叶核磁共振谱仪。

（一）连续波核磁共振谱仪

图 10-7 是连续波核磁共振谱仪的示意图。它主要由下列主要部件组成：磁铁；探头；射频源和音频调制；频率和磁场扫描单元；信号累加、接收和显示单元。后三个部件装在波谱仪内。

1. 磁铁

磁铁是核磁共振谱仪最基本的组成部件。它要求磁铁能提供强而稳定、均匀的磁场。核磁共振谱仪使用的磁铁有三种：永久磁铁、电磁铁和超导磁铁。由永久磁铁和电磁铁获得的磁场一般不能超过 2.5 T。而超导磁体可使磁场高达 10 T 以上，并且磁场稳定、均匀。目前超导核磁共振谱仪一般在 200～400 MHz，最高可达 600 MHz。但超导核磁共振谱仪价格高昂，目前使用还不十分普遍。

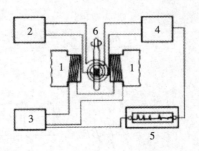

1—磁铁；2—射频调制；3—扫描单元；4—射频接收器；5—显示器；6—样品管

图 10-7　连续波核磁共振谱仪的示意图

2．探头

探头装在磁极间隙内，用来检测核磁共振信号，是仪器的心脏部分。探头除包括试样管外，还有发射线圈、接收线圈以及预放大器等元件。待测试样放在试样管内，再置于绕有接收线圈和发射线圈的套管内。磁场和频率源通过探头作用于试样。

为了使磁场的不均匀性产生的影响平均化，试样探头还装有一个气动涡轮机，以使试样管能沿其纵轴以每分钟几百转的速度旋转。

3．波谱仪

（1）射频源和音频调制：高分辨波谱仪要求有稳定的射频频率和功能。为此，仪器通常采用恒温下的石英晶体振荡器得到基频，再经过倍频、调频和功能放大得到所需要的射频信号源。

为了提高基线的稳定性和磁场锁定能力，必须用音频调制磁场。为此，从石英晶体振荡器中得到音频调制信号，经功率放大后输入到探头调制线圈。

（2）频率和磁场扫描单元：核磁共振仪的扫描方式有两种：一种是保持频率恒定，线性地改变磁场，称为扫场；另一种是保持磁场恒定，线性地改变频率，称为扫频。许多仪器同时具有这两种扫描方式。扫描速度的大小会影响信号峰的显示。速度太慢，不仅增加了实验时间，而且信号容易饱和；相反，扫描速度太快，会造成峰形变宽，分辨率降低。

（3）接收和显示单元：从探头预放大器得到的载有核磁共振信号的射频输出，经一系列检波、放大后，显示在示波器和记录仪上，得到核磁共振谱。

（4）信号累加：若将试样重复扫描数次，并使各点信号在计算机中进行累加，则可提高连续波核磁共振谱仪的灵敏度。当扫描次数为 N 时，则信号强度正比于 N，而噪声强度正比于 $\sqrt{N}$，因此，信噪比扩大了 $\sqrt{N}$ 倍。考虑仪器难以在过长的扫描时间内稳定，一般 N 的取值以 100 左右为宜。

（二）脉冲傅立叶核磁共振谱仪（PFT-NMR）

连续波核磁共振谱仪采用的是单频发射和接收方式，在某一时刻内，只能记录谱图中很窄的一部分信号，即单位时间内获得的信息很少。在这种情况下，对那些核磁共振信号很弱的核，如 ^{13}C、^{15}N 等，即使采用累加技术，也得不到良好的效果。为了提高单位时间的信息量，可采用多道发射机同时发射多种频率，使处于不同化学环境的核同时共振，再采用多道接收装置同时得到所有的共振信息。例如，在 100 MHz 共振仪中，质子共振信号化学位移范围为 10 时，相当于 1 000 Hz；若扫描速度为 2 Hz·s^{-1}，则连续波核磁共振谱仪需 500 s 才能扫完全谱。而在具有 1 000 个频率间隔 1Hz 的发射机和接收机同时工作时，只要 1 s 即可扫完全谱。显然，后者可大大提高分析速度和灵敏度。傅立叶变换 NMR 谱仪是以适当宽度的射频脉冲作为"多道发射机"，使所选的核同时激发，得到核的多条谱线混合的自由感应衰减信号的叠加信息，即时间域函数，然后以快速傅立叶变换作为"多道接收机"变换出各条谱线在频率中的位置及其强度。这就是脉冲傅立叶核磁共振谱仪的基本原理。

傅立叶变换核磁共振仪测定速度快，除可进行核的动态过程、瞬变过程、反应动力学等方面的研究外，还易于实现累加技术。因此，从共振信号强的 ^{1}H、^{19}F 到共振信号弱的 ^{13}C、^{15}N 核，均能测定。

三、核磁共振分析技术

（一）试样的制备

（1）试样管。根据仪器和实验的要求，可选择不同外径（Φ=5，8，10 mm）的试样管。微量操作还可使用微量试样管。为保持旋转均匀及良好的分辨率，管壁应均匀而平直。

（2）溶液的配制。试样质量浓度一般为 500～100 g·L^{-1}，需纯样 15～30 mg。对傅里叶核磁共振谱仪，试样量可大大减少，^{1}H 谱一般只需 1 mg 左右，甚至可少至几微克；^{13}C 谱需要几个到几十毫克试样。

（3）标准试样。进行实验时，每张图谱都必须有一个参考峰，以此峰为标准，求得试样信号的相对化学位移，一般简称化学位移。于试样溶液中加入约 10 g·L^{-1} 的标准试样。它的所有氢核都相等，得到相当强度的参考信号只有一个峰，与绝大多数有机化合物相比，TMS 的共振峰出现在高磁场区。此外，它的沸点较低（26.5℃），容易回收。在文献上，化学位移数据大多以它作为标准试样，其化学位移δ=0。值得注意的是，在高温操作时，需用六甲基二硅醚（HMDS）为标准试样，它的δ=0.04。在水溶液中，一般采用 3-甲基硅丙烷磺酸钠 $(CH_3)_3SiCH_2CH_2CH_2SO_3^-Na^+$(DSS)作标准试样，它的三个等价甲基单峰的$\delta$=0.0，其余三个亚甲基淹没在噪声背景中。

(4) 溶剂。^1H 谱的理想溶剂是四氯化碳和二硫化碳。此外，还常用氯仿、丙酮、二甲亚砜、苯等含氢溶剂。为避免溶剂质子信号的干扰，可采用它们的氘代衍生物。值得注意的是，在氘代溶剂中常常因残留 ^1H，在 NMR 谱图上出现相应的共振峰。

(二) 核磁共振的信息

1. 化学位移

由核磁共振的基本原理可知，质子的共振频率，由外部磁场强度和核的磁矩决定。其实，任何原子核都被电子所包围，按照楞次定律，在外磁场作用下，核外电子会产生环电流，并感应产生一个与外磁场方向相反的次级磁场，这种对抗外磁场的作用称为电子的屏蔽效应。由于电子的屏蔽效应，某一个质子实际上受到的磁场强度，并不完全与外磁场强度相同。此外，分子中处于不同化学环境中的质子，核外电子云的分布情况也各异，因此，不同化学环境中的质子，受到不同程度的屏蔽作用。在这种情况下，质子实际上受到的磁场强度 B，等于外加磁场 B_0 减去其外围电子产生的次级磁场 B'，其关系可用式（10-11）表示：

$$B = B_0 - B' \tag{10-11}$$

由于次级磁场的大小正比于所加的外磁场强度，即 $B_0 \propto B'$ 故式（10-11）可写成：

$$B = B_0 - \sigma B_0 = B_0(1-\sigma) \tag{10-12}$$

式中，σ 为屏蔽常数。它与原子核外的电子云密度及所处的化学环境有关。电子云密度越大，屏蔽程度越大。σ 值也大。反之，则越小。

当氢核发生核磁共振时，应满足如下关系：

$$\nu_{共振} = \mu\beta\frac{2B}{h} = \mu\beta\frac{2B_0(1-\sigma)}{h}$$

或

$$B_0 = \frac{\nu_{共振}h}{2\mu\beta(1-\sigma)} \tag{10-13}$$

因此，屏蔽常数 σ 不同的质子，其共振峰将分别出现在核磁共振谱的不同照射频率或不同磁场强度区域。若固定照射频率，σ 大的质子将出现在高磁场处，而 σ 小的质子将出现在低磁场处，据此我们可以进行氢核结构类型的鉴定。

在有机化合物中，化学环境不同的氢核化学位移的变化，只有 10^{-5} 左右。所以测定化学位移的绝对值是很困难的，但是，测定位移的相对值比较容易。因此，一般都以适当的化合物（如四甲基硅烷，TMS）为标准试样，测定相对的频率变化值来表示化学位移。

为了使在不同核磁共振仪上测定的数据统一，通常用试样和标样共振频率之差与所用仪器频率的比值 δ 来表示化学位移。由于此数值很小，故通常乘以 10^6。这样，

δ就为一相对值：

$$\delta = (\nu_{试样} - \nu_{TMS}) \times 10^6/\nu_0 = \Delta\nu \times 10^6/\nu_0 \qquad (10\text{-}14)$$

式中：δ和$\nu_{试样}$——分别为试样中质子的化学位移及共振频率；

ν_{TMS}——TMS 的共振频率（一般 $\nu_{TMS} = 0$）；

$\Delta\nu$——试样与 TMS 的共振频率差；

ν_0——操作仪器选用的频率。

图 10-8 列出了一些常见基团的 ^1H 化学位移的范围，可以作为鉴定化合物结构时的参考。

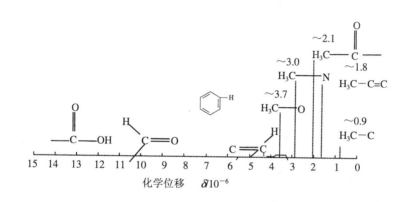

图 10-8　常见基团的化学位移范围

2．自旋耦合与自旋分裂

质子自旋产生的局部磁场，可通过成键的价电子传递给相邻碳原子上的氢，即氢核与氢核之间相互影响，使各氢核受到的磁场强度发生变化；或者说，在外磁场中，由于质子有两种自旋不同的取向，因此，与外磁场方向相同的取向将加强磁场的作用，反之，则减弱磁场的作用。即谱线发生了"分裂"。这种相邻的质子之间相互干扰的现象称之为自旋-自旋耦合。该种耦合使原有的谱线发生分裂的现象称之为自旋-自旋分裂。

由于耦合作用是通过成键电子传递的，因此，耦合作用的大小与两个（组）氢核之间的键数有关。随着键数的增加，耦合作用逐渐变小。一般说来，间隔 3 个单键以上时，耦合作用可以忽略不计。由此可判断出相邻基团。进而得出基团间的连接关系。

3．质子与质子之间的关系

（1）化学等价质子。同一分子中化学位移相同的质子。化学等价质子具有相同的化学环境。

（2）磁等价质子。如果有一组化学等价质子，当它与组外的任一磁核耦合时，其耦合作用相等，则该组质子称为磁等价质子。

应该指出磁等价质子，它们之间虽有自旋干扰，但并不产生峰的分裂；只有磁不等价的核之间发生耦合时，才会产生峰的分裂。

（3）耦合裂分规律。对于邻碳磁等价核之间的耦合，其耦合裂分规律如下：

① 一个（组）磁等价质子与相邻碳上的 n 个磁等价质子耦合，将产生（$n+1$）重峰。如 CH_3CH_2OH（2+1；3+1；1）。

② 一个（组）磁等价质子与相邻碳上的两组质子（分别为 m 个和 n 个质子）耦合，如果该两组碳上的质子性质类似，则将产生（$m+n+1$）重峰，如 $CH_3CH_2CH_3$；如果性质不类似，则将产生（$m+1$）、（$n+1$）重峰，如 $CH_3CH_2CH_2NO_2$。

注意：$n+1$ 规律是一种近似的规律，实际分裂的峰强度比并不完全按上述规律分配，而是有一定的偏差。通常形成的两组峰都是内侧峰高、外侧峰低。

4．核磁共振谱图

核磁共振谱图中横坐标是化学位移，用 δ 或 τ 表示。图谱的左边为低磁场，右边为高磁场。$\delta=0$ 的吸收峰是标准试样 TMS 的吸收峰。1_{HNMR} 谱中每组峰的强度可用该峰的积分面积来表示，面积大小与该峰的 H 核数成正比，各峰的面积比等于各峰的 H 数比。通过对各峰的面积测量可确定各峰的 H 数。

从质子共振谱图上，可以得到如下信息：

（1）吸收峰的组数，说明分子中化学环境不同的质子的组数。

（2）质子吸收峰出现的频率，即化学位移，说明分子中的基团情况。

（3）根据峰的分裂个数，说明基团间的连接关系。

（4）各峰的面积比等于各峰的 H 数比。

5．解析化合物结构的一般步骤

（1）获取试样的各种信息和基本数据。

（2）对所有的核磁谱图进行观察。

（3）根据被测化学式计算该化合物的不饱和度。

（4）根据积分面积计算各峰所代表的氢核数。

（5）根据化学位移，先解析比较特征的强峰和单峰。

（6）根据峰的分裂个数和耦合裂分规律，说明基团间的连接关系。

（7）合理组合解析所得的结构单元，推出结构式。

例 1 某化合物分子式为 C_4H_8O，核磁共振谱上共有三组峰，化学位移 δ 分别为 1.05、2.13、2.47；积分曲线高度分别为 3 格、3 格、2 格，试问各组氢核数为多少？

解：积分曲线总高度=3+3+2=8

因分子中有 8 个氢，每一格相当于一个氢。故 $\delta1.05$ 峰示有 3 个氢，$\delta2.13$ 峰示有 3 个氢，$\delta2.47$ 峰示有 2 个氢。

例 2 一种无色的、只含碳和氢的有机化合物，其核磁共振谱如下图所示，试鉴定此化合物。

解：① 5 个质子的单峰，有 1 个苯环结构。② 单一质子的 7 重峰，邻近基团上有 6 个等同的质子。③ 6 个质子的双重峰，说明 6 个等同质子基团邻近有 1 个质子。结构式为

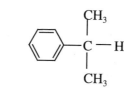

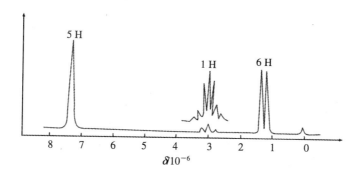

第三节 质谱分析法

从 J. J. Thomson 制成第一台质谱仪算起（1912 年），到现在已有 90 多年了，早期的质谱仪主要是用来进行同位素测定和无机元素分析。20 世纪 40 年代以后开始用于有机物分析，20 世纪 60 年代出现了气相色谱—质谱联用仪，使质谱仪的应用领域大大扩展，开始成为有机物分析的重要仪器。计算机的应用又使质谱分析法发生了飞跃的变化，使其技术更加成熟、使用更加方便。20 世纪 80 年代以后又出现了一些新的质谱技术，如快原子轰击电离源、基质辅助激光解吸电离源、电喷雾电离源、大气压化学电离源，以及随之而来的比较成熟的液相色谱—质谱联用仪、感应耦合等离子体质谱仪、傅里叶变换质谱仪等。这些新的电离技术和新的质谱仪器使质谱分析又取得了长足的进展。由于质谱分析具有灵敏度高，样品用量少，分析速度快，分离和鉴定同时进行，能有效地与各种色谱联用（如 GCAVIS，HPLC/MS，TLC/MS 及 CZE/MS），以及能用于复杂体系分析等优点，质谱技术的应用领域越来越广：质谱分析法已广泛地应用于化学、化工、材料、环境、地质、能源、药物、刑侦、生命科学、运动医学等各个领域。

一、质谱分析法基础

（一）原理

利用高速电子撞击气态试样分子，使试样生成各种碎片离子，带正电荷的碎片离子在磁场及静电场的作用下，按质荷比 m/Z 的大小顺序分离，依次到达检测器，记录成按质荷比顺序排列的质谱图，根据质谱峰的位置可进行定性分析和结构分析，根据质谱峰的强度可进行定量分析。

（二）质谱仪

质谱仪主要部件包括：进样系统、电离室、质量分析器、检测器四个部分。如图 10-9 所示。

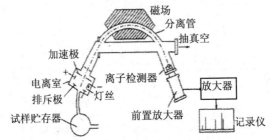

图 10-9　单聚焦质谱仪结构示意图

1. 进样系统

进样系统的作用是将试样转化为气态，然后送进电离室。

进样系统目的是高效、重复地将样品引入到离子源中并且不能造成真空度的降低。常用的进样装置有四种类型：间歇式进样系统、直接探针进样、色谱进样系统（GC-MS、HPLC-MS）和高频感耦合等离子体进样系统（ICP-MS）。

2. 电离室（离子源）

离子源的作用是将样品分子转化为离子。具体方法包括：电子轰击 EI：最常用和最普通的方法；化学电离 CI：软电离，易获得分子离子峰；场致电离 FI：形成的离子束的能量分散不大，分子离子峰强；场解析电离源 FD：适合于难气化和热稳定性差的样品；快原子轰击 FAB：适用于极性大、分子量较大的化合物；激光解析 LDI；大气压电离 API：包括电喷雾电离 ESI 和大气压化学电离 APCI；电喷雾电离 ESI：很软的电离方式，可检测多电荷离子，通常很少有碎片离子，只有整体分子离子峰，对生物大分子的测定十分有利；大气压化学电离 APCI：适用于极性小、分子量小的化合物，得到样品的准分子离子；电感耦合等离子体：非常适合无机物的分析。

分析有机物质时常用电子轰击离子源，分析无机物时常用电感耦合等离子体离子源。

3. 质量分析器

质量分析器又称为离子分离器。它的作用是将离子室产生的离子，按照质荷比的大小进行分离。分为静态和动态分析两类。静态分析器采用稳定不变的电磁场，并且按照空间位置把具有不同质荷比（m/Z）的离子分开。它包括：单聚焦磁场分析器、双聚焦磁场分析器等。

动态分析器采用变化的电磁场，按照时间和空间来区分质量不同的离子。这一类的仪器有：飞行时间质谱仪、四极滤质器等。

4. 离子检测器

经过质量分析器后的离子，到达检测系统进行检测。

（三）质谱分析法的特点

（1）应用非常广泛，可进行有机物的定性、定量分析及相对分子质量的测定，以及进行无机物的定性、半定量和定量分析以及同位素分析等。

（2）被分析对象可以是气体、液体或固体。

（3）灵敏度高，对于无机物的最高绝对灵敏度可达 10^{-4} g。

（4）质谱法的分辨率高，能分辨同位素 ^{200}Hg 和 ^{201}Hg，以及化学性质极为相似的不同物质。

（5）分析效率高，分析速度快。

缺点：质谱分析仪器结构复杂，价格昂贵，使用及维修比较困难。

（四）质谱图

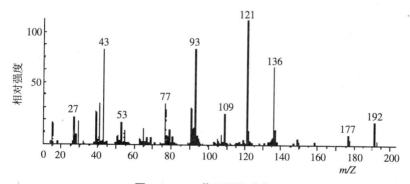

图 10-10　α-紫罗酮的质谱图

图 10-10 是 α-紫罗酮的质谱图。质谱图横坐标是质荷比 m/Z，纵坐标是各离子

的相对强度，每个峰表示一种 *m/Z* 的离子。通常把最强的离子的强度定为 100，称为基峰（图 10-10 中 *m/Z*=121），其他离子的强度以基峰为标准来决定。对于一定的化合物，各离子间的相对强度是一定的，因此，质谱具有化合物的结构特征。

二、电感耦合等离子体质谱分析法（ICP-MS）

ICP-MS 依然是一个很年轻的技术，是非常有潜力的质谱分析法。在地球科学领域的巨大应用是精密而准确地测定地质物质中的痕量和超痕量元素。在水质监测中，有效地研究水系各方面的痕量金属，对其各种物质进行浓度测量提供了重要而有力的工具。同位素分析的能力则处于独一无二的优势地位，因此开拓对人体无机物新陈代谢的稳定同位素示踪研究这个令人激动的新的领域。ICP-MS 在食品科学领域有着广泛的应用前景，因为它不仅可以测定全部金属元素的浓度，还可以给出同位素的信息，这种同位素测量能力使同位素稀释分析技术得到应用，并可采用稳定的非放射性同位素进行示踪研究。在石油工业中检测和分析碳氢材料诸如原油、润滑剂、添加剂和有机溶剂中的痕量元素的应用也非常广泛。

在环境分析，土壤和植物、海洋沉积物和水以及地球化学样品中，ICP-MS 有着很重要的应用。

ICP-MS 是利用感应耦合等离子体作为离子源，产生的样品离子经质量分析器和检测器后得到质谱，因此，与有机质谱仪类似，ICP-MS 也是由离子源、分析器、检测器、真空系统和数据处理系统组成。ICP-MS 所用电离源是感应耦合等离子体（ICP），它与原子发射光谱仪所用的 ICP 是一样的。ICP 是在大气压下工作，而质量分析器是在真空下工作。为了使 ICP 产生的离子能够进入质量分析器而不破坏真空，在 ICP 焰炬和质量分析器之间有一个用于离子引出的特殊接口装置。

（一）特点

在地球化学分析中，ICP-MS 与通常的分析方法相比，有如下优点：

（1）谱图简单，即使有复杂的基体时也是这样：ICP-MS 中的主要背景基本来源于水和等离子体支持气氩气。谱图中大部分元素是单电荷的单原子离子，对整个元素周期表来说有相当好的质量灵敏度。

（2）优秀的检出限，特别是对重元素。

（3）线性范围宽。

（4）快速同位素比值测量能力。

（5）所需样品量小。

（二）ICP-MS 定性定量分析

由 ICP-MS 得到的质谱图，横坐标为离子的质荷比，纵坐标为计数率。根据离子的质荷比可以确定存在什么元素；根据某一质荷比下的计数，可以进行定量分析。

1. ICP-MS 定性和半定量分析

判断一个样品中是否含有某种元素，不能只看该元素对应的质荷比的离子有没有计数，因为存在着各种干扰因素和仪器的背景计数。例如，测定污水中是否含铅，如果只依靠样品与去离子水比较，那么，对样品的测试只能得到铅离子的计数，不能得到大致含量，当计数较低时，甚至有没有铅也难以确定。因此，为了有明确的结果，可以使定性和半定量同时进行，方法如下：将一定含量的多元素标样在一定分析条件下进行测定，此时可得到各元素离子的计数。同样条件下测定待测样品，可以得到未知元素计数。根据标样测定的计数与浓度的关系，仪器可以自动给出未知样品中各元素的含量。这种方法可以理解为单点标准曲线法。这种方法没有考虑各种干扰元素，因而存在较大的测定误差，因此是半定量分析。

2. ICP-MS 定量分析

与其他定量方法相似，ICP-MS 定量分析通常采用标准曲线法。配制一系列标准溶液，由得到的标准曲线求出待测组成的含量，为了定量分析的准确可靠，要设法消除定量分析中的干扰因素，这些干扰因素包括：酸的影响、氧化物和氢氧化物的影响、同位素的影响、复合离子的影响和双电荷离子的影响等。

（1）样品中酸的影响。当样品溶液中含有硝酸、磷酸和硫酸时，可能会生成 N_2^+、ArN^+、PO^+、P_2^+、ArP^+、SO^+、S_2^+、SO_2^+、ArS^+、ClO^+、$ArCl^+$ 等离子，这些离子对 Si、Fe、Ti、Ni、Ga、Zn、Ge、V、Cr、As、Se 的测定产生干扰。遇到这种情况的干扰，可以通过选用被分析物的另一种同位素离子得以消除，同时，要尽量避免使用高浓度酸，并且尽量使用硝酸，这样可减少酸的影响。

（2）氧化物和氢氧化物的影响。在 ICP 中，金属元素的氧化物是完全可以离解的，但在取样锥孔附近，由于温度稍低，停留时间长，于是又提供了重新氧化的机会。氧化物的存在，会使离子减少，因而使测定值偏低，可以利用硝酸硒样品测定其中 Ce^+ 和 CeO^+ 强度之比来估计氧化物的影响，通过调节取样锥位置来减少氧化物的影响。

同时，氧化物和氢氧化物的存在还会干扰其他离子的测定，例如 ^{40}ArO 和 ^{40}CaO 会干扰 ^{56}Fe，$^{46}CaOH$ 会干扰 ^{63}Cu，^{42}CaO 会干扰 ^{58}Ni 等，因此，定量分析时要选择不被干扰的同位素。

（3）同位素干扰。常见的干扰有 $^{40}Ar^+$ 干扰 $^{40}Ca^+$，^{58}Fe 干扰 ^{58}Ni，^{113}In 干扰 $^{113}Cd^+$ 等，选择同位素时要尽量避开同位素的干扰。

（4）其他方面的干扰。主要有复合离子干扰和双电荷离子干扰等。复合离子包括 $^{40}ArH^+$、$^{40}ArO^+$ 等。对于第二电离电位较低的元素，双电荷离子的存在也会影响测定值的可靠性，可以通过调节载气和辅助气流量，使双电荷离子的水平降低。

考虑到上述影响因素之后，调整仪器工作状态，选定待测元素的 m/Z，利用标准曲线法可以进行准确的定量分析。可以一次给出多个元素的测定结果。

ICP-MS 对整个周期表上的元素有比较均匀的灵敏度,因而,对大多数元素,其检测限是比较一致的,为 $10^{-10}\sim10^{-11}g/mL$。对有些元素的检测限要低得多。

三、有机质谱分析法

(一)分子离子和分子离子峰的判断

一个分子通过电离,丢失一个外层价电子形成的带正电荷的离子,称为分子离子。分子离子的质量与化合物的分子量相等。分子离子峰一般位于质荷比最高的位置,但有时最高的质荷比的峰不一定是分子离子峰,这主要决定于分子离子的稳定性。而这和化合物的结构类型有关。

1. 化合物的分子离子稳定性

一般为:芳香化合物＞共轭链烯烃＞烯烃＞酯环化合物＞直链烷烃＞酮＞胺＞酯＞醚＞酸＞支链烷烃＞醇。

2. N规律

有机化合物通常由 C、H、O、N、S、卤素等原子组成,分子量符合含N规律:

由 C、H、O 组成的有机化合物,M一定是偶数;

由 C、H、O、N 组成的有机化合物,N 为奇数,M 为奇数;

由 C、H、O、N 组成的有机化合物,N 为偶数,M 为偶数。

3. 分子离子峰的判断

(1)分子离子峰必须有合理的碎片离子,如有不合理的碎片就不是分子离子峰。

(2)根据化合物的分子离子的稳定性及裂解规律来判断分子离子峰,如醇类分子的分子离子峰很弱,但常在 $m/Z=18$ 处有明显的脱水峰。

(3)降低离子源能量到化合物的离解位能附近,避免多余能量使分子离子进一步裂解。

(4)采用不同的电离方式,使分子离子峰增强。

(二)同位素离子(isotopic ion)

组成有机化合物的元素许多都有同位素,所以在质谱中就会出现不同质量的同位素形成的峰,称为同位素峰。同位素峰的强度比与同位素的丰度比是相当的。如自然界中丰度比很小的 C、H、O、N 的同位素峰很小,而 S、Si、Cl、Br 元素的丰度高,其产生的同位素峰强度较大,根据 M 和(M+2)两个峰的强度比容易判断化合物中是否有 S、Si、Cl 等元素或有几个这样的原子,如:因为 $^{35}Cl:^{37}Cl=3:1$,

若分子中含有一个 Cl 原子,M:(M+2)=3:1;

含两个 Cl 原子,M:(M+2):(M+4)=9:6:1;

含三个 Cl 原子，M：（M+2）：（M+4）：（M+6）=27：27：9：1。

因为 ^{79}Br：^{81}Br =1：1，

若分子中含有一个 Br 原子，M：（M+2）=1：1；

含两个 Br 原子，M：（M+2）：（M+4）=1：2：1；

含三个 Br 原子，M：（M+2）：（M+4）：（M+6）=1：3：3：1。

（三）碎片离子（fragment ion）

碎片离子是由分子离子进一步发生键的断裂而形成的。由于断键的位置不同，同一个分子离子能产生不同的碎片离子，而其相对量与键断裂的难易有关即与分子结构有关。

一般有机化合物的电离能为 7～13 eV，质谱中常用的电离电压为 70 eV，使结构裂解，产生各种碎片离子。

（四）重排离子峰

在分子中有两个或两个以上的键断裂时，分子内原子或原子基团发生重排，某些原子或基团从分子或离子中的一个位置转移到另一个位置所生成的离子，称为重排离子，质谱图上相应的峰称为重排离子峰。

（五）亚稳态离子峰

质谱峰中还有处于亚稳态的离子峰。在电离、裂解、重排过程中产生的离子，有一部分处于亚稳态，它们有可能进一步发生裂解，部分亚稳态离子进入离子检测器，形成亚稳态离子峰。

（六）有机质谱分析法的应用示例

1．分子量的测定

分子失去一个电子而生成分子离子，其质荷比就等于分子量。因此，利用质谱测定分子量非常简便，但要注意有时分子离子峰很弱甚至不出现，而有时由于同位素的原因，质谱中出现（M+1）、（M＋2）等峰。

2．分子式的确定

根据质谱图确定分子式可采用：丰度法和高分辨质谱法。

3．推测化合物的结构

从质谱图推测化合物的结构，一般可以按照以下顺序进行：

（1）确定分子离子峰，从分子离子峰的强弱初步判断是哪类化合物；

（2）分子离子的质量是奇数还是偶数；

（3）是否有明显的同位素峰；

（4）初步提出化合物分子式，并计算出其不饱和单位数；

（5）对碎片离子峰进行分析，根据质谱图中主要的代表分子不同部位的碎片离子峰，粗略推测化合物的大致结构；

（6）以所有可能方式把各部分结构单元连接起来，再利用质谱数据和其他数据，将不合理的结构排除掉。

例 3 有如下质谱图，求分子质量。

解：质荷比最大的三个峰分别为：m/z 128，m/z 130，m/z 132，相对应于同位素峰，其中 m/z 128 为分子离子峰，该物质的相对分子质量应为 128。

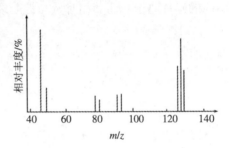

图 10-11　某未知物的质谱图

四、质谱联用技术

质谱仪是一种很好的定性鉴定用仪器，但对混合物的分析无能为力。色谱仪是一种很好的分离用仪器，但其定性能力很差，二者结合起来，则能发挥各自专长，使分离和鉴定同时进行。因此，早在 20 世纪 60 年代就开始了气相色谱-质谱联用技术的研究，并出现了早期的气相色谱—质谱联用仪。在 20 世纪 70 年代末，这种联用仪器已经达到很高的水平。同时开始研究液相色谱-质谱联用技术。在 20 世纪 80 年代后期，大气压电离技术的出现，使液相色谱-质谱联用仪水平提高到一个新的阶段。目前，在有机质谱仪中，除激光解吸电离-飞行时间质谱仪和傅立叶变换质谱仪之外，所有质谱仪都是和气相色谱或液相色谱组成联用仪器。这样，使质谱仪无论在定性分析还是在定量分析方面都十分方便。同时，为了增加未知物分析的结构信息，为了增加分析的选择性，采用串联质谱法（质谱-质谱联用），也是目前质谱仪发展的一个方向。也就是说，目前的质谱仪是以各种各样的联用方式工作的。

（一）气相色谱-质谱联用仪（gas chromatography-mass spectrometer，GC-MS）

GC-MS 主要由三部分组成：色谱部分、质谱部分和数据处理系统。色谱部分和一般的色谱仪基本相同，包括有柱箱、汽化室和载气系统，也带有分流/不分流进样系统，程序升温系统，压力、流量自动控制系统等，一般不再有色谱检测器，而是利用质谱仪作为色谱的检测器。在色谱部分，混合样品在合适的色谱条件下被分离成单个组分，然后进入质谱仪进行鉴定。

色谱仪是在常压下工作，而质谱仪需要高真空，因此，如果色谱仪使用填充柱，必须经过一种接口装置——分子分离器，将色谱载气去除，使样品气进入质谱仪。如果色谱仪使用毛细管柱，则可以将毛细管直接插入质谱仪离子源，因为毛细管载气流量比填充柱小得多，不会破坏质谱仪真空。

GC-MS 的另外一个组成部分是计算机系统。由于计算机技术的提高，GC-MS 的主要操作都由计算机控制进行，这些操作包括利用标准样品（一般用 FC-43）校准质谱仪，设置色谱和质谱的工作条件，数据的收集和处理以及库检索等。这样，一个混合物样品进入色谱仪后，在合适的色谱条件下，被分离成单一组成并逐一进入质谱仪，经离子源电离得到具有样品信息的离子，再经分析器、检测器即得每个化合物的质谱。这些信息都由计算机储存，根据需要，可以得到混合物的色谱图、单一组分的质谱图和质谱的检索结果等。根据色谱图还可以进行定量分析。GC-MS 的数据系统可以有几套数据库，主要有 NIST 库、Willey 库、农药库、毒品库等。因此，GC-MS 是有机物定性、定量分析的有力工具。

1. GC-MS 分析条件的选择

在 GC-MS 分析中，色谱的分离和质谱数据的采集是同时进行的。为了使每个组分都得到分离和鉴定，必须设计合适的色谱和质谱分析条件。

色谱条件包括色谱柱类型（填充柱或毛细管柱），固定液种类，汽化温度，载气流量，分流比，温升程序等。设置的原则是：一般情况下均使用毛细管柱，极性样品使用极性毛细管柱，非极性样品采用非极性毛细管柱，未知样品可先用中等极性的毛细管柱，试用后再调整。当然，如果有文献可以参考，就采用文献所用条件。

质谱条件包括电离电压，电子电流，扫描速度，质量范围，这些都要根据样品情况进行设定。为了保护灯丝和倍增器，在设定质谱条件时，还要设置溶剂去除时间，使溶剂峰通过离子源之后再打开灯丝和倍增器。

在所有的条件确定之后，将样品用微量注射器注入进样口，同时启动色谱和质谱，进行 GC-MS 分析。

2. GC-MS 数据的采集

有机混合物样品用微量注射器由色谱仪进样口注入，经色谱柱分离后进入质谱仪离子源后，在离子源中被电离成离子。离子经质量分析器、检测器之后即成为质谱信号并输入计算机。样品由色谱柱不断地流入离子源，离子由离子源不断地进入分析器并不断地得到质谱，只要设定好分析器扫描的质量范围和扫描时间，计算机就可以采集到一个个的质谱。如果没有样品进入离子源，计算机采集到的质谱各离子强度均为 0。当有样品进入离子源时，计算机就采集到具有一定离子强度的质谱。并且计算机可以自动将每个质谱的所有离子强度相加，显示出总离子强度。总离子强度随时间变化的曲线就是总离子色谱图，总离子色谱图的形状和普通的色谱图是相一致的。它可以认为是用质谱作为检测器得到的色谱图。

由总离子色谱图可以得到任何一个组分的质谱图。一般情况下，为了提高信噪比，通常由色谱峰峰顶处得到相应质谱图。

得到质谱图后可以通过计算机检索对未知化合物进行定性。检索结果可以给出几个可能的化合物，并以匹配度大小顺序排列出这些化合物的名称、分子式、分子量和结构式等。使用者可以根据检索结果和其他的信息，对未知物进行定性分析。

3. GC-MS 定量分析

GC-MS 定量分析方法类似于色谱法定量分析。由 GC-MS 得到的总离子色谱图或质量色谱图，其色谱峰面积与相应组分的含量成正比，若对某一组分进行定量测定，可以采用色谱分析法中的归一化法、外标法、内标法等不同方法进行。

（二）液相色谱-质谱联用仪（liquid chromatography-mass spectrometer，LC-MS）

LC-MS 联用仪主要由高效液相色谱、接口装置（同时也是电离源）、质谱仪组成。高效液相色谱与一般的液相色谱相同，其作用是将混合物样品分离后进入质谱仪。与气相色谱-质谱联用仪类似，关键问题是接口装置。接口装置的主要作用是去除溶剂并使样品离子化。早期曾经使用过的接口装置有传送带接口、热喷雾接口、粒子束接口等十余种，这些接口装置都存在一定的缺点，因而都没有得到广泛推广。20 世纪 80 年代，大气压电离源用作 LC 和 MS 联用的接口装置和电离装置之后，使得 LC-MS 联用技术提高了一大步。目前，几乎所有的 LC-MS 联用仪都使用大气压电离源作为接口装置和离子源。大气压电离源包括电喷雾电离源和大气压化学电离源两种，其中以电喷雾电离源应用最为广泛。除了电喷雾和大气压化学电离两种接口之外，极少数仪器还使用粒子束喷雾和电子轰击相结合的电离方式，这种接口装置可以得到标准质谱，可以库检索，但只适用于小分子，应用不普遍；还有超声喷雾电离接口，使用也不普遍。

1. LC 分析条件的选择

LC 分析条件的选择要考虑两个因素：使分析样品得到最佳分离条件和最佳电离条件。如果二者发生矛盾，则要寻求折中条件。LC 可选择的条件主要有流动相的组成和流速。在 LC 和 MS 联用的情况下，由于要考虑喷雾雾化和电离，对于选定的溶剂体系，通过调整溶剂比例和流量以实现好的分离。值得注意的是由于 LC 分离的最佳流量，往往超过电喷雾允许的最佳流量，此时需要采取柱后分流，以达到好的雾化效果。

质谱条件的选择主要是为了改善雾化和电离状况，提高灵敏度。

在进行 LC-MS 分析时，样品可以利用旋转六通阀通过 LC 进样，也可以利用注射泵直接进样，样品在电喷雾源或大气压化学电离源中被电离，经质谱扫描，由计算机可以采集到总离子色谱和质谱。

2. LC-MS 定性定量分析

LC-MS 分析得到的质谱过于简单，结构信息少，进行定性分析比较困难，主要依靠标准样品定性。对于多数样品，保留时间相同，分子离子谱也相同，即可定性，少数同分异构体例外。

用 LC-MS 进行定量分析，其基本方法与普通液相色谱法相同。即通过色谱峰面积和校正因子（或标样）进行定量。但由于色谱分离方面的问题，一个色谱峰可能包含几种不同的组分，给定量分析造成误差。因此，对于 LC-MS 定量分析，不采用总离子色谱图，而是采用与待测组分相对应的特征离子得到的质量色谱图或多离子监测色谱图，此时，不相关的组分将不出峰，这样可以减少组分间的互相干扰。

（三）质谱-质谱联用

20 世纪 80 年代初，在传统的质谱仪基础上，发展了 MS-MS 联用技术。它与色-质联用不同，色-质联用是用色谱将混合组分分离，然后由质谱进行分析，而 MS-MS 联用是依靠第一级质谱—Ⅰ分离出特定组分的分子离子，然后导入碰撞室活化产生碎片离子，再进入第二级质谱—Ⅱ进行扫描及定性分析。如图 10-12 所示。

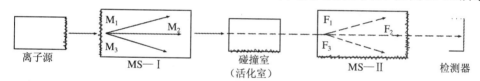

图 10-12　MS-MS 联用原理示意图

MS-MS 联用的串联形式很多，既有磁式 MS-MS 串联，也有四极 MS-MS 串联以及混合式 MS-MS 串联。串联质谱的工作效力比 GC-MS、LC-MS 更高，而目前还正在进一步发展的 GC-MS-MS、LC-MS-MS 等联用技术，其在生命科学、环境科学领域更具应用前景。

五、展望

近年来质谱技术发展很快。随着质谱技术的发展，质谱技术的应用领域也越来越广。由于质谱分析具有灵敏度高、样品用量少、分析速度快、分离和鉴定同时进行等优点，因此，质谱技术广泛地应用于化学、化工、环境、能源、医药、运动医学、刑侦科学、生命科学、材料科学等各个领域。

质谱仪种类繁多，不同仪器应用特点也不同，一般来说，在 300℃左右能汽化的样品，可以优先考虑用 GC-MS 进行分析，因为 GC-MS 使用 EI 源，得到的质谱信息多，可以进行库检索。毛细管柱的分离效果也好。如果在 300℃左右不能汽化，则需要用 LC-MS 分析，此时主要得到分子量信息。如果是串联质谱，还可以得到一些结构信息。如果是生物大分子，主要利用 LC-MS 和 MALDI-TOF 分析，主要得到分子量信息。对于蛋白质样品，还可以测定氨基酸序列。质谱仪的分辨率是一项重要技术指标，高分辨质谱仪可以提供化合物组成式，这对于结构测定是非常重要的。双聚焦质谱仪、傅立叶变换质谱仪、带反射器的飞行时间质谱仪等都具有高分辨功能。

【思考题】

1. 什么是 X 射线荧光？它是如何产生的？与原子结构有何关系。

2. 利用 X 射线荧光光谱仪进行定性和定量分析的原理是什么？定量分析中有哪些干扰？如何消除？

3. 画出波长色散 X 射线荧光光谱仪的结构原理图，并说明其工作原理。

4. 指出 X 射线衍射分析法的主要特点。

5. 画出 X 射线衍射仪的结构原理图，并说明其工作原理。

6. 什么是核磁共振的化学位移？化学位移如何表示？通常用什么化合物作为内标？为什么？

7. 如果将正丙苯和异丙苯等量混合后做核磁共振谱，能否预计出谱图形状？有几组峰？每组峰的化学位移和裂分情况如何？

8. 质谱仪是由哪几部分组成的？各部分的作用是什么？

9. GC-MS 和 LC-MS 分别能提供哪些信息？

10. 利用 ICP-MS 进行定量分析，可能有哪些干扰因素？如何克服？

参考文献

[1] 吉昂，陶光仪，卓尚军，等. X 射线荧光光谱分析. 北京：科学出版社，2003.

[2] 陈培榕，邓勃. 现代仪器分析实验技术与方法. 北京：清华大学出版社，2000.

[3] 刘约权. 仪器分析. 北京：高等教育出版社，2001.

[4] 王秀萍. 仪器分析技术. 北京：化学工业出版社，2003.

[5] 田丹碧. 仪器分析. 北京：化学工业出版社，2004.

[6] F. Adams，等. 无机质谱法. 祝大庆译. 上海：复旦大学出版社，1987.

[7] A. R. 戴特，A. L. 格雷. 电感耦合等离子体质谱分析的应用. 李金英，姚继军，等译. 北京：原子能出版社，1998.